Vita Mathematica
Band 1

Herausgegeben
von Emil A. Fellmann

Georg Cantor im Jahre 1894
(Universitätsarchiv Halle)

Georg Cantor
1845–1918

von Walter Purkert
und Hans Joachim Ilgauds

1987 Birkhäuser Verlag
Basel · Boston · Stuttgart

Dieser Band ist eine völlig überarbeitete und erweiterte Fassung des 1985 beim Teubner Verlag, Leipzig, erschienenen gleichnamigen Titels.

Softcover reprint of the hardcover 1st edition 1985

CIP-Kurztitelaufnahme der Deutschen Bibliothek
Purkert, Walter:
Georg Cantor : 1845–1918 / von Walter Purkert u. Hans Joachim Ilgauds. - Basel ; Boston ; Stuttgart : Birkhäuser, 1987.
(Vita Mathematica ; Bd. 1)
ISBN 978-3-0348-7412-0 ISBN 978-3-0348-7411-3 (eBook)
DOI 10.1007/978-3-0348-7411-3
NE: Ilgauds, Hans Joachim: ; GT

Lizenzausgabe für alle nichtsozialistischen Länder:
Birkhäuser Verlag Basel, 1987
Typografie und Umschlag: Albert Gomm

ISBN 978-3-0348-7412-0

Vorwort des Herausgebers

Wie schwer sind nicht die Mittel zu erwerben,
Durch die man zu den Quellen steigt!
J. W. GOETHE

In den Jahren von 1947 bis 1980 erschienen im Birkhäuser Verlag 16 *Beihefte* zur Zeitschrift *Elemente der Mathematik*. Jene Reihe der *Beihefte* wurde definitiv eingestellt, und an ihre Stelle tritt nun die neue Serie *Vita Mathematica*. Abgesehen von der neuen äusseren Erscheinungsform und stark vergrössertem Umfang unterscheiden sich die Bände der neuen Reihe von den *Beiheften* dadurch, dass es sich nun um einigermassen umfassende, unter einheitlichen Gesichtspunkten verfasste *Werkbiographien* bedeutender Mathematiker von der Antike bis in unsere Zeit handeln soll – und zwar unter Berücksichtigung der wissenschaftshistorischen Forschung der letzten Jahrzehnte.

Die Bücher sind nicht primär für professionelle Mathematikhistoriker geschrieben, sondern wenden sich etwa an Studierende der Mathematik, der Physik und der technischen Wissenschaften in den ersten bis mittleren Semestern, an Mathematik- und Physiklehrer, Mathematiker und Physiker, welche ihre Fachdisziplinen in ihrer Einbettung in die Kultur- und Geistesgeschichte kennenlernen und studieren möchten. Mindestens die ausgesprochen biographisch gehaltenen Teile dieser Mathematiker-Biographien sollten einem noch breiteren Publikum zugänglich und verständlich sein.

Vorab gilt der Dank des Herausgebers natürlich den Autoren wie auch dem Birkhäuser Verlag. Besondere Erwähnung gebührt dem Typografiker Albert Gomm, dessen Mitwirkung die Bände der neuen Reihe ihre kunstvolle und ansprechende Gestaltung verdanken.

Möge die Serie *Vita Mathematica* mithelfen, das allgemeine Interesse an der Wissenschaftsgeschichte in unserer ohnehin durch defizientes Geschichtsbewusstsein und spürbaren Sprachzerfall gekennzeichneten Epoche aktiv zu fördern und so einen – wenn auch bescheidenen – Kulturbeitrag leisten.

EAF

Editorial

Wie schwer sind nicht die Mittel zu erwerben,
Durch die man zu den Quellen steigt!
J. W. GOETHE

Between 1947 and 1980, 16 "supplements" to the journal *Elemente der Mathematik* were published by Birkhäuser Verlag. This series of supplements was discontinued in 1980 and a new series, *Vita Mathematica*, is now taking its place. These volumes differ from the supplements not only in their new format and their considerably greater length, but also in their aim of presenting the *technical* biographies of great mathematicians from antiquity to modern times in a comprehensive and homogeneous manner, taking into account relevant research carried out in recent decades.

It is not for professional historians of mathematics that these books are primarily intended, but for students of mathematics, physics and the technical sciences at undergraduate or postgraduate levels, and also teachers of mathematics and physics, and mathematicians and physicists who wish to become acquainted with a branch of science in its cultural and historical context. Certainly, the parts of these books which are distinctly biographical should attract the interest and understanding of a still larger number of readers.

The editor's sincere thanks go, above all, to the authors, and to Birkhäuser Verlag. Much gratitude goes to the typographer Albert Gomm, to whom credit is due for the artistic appeal of the new series.

May the series *Vita Mathematica* help to promote interest in the history of science in our time when consciousness of history is deficient and decline in the use of language is evident. Thereby we may contribute in a small way to our culture.

EAF

Inhaltsverzeichnis

Vorwort

Das Unendliche hat wie keine andere Frage von jeher so tief das Gemüt der Menschen bewegt; das Unendliche hat wie kaum eine andere Idee auf den Verstand so anregend und fruchtbar gewirkt; das Unendliche ist aber auch wie kein anderer Begriff so der Aufklärung bedürftig.

HILBERT [226, p. 163]

Etwas mehr als 100 Jahre sind vergangen, seit in den *Mathematischen Annalen* der sechste und letzte Teil von CANTORS fundamentaler Arbeit *Über unendliche lineare Punktmannichfaltigkeiten* erschienen ist. Damit war die Mengenlehre geboren und mit ihr eine prinzipiell neue Auffassung des Unendlichen in der Mathematik, verkörpert in CANTORS Theorie der transfiniten Zahlen. Diese Theorie hat HILBERT als «die bewundernswerteste Blüte mathematischen Geistes und überhaupt eine der höchsten Leistungen rein verstandesmäßiger menschlicher Tätigkeit» bezeichnet.

Anfangs unbeachtet oder abgelehnt, zu Ende des vorigen Jahrhunderts zunehmend anerkannt und verwendet, durch die Entdeckung der Antinomien erneut erschüttert, ist die Mengenlehre in ihrer heutigen axiomatisierten Gestalt eines der Fundamente der Mathematik. Die Tatsache, daß alle mathematischen Begriffe auf mengentheoretische Begriffe zurückgeführt werden können, hat einige Autoren sogar zu der Behauptung veranlaßt, die gesamte Mathematik sei letztendlich mit der Mengenlehre identisch. Wenn uns allerdings eine solche Ansicht als eine ungerechtfertigte Überbetonung des Formalen gegenüber dem Inhaltlichen erscheint, so ist doch unbestritten, daß die mengentheoretische Durchdringung der Mathematik neben der Entstehung des strukturellen Denkens und der Verwendung der axiomatischen Methode ein Wesenszug der modernen Mathematik ist. Das hat in zahlreichen Ländern bis in den Schulunterricht hinein gewirkt.

Ernst ZERMELO hat im Vorwort zu den von ihm herausgegebenen *Gesammelten Abhandlungen Cantors* betont, daß es ein seltener Fall in der Geschichte der Wissenschaften ist, «wenn eine ganze wissenschaftliche Disziplin von grundlegender Bedeutung der schöpferischen Tat eines einzelnen zu verdanken ist». Ohne die Beiträge etwa von BOLZANO oder DEDEKIND zur Mengenlehre gering zu schätzen, kann man ZERMELO zustimmen, daß ein solcher Fall in CANTORS Schöpfung der Mengenlehre realisiert ist.

CANTORS Werk ist auch von philosophischer Relevanz. Er selbst hat gelegentlich zum Ausdruck gebracht, daß er die philosophische Bedeutung der Mengenlehre höher veranschlagt als die mathematische. Aus heutiger Sicht wird man das vielleicht anders sehen. Was die Mathematik betrifft, so hatte CANTOR recht, als er seinem Sohn ERICH auf dessen Frage nach der Bedeutung seiner Arbeiten antwortete: «So lange Mathematik wissenschaftlich betrieben wird, werden meine Lehren von Bedeutung sein.» [3, Nr. 46].

Das vorliegende Buch ist eine überarbeitete und erweiterte Lizenzausgabe des 1985 bei Teubner (Leipzig) erschienenen gleichnamigen Titels. Es wendet sich an breitere Kreise mathematisch interessierter Leser. Im Mittelpunkt steht die Biographie CANTORS; es wird versucht, seinen von Tragik überschatteten Lebensweg, seine wissenschaftlichen Bestrebungen und seinen beharrlichen Kampf für die Durchsetzung seiner Anschauungen auf dem Hintergrund des wissenschaftlichen Lebens seiner Zeit nachzuzeichnen. Es war im vorgegebenen Rahmen nicht möglich und auch nicht beabsichtigt, eine Geschichte der Mengenlehre zu bieten. Die relativ ausführliche Bibliographie, die vor allen Dingen das Schrifttum seit dem 2. Weltkrieg berücksichtigt, soll es dem Leser erleichtern, bei Bedarf entsprechende Literatur zur Hand zu nehmen.

Die *Gesammelten Abhandlungen* CANTORS sind 1980 durch eine Reprint-Ausgabe des Springer-Verlages wieder leicht zugänglich gemacht worden. Der Teubner-Verlag Leipzig hat 1985 im Rahmen der Serie *Teubner-Archiv* wichtige Arbeiten CANTORS zur Mengenlehre nachgedruckt [8].

Die Zitate aus gedruckten Arbeiten CANTORS werden nach der Werkausgabe (*Ges. Abh.*) vorgenommen mit Ausnahme derjenigen Arbeiten, die in den *Gesammelten Abhandlungen* nicht oder nicht vollständig enthalten sind.

In der Vergangenheit sind aus den verschiedensten archivalischen Quellen eine stattliche Anzahl von Dokumenten zu Leben und Werk G. CANTORS veröffentlicht worden, insbesondere in den Arbeiten von SCHOENFLIES, CAVAILLÈS/NOETHER, MESCHKOWSKI, GRATTAN-GUINNESS, DUGAC und DAUBEN. Es war nicht primär das Ziel des beigefügten Dokumentenanhangs, die Liste der *Cantoriana* zu erweitern, obwohl die meisten der abgedruckten Dokumente hier zum ersten Mal publiziert werden. Der Dokumentenanhang ist als unmittelbare Ergänzung zum Text gedacht; die Reihenfolge des Abdrucks entspricht deshalb der Textabfolge. Bei der Orthographie wurden in den Texten vorkommende Inkonsequenzen in der

Schreibweise (z. B. daß, dass; studiren, studieren) beibehalten; entsprechende Wechsel im Text der Dokumente sind also in der Regel keine Versehen.

Für Unterstützung und wertvolle Hinweise danken wir den Kollegen Prof. G. ASSER (Greifswald), D. BAUMGÄRTNER (Halle), Dr. W. BERG (Halle), Prof. K.-R. BIERMANN (Berlin), Prof. J. W. DAUBEN (New York), Dr. W. ECCARIUS (Eisenach), Prof. H. EDWARDS (New York), Prof. G. EISENREICH (Leipzig), Dr. H. ENGLISCH (Leipzig), Dr. J. GAIDUK (Charkow), Dr. S. GOTTWALD (Leipzig), Prof. I. GRATTAN-GUINNESS (London), Dr. U. HELFERSTEIN (Zürich), Dr. W. JENTSCH (Halle), Prof. M. KNESER (Göttingen), Prof. G. LASSNER (Leipzig), Dr. M. LORENZ (Leipzig), G. MANZ (Zürich), Prof. T. MÜÜRSEPP (Tartu), Prof. T. MURATA (Tokio), Dr. O. NEUMANN (Jena), Prof. S. J. PATTERSON (Göttingen), Dr. H. PIEPER (Berlin), Prof. D. ROWE (New York), Prof. K. SCHMÜDGEN (Leipzig), Dr. G. SCHUBRING (Bielefeld), Dr. H. SCHWABE (Halle), Prof. H. WUSSING (Leipzig) und Prof. E. ZEIDLER (Leipzig).

Unser besonderer Dank gilt dem Leiter der Handschriftenabteilung der Niedersächsischen Staats- und Universitätsbibliothek zu Göttingen, Herrn Dr. HAENEL, und seinen Mitarbeitern sowie dem Birkhäuser Verlag und insbesondere dem Herausgeber der *Vita Mathematica,* Herrn Dr. E. A. FELLMANN (Basel).

Leipzig, im März 1986

W. PURKERT
H.-J. ILGAUDS

Kindheit und Jugend

Georg Cantor wurde am 3. März 1845 in St. Petersburg geboren. Sein Vater Georg Woldemar Cantor hatte dort im Juni 1834 unter der Firmenbezeichnung «Cantor & Co.» einen Kommissionshandel eröffnet [3, Nr. 36]. Ab 1838 führte er das Geschäft allein, widmete sich dem Überseehandel mit Segeltuch und Tauwerk und war später auch als Börsenmakler tätig. Georg Woldemar Cantor war ein sehr erfolgreicher Kaufmann; er brachte es in den 22 Jahren seiner geschäftlichen Tätigkeit auf ein beträchtliches Vermögen von etwa 500 000 Goldmark.

Über die Herkunft und die Ausbildung von Georg Woldemar Cantor ist sehr wenig Sicheres bekannt. Im *Codex Ms. Georg Cantor* [3, Nr. 36] befinden sich einige Recherchen, die 1937 wahrscheinlich im Auftrag der Nachfahren über die Herkunft Cantors angestellt wurden und die offenbar auch den Zweck hatten, zu klären, ob Cantors Vorfahren Juden waren. Diese Recherchen benutzen Auskünfte des dänischen genealogischen Instituts in Kopenhagen und stützen sich ferner auf Durchsichten von Kirchenbüchern und Archiven. Eine Reihe von darin enthaltenen Informationen wird auch als «Familienüberlieferung» ausgewiesen. Nach diesen Angaben ergibt sich folgendes Bild: Die Eltern Georg Woldemar Cantors lebten in Kopenhagen, haben sich allerdings urkundlich nicht nachweisen lassen. Der Vater hieß Jacob Cantor und ist nach 1842 gestorben. Die Mutter war eine geborene Meier, mehrere ihrer Geschwister lebten in Petersburg. Einer ihrer Neffen war Professor der Staatswissenschaften an der Universität Kasan und dort Lehrer von Lew Tolstoi. Tolstoi rühmt ihn in seinen Jugenderinnerungen als den Mann, dem er sein erstes selbständiges Denken verdanke. Georg Woldemar Cantor wurde in Kopenhagen geboren. Auf seinem Grabstein in Heidelberg stand als Geburtsdatum 1814; nach einem alten dänischen Reisepaß ist er bereits 1809 geboren. Er kam vermutlich schon als kleines Kind nach Petersburg und ist dort wahrscheinlich in der evangelischen Mission erzogen worden. Die erhaltenen Brieffragmente zeigen uns Georg Woldemar Cantor

Die Eltern GEORG CANTORS (Meschkowski, H.: Probleme des Unendlichen. Braunschweig 1967)

als einen hochgebildeten, an Kunst, Wissenschaft und Sprachen gleichermaßen interessierten Mann. Er war tief religiös und erzog auch seine Kinder in diesem Sinne. Seine «Lebensphilosophie» klingt in folgendem Schriftstück an:

«... in kleinen Mühen müssen wir erprobt werden, die Beschränkung ist unser Los. Und wer im Kleinen nicht edel handeln und glücklich sein kann, wie wäre er einer höheren Würde, eines seeligen Genusses unter höheren Geistern würdig? Wir sollen Gott nicht suchen außer uns und uns selbst darüber vergessen, sondern ... der uns eingeborenen Idee des Göttlichen würdig handeln ...» [367, p. 6].

Im Gegensatz zu der etwas geheimnisvollen Herkunft des Vaters stammte die Mutter GEORG CANTORS, MARIE BÖHM, aus einer sehr bekannten Familie. Ihr Vater FRANZ LUDWIG BÖHM war Kapellmeister an der Kaiserlichen Oper in Petersburg. Dessen Bruder JOSEF BÖHM, aus Ungarn gebürtig, war seit 1819 Professor für Violine am Konservatorium in Wien. Als Musiker ist JOSEF BÖHM nicht nur als Lehrer bedeutender Virtuosen bekannt geworden, sondern auch durch seine Beziehung zu Beethoven, dessen Es-Dur-Quartett er 1825 zur ersten erfolgreichen Aufführung verhalf. Auch einige andere BÖHMS sind aus der Musikgeschichte rühmlichst bekannt. MARIE BÖHM hatte viele Eigenschaften der BÖHMS geerbt: Musikalität, Heiterkeit, aber auch Empfindlichkeit, Naivität und Unausgeglichenheit. Sie war von zarter Statur und wurde des öfteren von Krankheiten geplagt. GEORG WOLDEMAR CANTOR und MARIE BÖHM heirateten am 27.4.1842 in der Deutschen Evangelisch-Lutherischen Kirche in St. Petersburg [3, Nr. 36]. Da MARIE BÖHM aus einer römisch-katholischen Familie stammte, muß GEORG WOLDEMAR CANTOR zum Zeitpunkt der Eheschließung evangelischer Konfession gewesen sein.

Des öfteren ist die Frage diskutiert worden, ob GEORG CANTOR jüdischer Herkunft war. Dazu heißt es in einer Mitteilung des dänischen genealogischen Instituts in Kopenhagen aus dem Jahre 1937 über seinen Vater:

> «Es wird hiermit bescheinigt, daß GEORG WOLDEMAR CANTOR, geboren 1809 oder 1814, in den Gemeindebüchern der jüdischen Gemeinde nicht vorkommt, und daß er ganz ohne Zweifel kein Jude war,...» [3, Nr. 36].

Auch jahrelange Bemühungen des Bibliothekars JOSEF FISCHER, des besten Kenners der jüdischen Genealogie in Dänemark, im Auftrag jüdischer Professoren nachzuweisen, daß GEORG CANTOR jüdischer Abstammung war, verliefen ergebnislos [3, Nr. 36]. In CANTORS gedruckten Arbeiten und auch in seinem Nachlaß gibt es keine Äußerungen von ihm selbst, die sich auf eine jüdische Herkunft seiner Vorfahren beziehen. Es existiert allerdings im Nachlaß die Abschrift eines Briefes seines Bruders LUDWIG vom 18.11.1869 an die Mutter mit einigen unerfreulichen antisemitischen Äußerungen, in dem es u.a. heißt:

> «Mögen wir zehnmal von Juden abstammen und ich im Princip noch so sehr für Gleichberechtigung der Hebräer sein, im socialen Leben sind mir Christen lieber...» [3, Nr. 36].

Wir lassen es dahingestellt, ob vielleicht Vorfahren CANTORS vom mosaischen zum christlichen Glauben übergetreten sind, und haben diese für die Biographie eines Gelehrten an und für sich ganz unwichtige Frage überhaupt nur deshalb berührt, weil die Vertreter der *Deutschen Mathematik* in der Zeit des Nationalsozialismus die Mengenlehre als jüdische Mathematik zu diffamieren suchten und CANTOR als einen Vertreter des sogenannten S-Typs oder Gegentyps charakterisierten. Dieser S-Typ sollte angeblich einer «gesunden» Entwicklung der Wissenschaft entgegenstehen; als sein Träger wurde das Judentum bezeichnet ([67], [238], [239]). Die Nationalsozialisten haben sogar, wie aus einem Brief von CANTORS Sohn ERICH vom

7. 9. 1949 an den Rektor der Universität Halle hervorgeht [3, Nr. 46], die Marmorbüste CANTORS aus dem Hauptgebäude der Universität entfernen lassen.

Die ungeheuer großen Verluste, die der verbrecherische Rassenwahn der Nationalsozialisten auch in der Wissenschaft verursacht hat, sind wohlbekannt. Das Beispiel der Mengenlehre zeigt, daß darüberhinaus zur Nazizeit Antisemitismus und «völkische» Ideologie auch von einzelnen Fachleuten benutzt wurden, um ihnen mißliebige wissenschaftliche Entwicklungen zurückzudrängen oder auszuschalten (cf. [323], p. 50).

GEORG CANTOR wuchs in dem großzügig geführten Haus seiner Eltern mit noch drei jüngeren Geschwistern auf: LUDWIG, SOPHIE und CONSTANTIN. Über die Geschwister GEORG CANTORS ist nur wenig bekannt geworden. Von CONSTANTIN wurde berichtet, daß er ein begabter Klavierspieler gewesen sei, von SOPHIE, daß sie zeichnerisch sehr talentiert war.

Petersburg war eine prächtige Residenzstadt mit großartigen kulturellen Einrichtungen und Bildungsmöglichkeiten. Um 1850 lebten dort über 40 000 Deutsche. Ihren Verwandten in Deutschland mußte der Petersburger Lebensstil sehr eigenwillig vorgekommen sein:

> «... [Petersburg] ist und bleibt uns so fremd, als ob es jenseits des Mondgebirges läge, und die Berichte davon klingen so fabelhaft, daß man bei späterer Anschauung dem Zeugniß der eigenen Augen kaum zu trauen wagt.» [245, p. 10].

GEORG CANTOR besuchte in Petersburg die Elementarschule. Im Jahre 1856 übersiedelte die Familie CANTOR nach Deutschland und ließ sich in Frankfurt/Main nieder. Der Vater hatte sich wegen eines Lungenleidens von seinen Geschäften zurückgezogen und lebte mit der Familie von seinem Vermögen.

CANTOR erinnerte sich später gern seiner Kinderzeit in Rußland. In einem Brief vom 4. 7. 1894 an VASSILIEF in Kasan heißt es:

> «Meine 11 ersten wundervollen Lebensjahre habe ich in der herrlichen Newastadt verlebt, seitdem bin ich leider nie wieder in meine Heimath zurückgekommen.» [3, Nr. 17].

GEORG besuchte kurzzeitig Privatschulen in Frankfurt/Main und das Gymnasium in Wiesbaden. Am Gymnasium hat sich als Mathematiker nur ein KONRAD MÜLLER nachweisen lassen [439, p. 54], der vermutlich auch CANTOR unterrichtet hat. GEORG CANTOR vespürte früh den Wunsch, Mathematik zu studieren, aber der Vater hielt eine Ingenieurausbildung für wirtschaftlich sicherer.

Der Sohn besuchte daher seit Ostern 1859 die «Höhere Gewerbeschule des Großherzogthums Hessen» und die damit verbundene Realschule zu Darmstadt. Die Realschule absolvierte GEORG CANTOR mit vorzüglichen Ergebnissen. Im Abgangszeugnis vom September 1860 hieß es:

> «Sein Fleiß und Eifer musterhaft; seine Kenntnisse in der Niederen Mathematik inkl. Trigonometrie sind sehr gut; Leistungen lobenswert.» [143, p. 192].

Nach Abschluß der Realschule trat CANTOR in die Höhere Gewerbeschule ein. Bereits zu Pfingsten 1860 hatte GEORG von seinem Vater einen Brief erhalten, in dem dieser die Erwartungen an seinen Sohn formuliert hatte:

> «Zur Erlangung vielfacher gründlicher wissenschaftlicher und praktischer Kenntnisse, zur vollkommenen Aneignung fremder Sprachen und Literaturen, zur vielseitigen Bildung des Geistes, auch in manchen humanistischen Wissenschaften ... *dazu* ist die eben angetretene zweite Periode Deines Lebenslaufes, das Jünglingsalter, bestimmt. Was der Mensch aber in *dieser Periode* versäumt, oder durch vorzeitige Vergeudung seiner besten Kräfte, Gesundheit und Zeit, sozusagen verludert, das ist unwiederbringlich und unersetzlich für ewig verloren...» [3, Nr. 35], [143, p. 191].

Die höhere Gewerbeschule in Darmstadt hatte 1859 die Einrichtungen einer polytechnischen Schule erhalten, behielt aber noch

Höhere Gewerbeschule Darmstadt
(Viefhaus [464])

einige Jahre ihren alten Namen bei. Die Ausbildung lief zunächst in zwei allgemeinen Klassen in je einem einjährigen Kursus als Vorbereitungsschule ab und endete nach zwei Jahren mit der «realistischen Maturitätsprüfung». Erst danach war ein Studium in einer der fünf Fachabteilungen möglich [465, p. 14]. CANTOR absolvierte seine Studien in Darmstadt, als sich die Gewerbeschule in einer Krise befand. Auf Grund ungenügender wissenschaftlicher Profilierung verlor sie ständig an Schülern. Im Winter 1859/60 besuchten diese Schule nur noch 142 Schüler [464, p. 82]. Besondere Sorge machte es dem Vater CANTORS, daß die Zöglinge der Höheren Gewerbeschule bereits im Alter von 16 Jahren die sogenannten akademischen Freiheiten genossen, die an der Universität für durchschnittlich 4 bis 5 Jahre ältere Studenten üblich waren, und daß GEORG sie auch durch Beitritt zu einer studentischen Verbindung nutzte. In einem Brief vom 9. 5. 1861 schrieb der Vater:

> «Möchtest Du doch jetzt soviel eigene Einsicht gewinnen, um selbst die lebhafte Überzeugung daraus zu schöpfen, welche ungeheuren Nachteile Dir das frühzeitige Sichgehenlassen in diesem lässigen Treiben jenes lächerlichen, äffischen Corpswesens bringen muß, umso mehr als letzteres doch bloß im leeren Kneipen seinen Ausdruck sucht,...» [3, Nr. 35].

Für CANTOR war das Kneipen jedoch nur ein kurzes Intermezzo, denn bereits am 10. 7. 1861 hieß es in einem Brief seines Vaters:

> «Du scheinst nun selbst zu dem Bewußtsein des Bedürfnisses gekommen zu sein, wie außerordentlich notwendig Dir noch eine allgemeine Ausbildung in den humanoria ist, jenen Fächern der höheren menschlichen Bildung. Ich gratuliere Dir daher zu Deinem tüchtigen Entschlusse, aus dem Corps auszutreten von ganzer Seele und freue mich umso mehr darüber, gerade weil ich es vollkommen begreife, wie schwer in Deinem Alter ein solcher männlicher freiwilliger Entschluß Dir werden mußte! Und ich habe doppelte Ursache mich darüber zu freuen, weil Dein Entschluß nicht durch ein von mir ausgehendes Verbot oder einen Befehl hervorgerufen ist... In der Tat: es widerstrebt mir zu sehr, in solchen Sachen etwas zu verbieten, was nur vom eigenen Urteil und Willen eines jungen Menschen abhängen sollte. In reiferen Jahren wirst Du auf diese männliche Überwindung mit wahrer Genugtuung und Freude zurückblicken!» [3, Nr. 35].

Dieser Brief zeigt sehr schön die Art der erzieherischen Einflußnahme von GEORG WOLDEMAR CANTOR auf seinen Sohn: Stets bemühte er sich, ratend und empfehlend die seiner Ansicht nach richtigen Wege zu weisen. Von der gelegentlich behaupteten autoritären Erziehung (vgl. [58]) kann also nicht die Rede sein; auch weitere Schriftstücke GEORG WOLDEMAR CANTORS beweisen das direkte Gegenteil.

CANTOR hatte an der Höheren Gewerbeschule in Gestalt des Direktors JACOB KÜLP einen tüchtigen Mathematiklehrer, der eine ausgezeichnete Ausbildung in Heidelberg und Brüssel genossen hatte und der auf ihn offenbar großen Eindruck gemacht hat. Die Abschlußprüfung nach Absolvierung der allgemeinen Klassen legte CANTOR am 18. August 1862 ab.

In der Darmstädter Zeit konnte er auch die Einwilligung des Vaters zum Mathematikstudium erreichen. In einem Brief vom 25. 5. 1862 bedankte sich GEORG für die Zustimmung des Vaters zu seinem Vorhaben:

«... Wie sehr Dein Brief mich freute, kannst Du Dir denken; er bestimmt meine Zukunft. Die letzten Tage vergingen mir im Zweifel und der Unentschiedenheit; ich konnte zu keinem Entschluß kommen. Pflicht und Neigung bewegten sich in stetem Kampfe. Jetzt bin ich glücklich ...» [143, p. 193].

Da für das Studium der Naturwissenschaften und auch der Mathematik die Reifeprüfung gefordert wurde, legte GEORG CANTOR im Herbst 1862 diese Prüfung zusätzlich mit sehr gutem Ergebnis ab [143, p. 192].

Das Leben des jungen GEORG CANTOR hatte sich bisher fast nur in der anmutigen Gegend des Rhein-Main-Gebietes abgespielt. Frankfurt/Main war seit 1815 freie Reichsstadt, hatte bedeutende Sammlungen, Museen und Bibliotheken aufzuweisen und war schon damals ein bedeutendes Handelszentrum. Die Einwohnerzahl betrug im Jahre 1871, also nach CANTORS Aufenthalt in der Stadt, erst 91 000. In Frankfurt konnte man zur damaligen Zeit kein höheres Studium aufnehmen – die Stadt erhielt erst 1912 eine Universität. Wiesbaden war bis 1866 Hauptstadt des Herzogtums Nassau, sehr wohlhabend, schön gebaut und angelegt, aber eine Kleinstadt (1879 hatte sie 44 000 Einwohner). Für Frankfurt und Wiesbaden brachte das Jahr 1866 einen tiefen politischen Einschnitt. In diesem Jahre entschied sich in der Schlacht bei Königgrätz der Krieg zwischen Österreich und Preußen um die Vorherrschaft in Deutschland. Da Österreich den Krieg verlor, büßten seine Verbündeten, die Reichsstadt Frankfurt/Main und das Herzogtum Nassau, ihre Unabhängigkeit ein und wurden dem preußischen Staat angegliedert. Ebenso wie Wiesbaden gehörte Darmstadt als Residenz des Großherzogtums Hessen zu den vielen, oft mit prächtigen Bauten ausgestatteten, kleinen «Hauptstädten» Deutschlands. Noch 1875, also zu einer Zeit, da der Aufbau der Stadt zu einem bedeutenden Industriezentrum begann, hatte der Ort weniger als 40 000 Einwohner.

Studium in Zürich, Göttingen und Berlin

Im Herbst 1862 begann CANTOR das Studium an der Universität Zürich. Er wurde am 9.10.1862 an der philosophischen Fakultät immatrikuliert. Die Matrikelbücher verzeichnen seinen Vornamen als GEORG, aber auch als GEORGE und JOST. Seinen Wohnsitz nahm CANTOR in Zürich bei Professor GRAEFFE in der Kuttelgasse [216].

An der Universität Zürich konnte CANTOR mit der modernen mathematischen Forschung kaum in Berührung kommen, denn diese Universität war auf mathematischem Gebiet nicht mit erstrangigen Gelehrten besetzt. Die Mathematik vertraten der als Lehrer vorzügliche CARL HEINRICH GRAEFFE und JOHANN WOLFGANG VON DESCHWANDEN als Professoren. Als außerordentlicher Professor war der Astronom und Kulturhistoriker JOHANN RUDOLF WOLF tätig, als Privatdozenten CASPER HUG und JACOB HEINRICH DURÈGE. Auf physikalischem Gebiet wirkte allerdings damals an der Universität in Zürich mit RUDOLF CLAUSIUS eine «Größe erster Ordnung». Die Anzahl der Studierenden war gering und betrug im Durchschnitt pro Semester an der philosophischen Fakultät etwa 60.

In den Jahren 1855–1864 befanden sich die Universität und die Eidgenössische Polytechnische Schule im gleichen Gebäude [492, p. 25]. Die Professoren der einen Hochschule lasen oft auch an der anderen. Die Polytechnische Schule war auf mathematischem Gebiet günstiger besetzt. Dort lasen neben DESCHWANDEN, HUG, DURÈGE und CLAUSIUS noch CHRISTOFFEL, CULMANN, MÉQUET und ORELLI. DEDEKIND, CANTORS späterer Freund und Briefpartner, war allerdings im Herbst 1862 von Zürich nach Braunschweig gegangen [188].

Auch während der Studienzeit in Zürich nahm der Vater lebhaften Anteil an der Entwicklung seines Sohnes und stand ihm mit Rat und Tat zur Seite. So heißt es in einem Brief vom 28.10.1862:

> «... hast Du schon ein System und strenge Einteilung Deiner verschiedenen Tagesbeschäftigungen eingerichtet? Dieses ist für einen künftigen Gelehrten, wie mir dünkt – nein ich weiß es! daß es so ist – eigentlich unerläßlich ... Ich habe mich aufrichtig gefreut zu sehen, Du habest ein Colleg über Astronomie belegt. Dies ist jedenfalls ein Fach, welches Du nebenbei pflegen mußt und welches man

bei näherer Bekanntschaft immer mehr und mehr lieb gewinnt. Besonders scheint mir ein Physiker und Mathematiker, der nicht auch Astronomie kultiviert, etwas Undenkbares!» [3, Nr. 35].

Ferner war der Vater darauf bedacht, daß sich CANTOR auch in allgemeinbildende Fächer und in die Sprachen weiter vertiefte, sich künstlerischer Betätigung und ausreichender körperlicher Ertüchtigung widmete.

Im Frühsommer 1863 erlag CANTORS Vater seinem langjährigen Leiden. CANTOR unterbrach das Studium für ein Semester, ging danach jedoch nicht nach Zürich zurück, sondern setzte seine Studien in Berlin fort, wohin seine Mutter übergesiedelt war. Er kam nun in ein völlig anderes gesellschaftliches und kulturelles Klima. Die preußische Hauptstadt hatte ohne Vororte bereits etwa 600 000 Einwohner und befand sich in einer Phase stürmischer Entwicklung. Innerhalb eines Jahrzehnts, von 1861 bis 1871, wuchs die Einwohnerzahl Berlins (ohne Vororte) um rund 280 000 Personen. Eine Vielzahl wissenschaftlicher Vereinigungen, Theater, Museen, Bibliotheken und höherer Schulen bestimmten neben der Universität die kulturelle Atmosphäre Berlins. Allerdings führten der starke Bevölkerungsanstieg und sehr ungünstige soziale Verhältnisse auch zu zahlreichen Mißständen.

Die Berliner «Friedrich-Wilhelms-Universität», 1810 gegründet, hatte im Wintersemester 1863/64 fast genau 2000 immatrikulierte Studenten, davon beinahe 700 in der philosophischen Fakultät. Der Anteil der Mathematiker und Physiker an dieser Zahl war allerdings mit etwa 50 Immatrikulierten noch nicht sehr groß. An der Berliner Universität begann in der ersten Hälfte der sechziger Jahre das «heroische Zeitalter» (A. KNESER) der Mathematik. Es lasen die Mathematiker von Weltruf WEIERSTRASS, KUMMER und KRONECKER, daneben aber auch noch FUCHS, ARNDT, HOPPE und M. OHM. KUMMER trug methodisch brillant in einem zweijährigen Kursus relativ abgeschlossene Gebiete der Mathematik vor, so etwa analytische Geometrie, Zahlentheorie und Mechanik. WEIERSTRASS dagegen las über eigene neueste Forschungsergebnisse auf den Gebieten analytische und elliptische Funktionen, ABELsche Funktionen und Variationsrechnung. Zu WEIERSTRASS kamen die Zuhörer aus aller Herren Länder, weil er gerade das brachte, was noch in keinem Lehrbuch und in keiner Fachzeitschrift stand. KRONECKER trug in geistvollem, aber für Studierende oft zu schwierigem Stil über neueste Resultate aus der Theorie der algebraischen Gleichungen, der Zahlentheorie, der Theorie der Determinanten und Integrale vor.

KARL WEIERSTRASS, einer von CANTORS Lehrern
(Sammlung KARGER-DECKER)

WEIERSTRASS, KUMMER und KRONECKER waren zu CANTORS Studienzeit noch eng befreundet. Später wurden die Beziehungen zwischen WEIERSTRASS und KRONECKER zunehmend gespannter. Die Themen der Vorlesungen von KUMMER, WEIERSTRASS, KRONECKER und der anderen Lehrenden waren sorgfältig aufeinander abgestimmt: «. . . daß den Studierenden Gelegenheit gegeben ist, in einem zweijährigen Cursus eine beträchtliche Reihe von Vorträgen über die wichtigsten mathematischen Disciplinen in angemessener Aufeinanderfolge zu hören, darunter nicht wenige, die an anderen Universitäten gar nicht oder doch nicht regelmäßig gelesen werden.» (WEIERSTRASS: [68, p. 75]).

CANTOR hörte in Berlin Vorlesungen bei ARNDT, KRONECKER, KUMMER und WEIERSTRASS, aber auch bei den Physikern DOVE und MAGNUS und dem Philosophen TRENDELENBURG. 1866 unterbrach CANTOR für ein Semester sein Studium in Berlin, um in Göttingen zu hören. Er besuchte in Göttingen Vorlesungen des Philosophen LOTZE, der Mathematiker MINNIGERODE und SCHERING und des Physikers W. E. WEBER.

1867 reichte CANTOR in Berlin seine Dissertation *De aequationibus secundi gradus indeterminatis* (*Über unbestimmte Gleichungen zweiten Grades*) ein. Die Arbeit beruhte auf Untersuchungen von LAGRANGE, GAUSS und LEGENDRE über die diophantische Gleichung $ax^2 + by^2 + cz^2 = 0$. GAUSS hatte die Form $ax^2 + by^2 + cz^2$ in $4\,D(uw - v^2)$ mit $D = abc$ transformiert (a, b, c sind paarweise teilerfremd und ohne quadratischen Teiler). Haben a, b, c nicht alle dasselbe Vorzeichen und sind $-bc$, $-ca$, $-ab$ beziehentlich quadratische Reste von a, b, c, so existieren ganzzahlige Lösungen, die GAUSS in der Form $x = \frac{1}{t}\,\Phi(p,q)$, $y = \frac{1}{t}\,\Psi(p,q)$, $z = \frac{1}{t}\,X(p,q)$ darstellen konnte. Dabei sind Φ, Ψ, X geeignete binäre Formen der Variablen p, q, für die $(p,q) = 1$ vorausgesetzt ist. t ist der größte gemeinsame Teiler von $\Phi(p,q)$, $\Psi(p,q)$ und $X(p,q)$. Die Lösungsdarstellung von GAUSS befriedigte CANTOR insofern nicht, da t für jedes Paar p, q aus den binären Formen Φ, Ψ, X berechnet werden muß. Er stellte sich in der Dissertation das Ziel, die Abhängigkeit des t von p und q zu ermitteln. Das gelang ihm mit ziemlich komplizierten und durchaus originellen Betrachtungen. Eine andere Lösung des Problems hat später DEDEKIND angegeben ([121], p. 418 ff).

Interessant und in bezug auf CANTORS späteres Schaffen von bemerkenswertem Weitblick ist die dritte seiner anläßlich der Promotion verteidigten Thesen: *In re mathematica ars proponendi quaes-*

DE AEQUATIONIBUS
SECUNDI GRADUS INDETERMINATIS.

DISSERTATIO INAUGURALIS
QUAM
CONSENSU ET AUCTORITATE
AMPLISSIMI PHILOSOPHORUM ORDINIS
IN
ALMA LITTERARUM UNIVERSITATE FRIDERICA GUILELMA
BEROLINENSI
PRO
SUMMIS IN PHILOSOPHIA HONORIBUS
RITE CAPESSENDIS
DIE XIV. M. DECEMBRIS A. MDCCCLXVII
H. L. Q. S.
PUBLICE DEFENDET
AUCTOR
GEORGIUS CANTOR
PETROPOLITANUS.

ADVERSARII ERUNT:
M. SIMON, DR. PHIL.
M. HENOCH, DR. PHIL.
E. LAMPE, DR. PHIL.

BEROLINI
TYPIS CAROLI SCHULTZII
KOMMANDANTEN-STRASSE.

Titelblatt der Dissertation CANTORS
(Universitätsbibliothek Berlin)

tionem pluris facienda est quam solvendi [9, p. 31] («In der Mathematik ist die Kunst der Fragestellung wichtiger als die der Lösung»). Gutachter der Arbeit CANTORS war KUMMER, als zweiter Gutachter fungierte WEIERSTRASS. Im Gutachten KUMMERS hieß es u.a.:

> «Er [CANTOR – W.P.] zeigt ... eine gründliche Kenntniß und Einsicht in die neuesten Methoden der Zahlentheorie und eine gesunde Kritik. Sodann entwickelt er eine eigenthümliche Methode der Auflösung dieses Problems, welche dasjenige leisten soll, was er von einer vollendeten Lösung verlangt, und welche dieselbe im gewissem Sinne auch wirklich leistet. Nach meinem Urtheile ist die vorliegende Schrift als eine vorzügliche Leistung zu bezeichnen.» [68, p. 83].

Die mündliche Prüfung CANTORS fand am 14.11.1867 statt. Es prüften KUMMER über Zahlentheorie, WEIERSTRASS in Algebra und Funktionentheorie, DOVE in Physik und TRENDELENBURG über die Grundzüge der Philosophie SPINOZAS. Als Prädikat von Dissertation und mündlicher Prüfung wurde *magna cum laude* vergeben.

CANTOR blieb noch einige Zeit nach der Promotion in Berlin. Im November 1868 unterzog er sich der Staatsprüfung für das höhere Lehramt. Das darüber am 24. November 1868 ausgefertigte Zeugnis der Königlichen Prüfungskommission (s. Dokumentenanhang Nr. 1) betont die überdurchschnittlichen Fähigkeiten CANTORS in Mathematik, und bringt die Überzeugung zum Ausdruck, daß er in diesem Fach für die Zukunft zu schönen Erwartungen berechtige. Das Zeugnis verdeutlicht eindrucksvoll die hohen Anforderungen an die Allgemeinbildung eines Lehramtskandidaten der damaligen Zeit und die strenge und differenzierte Einschätzung der Prüflinge durch die Kommission.

Am 17.12.1868 stellte CANTOR einen Antrag um Aufnahme in das SCHELLBACHsche Seminar. Dieses Seminar war 1855 von dem verdienstvollen Pädagogen und Mathematiker KARL SCHELLBACH am Königlichen Friedrich-Wilhelms Gymnasium in Berlin gegründet worden, um die pädagogisch-praktische Ausbildung der Mathematik- und Physiklehrer für Gymnasien und Realschulen zu verbessern. Es hatte bald einen hervorragenden Ruf. «Mehr als hundert junge Mathematiker hatten das Glück, ihr Probejahr unter SCHELLBACHS Leitung zu absolvieren», so beschrieb FELIX MÜLLER in einem Rückblick SCHELLBACHS Einfluß. [354, p. 24]. Zu den Absolventen des Seminars gehörten so bekannte Mathematiker wie ALFRED CLEBSCH, CARL NEUMANN, LAZARUS FUCHS, HERMANN AMANDUS SCHWARZ und ARTHUR SCHOENFLIES. CANTORS Antrag wurde am 31.12.1868 genehmigt. Er hat aber nur reichlich zwei Monate Unterricht erteilt, vermutlich am Friedrich-Wilhelms-Gymnasium. In

SCHELLBACHS Bericht vom 15.3.1869 werden CANTORS wissenschaftliche Ausbildung und Befähigung hervorgehoben, sein Lehrgeschick wird als der weiteren Entwicklung bedürftig charakterisiert [419].

In Berlin gehörte CANTOR auch dem «Mathematischen Verein» an, einer Vereinigung von Mathematikstudenten, die sich regelmäßig in einer Weinstube zu geistigem Austausch und Geselligkeit trafen. Neben CANTOR, der 1864–65 das Amt des Vorsitzenden innehatte, waren HENOCH, LAMPE, MERTENS, SIMON und THOMÉ aktive Mitglieder des Vereins. Eine enge Freundschaft verband CANTOR in seiner Berliner Zeit auch mit H. A. SCHWARZ.

Daß CANTOR bereits nach zwei Monaten Probeunterricht wieder aus dem SCHELLBACHschen Seminar ausschied, hängt sicher damit zusammen, daß sich an der Universität Halle eine Möglichkeit zur Habilitation bot. Er sah in der mathematischen Forschung seine Zukunft und strebte deshalb eine Hochschullehrerlaufbahn an. In einem Brief vom 7.2.1869 an seine Schwester SOPHIE hieß es:

> «Ich sehe doch immer mehr ein, wie sehr mir meine Mathematik ans Herz gewachsen ist oder vielmehr, daß ich eigentlich dazu geschaffen bin, um in dem Denken und Trachten in dieser Sphäre Glück, Befriedigung und wahrhaften Genuß zu finden... Du wirst Dir denken können, daß sich diese Hoffnungen zunächst an Halle knüpfen; dort werde ich eine Wirksamkeit haben, welche sich ganz und gar auf meinen Beruf erstreckt, und ich werde dort vielleicht von selbst Anerkennung und Verständnis meiner Bestrebungen finden.» [328, p. 7].

Nach einem Erholungsaufenthalt in Dietenmühle bei Wiesbaden wandte sich CANTOR im Frühjahr 1869 an die Universität Halle.

Genesis der Mengenlehre

Die Universität Halle war im 18. Jahrhundert neben Göttingen eine der bedeutendsten deutschen Universitäten. Sie galt als ein Zentrum der deutschen Aufklärung und als eine Pflegestätte der neuzeitlichen Naturwissenschaft. Im Verlaufe des 19. Jahrhunderts verlor Halle jedoch stark an wissenschaftlichem Gewicht, so daß die Universität Ende der sechziger Jahre des vorigen Jahrhunderts zu den kleineren preußischen Provinzuniversitäten von im wesentlichen lokaler Bedeutung zählte. Die Studentenzahl war dementsprechend relativ gering.

Das Ordinariat der Mathematik bekleidete EDUARD HEINE, ein origineller und scharfsinniger Denker, der bedeutende Beiträge zur Funktionentheorie geleistet hat und dessen Name im HEINE-BORELschen Überdeckungssatz verewigt ist. Es gab noch ein zweites mathematisches Ordinariat, und zwar für angewandte Mathematik (einschließlich Astronomie), welches der greise OTTO AUGUST ROSENBERGER innehatte. SCHWARZ, CANTORS Freund aus den Berliner Studientagen, war seit 1867 außerordentlicher Professor in Halle, wurde aber bereits im Frühjahr 1869 zum Ordinarius nach Zürich berufen. Er dürfte es gewesen sein, der die philosophische Fakultät in bezug auf seinen Nachfolger auf den jungen CANTOR aufmerksam machte. HEINE teilte «dem durch die Herren Prof. SCHWARZ, KRONECKER und WEIERSTRASS sehr gerühmten Dr. CANTOR mit, daß hier ein Extraordinariat vakant sei für den Docenten der Erfolge und Anerkennung finde.» [1, Bd. 10, Bl. 70]. CANTOR habilitierte sich daraufhin im Frühjahr 1869 in Halle und wurde Privatdozent. Die Habilitationsschrift [11] beschäftigte sich ebenso wie die Doktordissertation mit einem Problem der Zahlentheorie, nämlich mit der Aufgabe, alle Transformationen zu bestimmen, die eine ternäre quadratische Form in sich überführen. Die zweite der anläßlich der Habilitation von CANTOR verteidigten Thesen weist auf den großen Einfluß hin, den SPINOZAS Philosophie auf ihn ausgeübt hat. Sie lautet: *Iure Spinoza mathesi* (*Eth. pars. I. prop. XXXVI, app.*) *eam vim tribuit, ut hominibus norma et regula veri in omnibus rebus*

CANTOR am Beginn seiner Hallenser Zeit (Meschkowski, H.: Probleme des Unendlichen. Braunschweig 1967)

indagandi sit. («Zu recht schreibt SPINOZA der Mathematik die Kraft zu, den Menschen Norm und Richtschnur beim Erkennen der Wahrheit in allen Dingen zu sein»). Es ist kaum anzunehmen, daß CANTOR hier nur eine Autorität gesucht hat, um den Wert der Mathematik zu bestätigen. Vielmehr scheint er mit SPINOZA in der Ablehnung teleologischer Motive für wissenschaftliche Forschung übereingestimmt zu haben. SPINOZA polemisiert nämlich an der angegebenen Stelle gegen die Auffassung, Gott leite alles zu einem bestimmten Zweck, und die Menschen müßten ihn verehren, damit er den Zweck nach ihrem Wohle einrichte. Weil die Menschen in vielem, insbesondere üblem, einen Zweck aber nicht erkennen, hätten sie die Auffassung entwickelt, daß die Absichten Gottes die menschliche Fassungskraft weit übersteigen. Dies «allein schon hätte verursachen können, daß die Wahrheit dem Menschengeschlecht in Ewigkeit verborgen geblieben wäre, wenn nicht die Mathematik, welche sich nicht mit Zwekken, sondern nur mit dem Wesen und den Eigenschaften der Figuren beschäftigt, den Menschen eine andere Norm der Wahrheit gezeigt hätte.» [440, p. 73]. CANTOR hat sich nicht nur als Student intensiv mit SPINOZA beschäftigt (cf. Dokumentenanhang, Nr. 1), sondern auch als junger Privatdozent. In seinem Nachlaß befindet sich ein Heft, datiert vom Wintersemester 1871/72, mit der Überschrift *Ethica Benedicti de Spinoza.* Auf 7 Seiten (das Heft ist begonnen, aber dann aus irgendeinem Grunde nicht weitergeführt worden) finden wir in Latein die Definitionen und Axiome aus Teil 1 der Ethik sowie zusammenfassende und kommentierende Bemerkungen CANTORS, ebenfalls in Latein und hauptsächlich den Inhalt von Teil 1 (*De deo*) der Ethik betreffend [3, Nr. 27]. CANTOR zeigt sich in seinen späteren philosophischen Arbeiten nicht selten von SPINOZA beeinflußt, sowohl was die Terminologie als auch was den philosophischen Inhalt betrifft.

Aus der ersten mathematischen Schaffensperiode CANTORS, die der Zahlentheorie gewidmet war und die auf KUMMERS und KRONECKERS Anregungen zurückgeht, ist besonders noch die Arbeit *Über einfache Zahlensysteme* [10] von 1869 erwähnenswert. EULER hatte die Frage behandelt, die Anzahl C_n der möglichen Darstellungen einer natürlichen Zahl n durch ein vorgegebenes Zahlensystem $a_0, a_1, a_2, \ldots$ in der Form

$$n = \lambda_0 a_0 + \lambda_1 a_1 + \ldots \qquad (1)$$

zu ermitteln, wobei $0 \leqq \lambda_i \leqq \alpha_i$ ist ($\alpha_i = \infty$ ist zugelassen). CANTOR kehrte die Fragestellung um: Er suchte diejenigen Zahlensysteme

$a_0, a_1, a_2, \ldots$, für die $C_n = 1$, d. h. für die die Darstellung (1) eindeutig ist. Sein Resultat ist das folgende: Jede natürliche Zahl n ist genau dann auf eine einzige Weise durch ein Zahlensystem $\{a_0, a_1, a_2, \ldots,\}$ mit $a_k < a_{k+1}$ in der Form (1) darstellbar, wenn gilt:

$$a_0 = 1,\ a_1 = b_1,\ a_2 = b_1 b_2,\ a_3 = b_1 b_2 b_3, \ldots;$$
$$b_i > 1,\ \lambda_i \leqq b_{i+1} - 1\,.$$

Die Zahlen λ_i heißen dann die Ziffern von n in dem vorliegenden Zahlensystem. Wenn ein solches Zahlensystem gegeben ist, so läßt sich jede positive reelle Zahl r in der Form

$$r = \mu_0 + \frac{\mu_1}{b_1} + \frac{\mu_2}{b_1 b_2} + \frac{\mu_3}{b_1 b_2 b_3} + \ldots$$

mit $\mu_k \leqq b_{k+1} - 1$ für $k \geqq 1$, μ_i ganz, darstellen. Für $b_k = 10$, $k = 1, 2, \ldots$ erhält man das Dezimalsystem, allgemein für $b_k = p$, $k = 1, 2, \ldots$ das p-adische Zahlsystem. Der Fall $b_k = k + 1$ liefert die Darstellung jeder positiven reellen Zahl r in der Form

$$r = \mu_0 + \sum_{k=1}^{\infty} \frac{\mu_k}{(k+1)!}\,. \tag{2}$$

Reihen der Form (2) heißen CANTORsche Reihen; sie spielen in der Theorie der Irrationalzahlen eine Rolle.

CANTOR hat sich in Halle im ständigen geistigen Austausch mit HEINE offenbar recht schnell und gut eingelebt. In einem von SCHWARZ an ihn gerichteten Brief vom 12. Februar 1870 heißt es:

«Daß du dich in Halle und zwar sowohl in deinem Wirkungskreise als akademischer Lehrer und in deinem Umgange mit Herrn Professor HEINE und seiner Familie wohl fühlst, hat mich sehr gefreut, von dir mitgetheilt zu bekommen; ...» [3, Nr. 10].

Lediglich die Vorlesungen scheinen CANTOR anfangs einige Schwierigkeiten gemacht zu haben, denn in einem weiteren Brief von SCHWARZ vom 24. Februar 1870 heißt es:

«Was du mir hinsichtlich der Mühe schreibst, dich in das «Lesen» hineinzufinden, weiß ich vollkommen zu würdigen; ich weiß, welche Mühe es mir gemacht hat, und ich war doch schon geübt im Unterrichten!» [3, Nr. 10].

HEINE erkannte sehr bald CANTORS ungewöhnliches Talent. Er äußerte darüber im Kreise seiner Familie die prophetischen Worte:

«Der CANTOR wird einmal etwas Bedeutendes leisten, denn mit ungewöhnlichem Scharfsinn verbindet er eine ganz außerordentliche Phantasie!» [298, p. 270].

HEINE selbst beschäftigte sich 1868/69 intensiv mit der Theorie der trigonometrischen Reihen, insbesondere mit Fragen der gleichmäßigen Konvergenz und der Eindeutigkeit der FOURIERentwicklung. Für CANTORS Weg als Wissenschaftler war es von entscheidender Bedeutung, daß HEINE ihn dazu anregte, Probleme der Eindeutigkeit der FOURIERentwicklung aufzugreifen.

Es ist eine bemerkenswerte Tatsache in der Geschichte der Mathematik, daß die Theorie der trigonometrischen Reihen in der historischen Entwicklung mehrfach Ausgangspunkt für die Schaffung tiefliegender neuer Begriffe gewesen ist. Entstanden war die Frage nach der Entwickelbarkeit einer mit 2π periodischen Funktion in eine trigonometrische Reihe

$$\frac{a_0}{2} + \sum_{n=1}^{\infty} (a_n \cos nx + b_n \sin nx) \tag{3}$$

Mitte des 18. Jahrhunderts im Ergebnis einer Kontroverse zwischen EULER und DANIEL BERNOULLI um die Form der allgemeinen Lösung des Problems der schwingenden Saite. Obwohl EULER in Spezialfällen die Bestimmung der Koeffizienten a_i, b_i gelungen war, blieb das Problem fast 70 Jahre offen. In seinem Werk *Théorie analytique de la chaleur* von 1822 wurde FOURIER bei der Lösung von Randwertaufgaben für die stationäre Wärmeleitungsgleichung ebenfalls auf die Frage nach der Entwicklung einer Funktion in eine trigonometrische Reihe geführt. Ihm gelang die Koeffizientenbestimmung im allgemeinen Fall; sein Konvergenzbeweis für die FOURIERentwicklung ist allerdings nicht haltbar. PETER GUSTAV LEJEUNE DIRICHLET gab 1829 Bedingungen an, unter denen die FOURIERreihe einer Funktion $f(x)$ konvergiert und in allen Stetigkeitspunkten f darstellt. Bei dieser Untersuchung war er gezwungen, den Funktionsbegriff im Sinne einer beliebigen eindeutigen Zuordnung einzuführen und den Begriff der Stetigkeit exakt zu definieren. Obwohl auch andere Gelehrte, wie z. B. LOBATSCHEWSKI, zum allgemeinen Funktionsbegriff vorgestoßen waren, so ist dieser doch erst durch die Autorität DIRICHLETS Allgemeingut der Mathematiker geworden. BERNHARD RIEMANN hat 1854 in seiner Göttinger Habilitationsschrift die DIRICHLETsche Problemstellung gewissermaßen umgekehrt. Er ging von folgender Frage aus:

«Wenn eine Funktion durch eine trigonometrische Reihe darstellbar ist, was folgt daraus über ihren Gang, über die Änderung ihres Wertes bei stetiger Änderung des Arguments?» [389, p. 244].

Da zunächst über die Funktion $f(x)$ nichts vorausgesetzt war, mußte RIEMANN zuerst präzise definieren, was unter dem bestimmten Integral über f zu verstehen sei. Er führte deshalb in einem separaten Abschnitt das heute nach ihm benannte RIEMANN-Integral ein und gab sein bekanntes Integrabilitätskriterium an. Sind somit durch die Beschäftigung mit den trigonometrischen Reihen die grundlegenden Begriffe der Funktion und des Integrals erstmals hinreichend allgemein und exakt gefaßt worden, so waren es wiederum Fragen der FOURIERentwicklung, aus denen CANTOR die entscheidende Anregung für sein ganzes späteres Lebenswerk schöpfte.

In der Arbeit *Beweis, daß eine für jeden reellen Wert von x durch eine trigonometrische Reihe gegebene Funktion f(x) sich nur auf eine einzige Weise in dieser Form darstellen läßt* [13], die 1870 im CRELLEschen Journal erschien, behandelte CANTOR die Eindeutigkeit der FOURIERentwicklung. Er zeigte, daß aus

$$\frac{c_0}{2} + \sum_{n=1}^{\infty} (c_n \cos nx + d_n \sin nx) = 0 \tag{4}$$

für alle $x \in (0, 2\pi)$ folgt, daß $c_i = 0$ und $d_i = 0$ ist für alle i. Die Idee des Beweises ist folgende: Mit $C_0 = \frac{1}{2}c_0$, $C_n = c_n \cos nx + d_n \sin nx$, $n = 1, 2, \ldots$ geht (4) über in

$$0 = C_0 + C_1 + C_2 + \ldots \tag{5}$$

RIEMANN hatte in seiner bereits erwähnten Habilitationsschrift [389] die Funktion

$$F(x) = C_0 \frac{x^2}{2} - C_1 - \frac{C_2}{4} - \ldots - \frac{C_n}{n^2} - \ldots \tag{6}$$

eingeführt und für diese Funktion folgende Eigenschaften bewiesen:

1) $F(x)$ ist stetig für alle $x \in (0, 2\pi)$,

2) $\lim\limits_{\alpha \to 0} \dfrac{F(x+\alpha) - F(x-\alpha) - 2F(x)}{\alpha^2} = 0$ für alle $x \in (0, 2\pi)$.

Es ging nun darum, zu zeigen, daß aus diesen Bedingungen $F(x) = cx + c'$ folgt. CANTOR und SCHWARZ diskutierten Satz und Beweis in ihrem Briefwechsel vom Februar 1870. In Briefen vom 25. und 27. 2. 1870 teilte SCHWARZ einen übersichtlichen Beweis mit, den CANTOR in seiner Publikation mit Einverständnis von SCHWARZ und mit Angabe des Urhebers verwendete. Die Worte, die SCHWARZ in seinem Briefe vom 27. 2. zur Charakterisierung ihrer gemeinsamen Arbeit an dem Problem fand, sind ein schönes Zeugnis für die damals noch enge Freundschaft beider Gelehrter, die leider allzubald durch Mißverständnisse getrübt wurde und später in erbitterte Feindschaft überging. SCHWARZ schrieb:

«Weiter unten theile ich dir meinen Beweis mit, kann aber nicht unterlassen, dir meine Freude über diese schöne und wie mir scheint, reife Frucht unseres Briefwechsels auszusprechen; jeder einzelne von uns würde schwerlich auf diesen Weg gekommen sein, streng zu beweisen, daß eine Funktion wirklich nur auf eine Weise in eine trigonometrische Reihe entwickelt werden könne.» [3, Nr. 10].

Mit dem Resultat $F(x) = cx + c'$ ist der Beweis leicht zu Ende zu führen; aus $C_0 \frac{x^2}{2} - cx - c' = C_1 + \frac{C_2}{4} + \dots$ folgt, da die rechte Seite periodisch ist, $C_0 = 0$ (d.h. $c_0 = 0$) und $c = 0$. Die verbliebene Gleichung $-c' = C_1 + \frac{C_2}{4} + \dots$ kann wegen der gleichmäßigen Konvergenz gliedweise mit $\cos n(x - t)$ multipliziert und von 0 bis 2π integriert werden. Daraus ergibt sich $c_n \cos nt + d_n \sin nt = 0$ für beliebiges t, woraus $c_n = d_n = 0$ folgt.

Ein Jahr später veröffentlichte CANTOR eine Notiz zu dieser Arbeit, in der er zeigte, daß der dort bewiesene Eindeutigkeitssatz erhalten bleibt, wenn man in einer Ausnahmemenge von endlich vielen Punkten die Konvergenz der Reihe in (4) aufgibt oder einen Wert $\neq 0$ zuläßt.

Ein besonders glücklicher Gedanke CANTORS war es, sich die Frage vorzulegen, ob auch Ausnahmemengen von unendlich vielen Punkten möglich sind, und wenn ja, welcher Art diese Mengen dann sein müssen. Möglicherweise hat ihn eine Arbeit HERMANN HANKELS [203] zu dieser Fragestellung angeregt. HANKEL zeigt in dieser Arbeit die wichtige Rolle, die unendliche Punktmengen mit gewissen charakteristischen Eigenschaften (z. B. dichte Mengen oder nirgends dichte Mengen) bei der Untersuchung von Funktionen spielen. Eine besonders interessante Methode in HANKELS Arbeit war sein «Kondensationsprinzip der Singularitäten». HANKEL wollte aus einer Funktion $\zeta(x)$, die an $x = 0$ irgendeine Singularität besitzt (Unstetigkeit, Nichtexistenz der ersten Ableitung), eine Funktion $f(x)$ machen, die diese Singularität an allen rationalen Punkten besitzt. Das gelang ihm durch die Bildung der Funktion

$$f(x) = \sum_{n=1}^{\infty} c_n \zeta(\sin(\pi n x)), \tag{7}$$

wobei die c_n geeignete konvergenzerzeugende Faktoren sind. SCHWARZ hatte in einem Brief vom 26. März 1870 [3, Nr. 10] CANTOR nachdrücklich auf die genannte Schrift HANKELS hingewiesen. CANTOR hat sie gründlich studiert, wie aus einem weiteren Brief von SCHWARZ (vom 17. 6. 1870), dem gegenüber sich CANTOR darüber geäußert haben muß, hervorgeht. CANTOR hat HANKELS Schrift auch rezensiert, und zwar im *Literarischen Zentralblatt* vom 18. Februar 1871, p. 150. 1882 hat er seine mengentheoretischen Resultate benutzt, um HANKELS Kondensationsprinzip wesentlich zu verallgemeinern und zu verbessern [20].

Seine weitreichenden Resultate zu der Frage nach unendlichen Ausnahmemengen im Eindeutigkeitssatz der FOURIER-entwicklung veröffentlichte CANTOR 1872 in den *Mathematischen Annalen* unter dem Titel *Über die Ausdehnung eines Satzes aus der Theorie der trigonometrischen Reihen* [15]. CANTOR mußte zunächst feststellen, daß die Theorie der reellen Zahlen noch nicht die exakte arithmetische Form hatte, die für seine Untersuchungen erforderlich war. So schrieb er in der Einleitung:

> «Zu dem Ende bin ich aber genötigt, wenn auch zum größten Teile nur andeutungsweise, Erörterungen voraufzuschicken, welche dazu dienen mögen, Verhältnisse in ein Licht zu stellen, die stets auftreten, sobald Zahlengrößen in endlicher oder unendlicher Anzahl gegeben sind; ...» [15, p. 92].

Es folgt dann auf vier Druckseiten CANTORS Theorie der reellen Zahlen, die allein hingereicht hätte, ihm einen Platz in der Geschichte der Mathematik zu sichern. CANTOR geht von den rationalen Zahlen aus. Jede Folge $\{a_1, a_2, a_3, \ldots\}$ rationaler Zahlen, für die zu $\varepsilon > 0$ ein $n_0(\varepsilon)$ existiert mit $|a_{m+n} - a_n| < \varepsilon$ für $n \geqq n_0$ und jedes m, repräsentiert eine reelle Zahl. Solche Folgen bezeichnet man heute als Fundamentalfolgen. Dabei können diejenigen Fundamentalfolgen, die im vorgegebenen Bereich der rationalen Zahlen einen Grenzwert haben, mit diesem, d. h. jeweils mit einer rationalen Zahl identifiziert werden. Die Fundamentalfolgen, die keinen rationalen Grenzwert haben, repräsentieren die irrationalen Zahlen. CANTOR definiert dann die Größenbeziehungen und die Rechenoperationen in dem neuen Zahlbereich. Er bemerkt, daß der neue Zahlbereich vollständig ist, d. h., in ihm gebildete Fundamentalfolgen führen nicht zu weiteren neuen Zahlen. Um schließlich den Zusammenhang dieser arithmetischen Theorie mit dem anschaulichen Kontinuum, welches uns die Geometrie der Geraden liefert, herzustellen, führt CANTOR eine Koordinate auf der Geraden ein und zeigt, daß jedem

Punkt der Geraden eine reelle Zahl entspricht. Daß auch umgekehrt jedem der neu konstruierten Objekte, d.h. jeder reellen Zahl, ein Punkt der Geraden entspricht, muß als eine zusätzliche Forderung der Theorie hinzugefügt werden: «Ich nenne diesen Satz ein Axiom, weil es in seiner Natur liegt, nicht allgemein beweisbar zu sein.» [15, p. 97]. Später ist dieses Axiom nach CANTOR und DEDEKIND benannt worden.

Es ist bemerkenswert, daß CANTOR bereits in einer Vorlesung vom Sommersemester 1870 über Differentialrechnung seine Theorie der reellen Zahlen vorgetragen hat. Da darüber überhaupt nichts bekannt geworden ist, muß man annehmen, daß keiner der Zuhörer die Bedeutung des Vorgetragenen zu würdigen wußte. Das Skript der Vorlesung befindet sich im Nachlaß [3, Nr. 22]. Dort heißt es, nachdem CANTOR die Problematik am Beispiel $\sqrt{D}$ erläutert hat:

«Wenn eine unendliche Reihe rationaler Zahlen

$$(A) \qquad a_1, a_2, a_3, \ldots, a_\nu, \ldots$$

gegeben ist, welche die Eigenschaft hat, daß

$$\lim (a_{\nu+\mu} - a_\nu) = 0,$$

so *sagt* man, daß sich die Brüche (A) einer Gränze nähern; die Berechtigung, diese Gränze als eine bestimmte Zahlengröße Ω zu fassen, wird darin gefunden, daß man für die so definirten Zahlengrößen die Begriffe des Größer, Kleiner und Gleichseins aufstellen kann.» [3, Nr. 22].

Es folgen dann die Definitionen von $>$, $=$ und $<$ sowie Bemerkungen zur – wie wir heute sagen – isomorphen Einbettung des Bereichs der rationalen Zahlen in den neuen Zahlbereich.

Das Problem, die Theorie der reellen Zahlen exakt arithmetisch zu begründen, war seit der Entdeckung des Irrationalen in der pythagoräischen Schule um 450 v.u.Z. offen. Eine erste, wenn auch in wesentlichen Punkten noch unvollständige Theorie hatte BERNARD BOLZANO entwickelt; sie war allerdings nicht veröffentlicht und ist so historisch nicht wirksam geworden [403]. WEIERSTRASS hatte bereits in den sechziger Jahren des vorigen Jahrhunderts in seinen Vorlesungen eine exakte Theorie der reellen Zahlen vorgetragen; auch er hat darüber nichts veröffentlicht. Einige Andeutungen dieser Theorie publizierte sein Schüler ERNST KOSSAK 1872 [270], allerdings war WEIERSTRASS mit diesem Buch außerordentlich unzufrieden. Nach einer von ADOLF KNESER sorgfältig ausgearbeiteten Vorlesung vom Wintersemester 1880/81 war WEIERSTRASS' Vorgehen das folgende: Ausgehend von der Darstellung einer jeden rationalen

Zahl als Linearkombination endlich vieler «Elemente», etwa von $1, \frac{1}{10}, \frac{1}{10^2}, \ldots, \frac{1}{10^m}$ für geeignetes m, definierte er:

> «Eine aus unendlich vielen Elementen der bisher betrachteten Art zusammengesetzte Zahlgröße ist begrifflich vollkommen definirt, wenn von jedem Element angegeben werden kann, wie oft es vorkommt. Man erhält solche Zahlgrößen z. B. bei Anwendung des Algorithmus der Wurzelextraktion aus Nicht-Potenzzahlen; der resultirende Dezimalbruch ist begrifflich völlig definirt, indem man weiß, wie oft jedes der Elemente $1, \frac{1}{10}, \frac{1}{100} \ldots$ auftritt.» [6, p. 23].

WEIERSTRASS definiert dann mit großer Sorgfalt für die neuen Zahlen die Begriffe der Gleichheit, des Größer- und Kleinerseins sowie die Rechenoperationen (cf. auch [161]).

Die erste veröffentlichte Theorie stammt von dem französischen Mathematiker CHARLES MÉRAY aus dem Jahre 1869 (ausführlich dargestellt 1872 in [324]). Sie beruhte wie die CANTORsche Theorie auf Fundamentalfolgen, ist damals aber weitgehend unbekannt geblieben. Den Durchbruch in der mathematischen Öffentlichkeit erzielten CANTOR und unabhängig von ihm DEDEKIND, der ebenfalls 1872 in der kleinen Schrift *Stetigkeit und irrationale Zahlen* [118] eine arithmetische Begründung der reellen Zahlen vorlegte. DEDEKINDS Theorie beruht auf der schon von EUDOXOS VON KNIDOS um 380 v.u.Z. konzipierten Idee des Schnittes (vgl. [362]). Die Theorien von CANTOR und DEDEKIND sind für den Bereich der reellen Zahlen äquivalent, CANTORS Theorie ist jedoch wesentlich verallgemeinerungsfähiger und spielt heute als Vervollständigungsprinzip in der Topologie und Funktionalanalysis die dominierende Rolle.

Neben der Theorie der reellen Zahlen entwickelte CANTOR in der genannten Arbeit von 1872 einen der grundlegenden Begriffe der mengentheoretischen Topologie, den Begriff der Ableitung einer Punktmenge. CANTOR betrachtet als Punktmengen Teilmengen des Linearkontinuums, d. h. Teilmengen der Menge der reellen Zahlen. Ist P eine solche Punktmenge, so bezeichnet CANTOR die Menge aller ihrer Häufungspunkte als ihre erste Ableitung P'. Gemäß $P^{(n)} = (P^{(n-1)})'$ können höhere Ableitungen einer Punktmenge eingeführt werden. CANTOR nennt eine Punktmenge von der n-ten Art, wenn $P^{(n+1)}$ überhaupt keine Punkte mehr enthält. Sein fundamentales Resultat bezüglich der Eindeutigkeit der FOURIERentwicklung lautet dann folgendermaßen: Der Eindeutigkeitssatz bleibt auch dann noch bestehen, wenn man als Ausnahmemenge eine Punktmenge n-ter Art (n eine beliebige natürliche Zahl) zuläßt. Dieses

Ergebnis wurde 1908 von FELIX BERNSTEIN und WILLIAM HENRY YOUNG auf beliebige abzählbare Ausnahmemengen erweitert. 1927 zeigte die sowjetische Mathematikerin NINA BARY, daß auch gewisse nichtabzählbare Ausnahmemengen zulässig sind. Der Beweis des CANTORschen Eindeutigkeitssatzes beruht darauf, daß für die unter (6) eingeführte Funktion $F(x)$ auch bei unendlichen Ausnahmemengen der besprochenen Art $F(x) = cx + c'$ ist.

Der Prozeß der Bildung sukzessiver Ableitungen einer Punktmenge führte nun CANTOR – und das ist der eigentliche Ursprung der Mengenlehre – zur Idee der transfiniten Ordnungszahl. Bildet man nämlich die Folge der Ableitungen P', P'', P''', ... einer Punktmenge P, so gilt $P' \supseteqq P'' \supseteqq P''' \supseteqq \ldots$, und die Menge derjenigen Punkte, die in allen $P^{(n)}$ enthalten sind, kann als Ableitung der Ordnung ∞ aufgefaßt werden: $\bigcap_n P^{(n)} \doteq P^{(\infty)}$. ∞ ist dann die erste transfinite Ordnungszahl, für die CANTOR später ω schrieb. Die Punktmenge $P^{(\infty)}$ kann erneut abgeleitet werden, man erhält so $P^{(\infty+1)}$, $P^{(\infty+2)}$, usw. und zählt in den Ableitungsordnungen auf diese Weise gewissermaßen über die Gesamtmenge der natürlichen Zahlen hinaus. Dieser hier nur angedeutete Gedankengang wird in der CANTORschen Veröffentlichung von 1872 nicht erwähnt. Wir wissen aber von CANTOR selbst, daß er etwa ab 1870 diese Idee besaß und daß somit seine bald danach einsetzende und die gesamte Mathematik revolutionierende Beschäftigung mit unendlichen Mengen von dieser Anregung ausgegangen ist. Ein Beleg ist die in die *Gesammelten Abhandlungen* leider nicht mit aufgenommene Fußnote auf Seite 358 von [21], Teil 2; dort heißt es im Hinblick auf die Erzeugung der Ableitungen $P^{(\infty)}$, $P^{(\infty+1)}$, $\ldots$, $P^{(\infty^2)}$, $\ldots$:

«Zu derselben bin ich vor nun zehn Jahren gelangt; bei Gelegenheit einer eigenthümlichen Darstellung des Zahlbegriffs (*Math. Ann. Bd. V*) habe ich entfernt darauf hingewiesen.»

Ein weiterer Beleg ist ein Brief an MITTAG-LEFFLER vom 20. Oktober 1884. Dort setzt sich CANTOR u. a. mit einer Rezension seiner Arbeiten in DARBOUX's *Bulletin* auseinander; er schreibt:

«Unter Anderm ist es ein grosser Irrthum des Herrn Recensenten, wenn er glaubt, dass dasjenige, was ich früher Unendlichkeitssymbole jetzt aber *transfinite* oder *überendliche* Zahlen nenne, nur dort gebraucht werden könne, wo diese Begriffe historisch zuerst aufgetreten und von mir entdeckt worden sind, nämlich bei den verschiedenen Ableitungen $P^{(1)}, \ldots P^{(\nu)}, \ldots, P^{(\omega)}, \ldots, P^{(\omega^\omega)}, \ldots, P^{(\omega^{\omega^\omega})}, \ldots$ ... einer beliebigen Punktmenge P; ...» [3, Nr. 16, p. 3].

VALLY CANTOR, geb. GUTTMANN (Meschkowski, H.: Probleme des Unendlichen. Braunschweig 1967)

Die äußere Stellung CANTORS in Halle gestaltete sich bei weitem nicht so erfreulich wie sein wissenschaftlicher Werdegang. Neben CANTOR wirkte seit 1867 noch der Funktionentheoretiker THOMAE als Privatdozent in Halle, der sich ebenfalls Hoffnung auf das freie Extraordinariat machte. HEINE schlug, nachdem er CANTOR zur Habilitation in Halle bewogen hatte, in einem Gutachten vom Mai 1869 für die Zukunft folgende salomonische Lösung vor:

«Sollten unsere beiden Privatdocenten sich in gleicher Weise tüchtig erweisen, sollten beide Anerkennung bei den Gelehrten finden, da würde, meines Erachtens, nach den nunmehr getroffenen Einleitungen nur übrig bleiben, sie beide zu befördern, und die Einkünfte der Professur so lange unter sie zu theilen, bis der eine fortberufen wird. Bei der Gründung neuer polytechnischer Anstalten, bei dem wachsenden Umfang der Wissenschaft, die eine stärkere Vertretung an den Universitäten fordert, wird dies voraussichtlich nicht zu lange dauern; ...» [1, Bd. IX, Bl. 134].

Im Februar 1871 richtete THOMAE ein Gesuch an das Ministerium, ihm das Extraordinariat zu übertragen. In der Stellungnahme der Fakultät wird beantragt, THOMAE und CANTOR gleichzeitig zu berufen. In dem entsprechenden Gutachten vom März 1871 heißt es in bezug auf CANTOR:

«Wenn auch wenige Arbeiten von ihm vorliegen, so zeichnen sich doch dieselben durch nicht gewöhnlichen Scharfsinn und durch sehr präcise Fassung aus, und erledigen oder fördern einige nicht unwesentliche Fragen.» [1, Bd. X, Bl. 69].

Das Kultusministerium ließ sich mit der Entscheidung Zeit. Erst im April 1872 wandte sich der Minister an den Kaiser mit der Bitte, in Halle ein zweites Extraordinariat für Mathematik errichten zu dürfen. Nachdem das genehmigt war, wurde THOMAE im Mai 1872 mit dem vollen Gehalt von 500 Talern berufen. Am 16. Mai 1872 wurde CANTOR ebenfalls zum Extraordinarius ernannt, aber ohne einen Pfennig Gehalt [1, Bd. X, Bl. 143]. Der für alle Extraordinarien gleiche Text der Bestallungsurkunde ist ein interessantes Zeitdokument und zeigt uns die fachlichen und politischen Forderungen an einen Professor im Preußen Wilhelms I:

«Nachdem ich den bisherigen Privatdocenten Dr. GEORG CANTOR zum außerordentlichen Professor in der philosophischen Fakultät der Universität zu Halle ernannt habe, ertheile ich ihm die gegenwärtige Bestallung, durch welche derselbe verpflichtet wird, das ihm anvertraute Lehramt fleißig wahrzunehmen, zu dem Ende die studirende Jugend durch Vorträge sowohl als Examina und Disputir-Uebungen zu unterrichten, alle halbe Jahre ein Collegium über einen Zweig der von ihm zu lehrenden Wissenschaften unentgeltlich zu lesen, sowie auch für jedes Semester mindestens eine Privatvorlesung in seinem Fache anzukündigen und sich nebst seinen Collegen die Aufnahme und das Beste der Universität aufs Aeußerste angelegen sein zu lassen, überhaupt aber sich so zu betragen, wie es einem treuen und geschickten Königlichen Diener und Professor wohl ansteht und gebührt. Für die von ihm zu leistenden treuen Dienste soll derselbe aller in dieser Eigenschaft ihm zustehenden Prärogative und Gerechtsamen sich zu erfreuen haben.» [1, Bd. X, Bl. 143].

Der letzte Satz mag CANTOR in Anbetracht des fehlenden Gehaltes wie Hohn vorgekommen sein. Als im darauffolgenden Etatsjahr immer noch kein Gehalt festgelegt worden war, tat CANTOR einen ungewöhnlichen Schritt: Er stellte am 1. Juli 1873 den Antrag, zu Ende des Semesters sein Extraordinariat niederzulegen. In dem Begleitschreiben des Universitätskurators an den Minister zu CANTORS Antrag heißt es:

«Einen Grund, welcher ihn zu diesem Schritt veranlaßt hat, hat er zwar nicht angeführt, indessen liegt derselbe offenbar darin, daß ihm nicht, wie er (und ich mit ihm) erwartet hatte, für dieses Jahr ein Gehalt ausgesetzt worden ist.» [1, Bd. XI, Bl. 69].

Nun endlich wurde CANTOR ein Jahresgehalt von 400 Talern bewilligt, worauf er sein Rücktrittsgesuch zurückzog.

Im Frühjahr 1874 verlobte sich CANTOR mit VALLY GUTTMANN. Er hatte sie im mütterlichen Hause als Freundin seiner Schwester SOPHIE kennengelernt. Sie stammte aus einer Kaufmannsfamilie, war mit 10 Jahren Waise geworden und wuchs bei ihrem wesentlich älteren Bruder Dr. PAUL GUTTMANN auf, der in Berlin als Arzt tätig war. PAUL GUTTMANN leitete in den achtziger Jahren ein großes Krankenhaus im Stadtteil Moabit und war von klinischer Seite her einer der Partner ROBERT KOCHS bei den Tuberkulinexperimenten. [3, Nr. 17, p. 57]. VALLY GUTTMANN war hochmusikalisch, besuchte ein Konservatorium und galt dort «als eine der besten Schülerinnen für Klavier und Gesang». [367, p. 15]. Die Ehe zwischen ihr und GEORG CANTOR, die im Sommer 1874 geschlossen wurde, beruhte auf tiefer gegenseitiger Zuneigung, wovon besonders die im Nachlaß CANTORS noch vorhandenen Brautbriefe VALLY GUTTMANNS zeugen [3, Nr. 31]. Aus ihr gingen sechs Kinder hervor: ELSE (1875–1954), GERTRUD (1877–1956), ERICH (1879–1962), ANNE-MARIE (1882–1920), MARGARETHE (1885–1956) und RUDOLF (1887–1899). Die Eltern sorgten für eine allseitige und gediegene Bildung aller ihrer Kinder. Spezifisch wissenschaftliche Begabungen sind bei ihnen nicht vorhanden gewesen. ERICH CANTOR studierte Medizin und war im I. Weltkrieg Stabsarzt [3, Nr. 38]. ELSE CANTOR ist als Sängerin mit eigenen Konzerten hervorgetreten. Später war sie eine weithin bekannte Musikpädagogin [367].

Für CANTORS weitere wissenschaftliche Entwicklung war die persönliche Bekanntschaft mit DEDEKIND, den er auf einer Reise in die Schweiz 1872 in Gersau zufällig traf, äußerst bedeutungsvoll. Der sich nach dieser Begegnung anbahnende Briefwechsel zwischen CANTOR und DEDEKIND dokumentiert CANTORS erste Schritte bei der systematischen Untersuchung unendlicher Mengen. In ihm enthüllt sich uns CANTORS Suchen und Tasten, seine Entdeckerfreude und seine Überraschung über ungeahnte Resultate, aber auch sein Ringen mit den beträchtlichen und ungewohnten Schwierigkeiten des neuen Stoffs. DEDEKIND ermutigte ihn und steuerte selbst manchen wertvollen Gedanken bei.

DEDEKIND war ein Mathematiker, der den Wert möglichst klarer und umfassender Begriffsbildungen für den Fortschritt in der Mathematik und für ihre strenge Begründung hoch einschätzte und sich nicht scheute, für seine Zeitgenossen ungewohnte abstrakte Begriffe einzuführen, wo ihm das notwendig erschien. In diesem Punkte war ihm CANTOR geistesverwandt. Im Stil unterschieden sie sich: DEDEKINDS Arbeiten atmen die Ruhe und das Gleichmaß seiner Persönlichkeit – ausgearbeitet und wohl abgewogen bis ins Detail, die überwundenen Schwierigkeiten nicht mehr erkennen lassend. CANTORS Arbeiten und Briefe verraten den raschen und impulsiven Denker, den in Phasen hoher Produktivität die Ideen überströmten. Sie zeigen uns CANTOR als Kämpfer für seine neuen und ungewohnten Gedanken, zuweilen mit ruhiger Überzeugungskraft, zuweilen mit temperamentvoller Polemik. CANTOR und DEDEKIND bewahrten sich ein Leben lang gegenseitige Wertschätzung, wenn auch ihr Freundschaftsverhältnis zeitweilig getrübt war. DEDEKIND hat neben seinen bahnbrechenden Arbeiten über algebraische Zahlentheorie, die den Übergang der modernen Mathematik zum strukturellen Denken wesentlich mitgeprägt haben, später selbst bedeutende Beiträge zur Mengenlehre geleistet.

Die ersten Anhaltspunkte in bezug auf CANTORS Überlegungen zum Problem der Abzählbarkeit entnehmen wir einem Brief an DEDEKIND vom 29. November 1873. Daraus geht hervor, daß CANTOR wußte, daß man eine eineindeutige Zuordnung zwischen der Menge der rationalen Zahlen und der Menge der natürlichen Zahlen herstellen kann, oder wie man heute sagt, daß die Menge der rationalen Zahlen abzählbar ist. CANTOR wußte auch, daß allgemeiner die Menge $\{(n_1, n_2, \ldots, n_k)\}$ aller endlichen Indexfolgen, in der k, n_1, n_2, $\ldots$, n_k beliebige natürliche Zahlen sind, eine abzählbare Menge ist, woraus sich leicht die Abzählbarkeit der Menge der algebraischen Zahlen ergibt.

Schon GALILEI war die bemerkenswerte Tatsache aufgefallen, daß es zwischen den Elementen einer unendlichen Menge und den Elementen einer ihrer echten Teilmengen eine umkehrbar eindeutige Zuordnung geben kann:

«Frage ich nun, wieviel Quadratzahlen es giebt, so kann man in Wahrheit antworten, eben soviel als es Wurzeln giebt, denn jedes Quadrat hat eine Wurzel, jede Wurzel hat ihr Quadrat, kein Quadrat hat mehr als eine Wurzel, keine Wurzel mehr als ein Quadrat. ... Wenn ich nun aber frage, wieviel Wurzeln giebt es, so kann man nicht leugnen, dass sie ebenso zahlreich seien, wie die gesammte Zahlenreihe, denn es giebt keine Zahl, die nicht Wurzel eines Quadrates wäre.» [158, p. 31].

Genauer beschäftigte sich mit solchen scheinbar paradoxen Erscheinungen BOLZANO in seinen *Paradoxien des Unendlichen*, die 1851, drei Jahre nach seinem Tod, erschienen. Dort heißt es z. B.

«Ich behaupte nämlich: zwei Mengen, die beide unendlich sind, können in einem solchen Verhältnisse zueinander stehen, daß es einerseits möglich ist, jedes der einen Menge gehörige Ding mit einem der anderen zu einem Paare zu verbinden mit dem Erfolge, dass kein einziges Ding in beiden Mengen ohne Verbindung zu einem Paare bleibt, und auch kein einziges in zwei oder mehreren Paaren vorkommt; und dabei ist es doch andrerseits möglich, dass die eine dieser Mengen die andere als einen blossen Theil in sich fasst, ...» [71, p. 28/29].

BOLZANOS Ziel war es, zu zeigen, daß die im Begriffe des Unendlichen von den verschiedenen Denkern der Vergangenheit gesuchten Widersprüche gar nicht vorhanden sind. Es geht ihm darum, «den Schein des Widerspruches, der an diesen mathematischen Paradoxien haftet, als das, was er ist, als einen blossen Schein zu erkennen, ...» [71, p. 1]. Den Grund, daß man obige Tatsache für paradox gehalten hat, sieht BOLZANO ganz richtig darin, daß man die Verhältnisse bei endlichen Mengen stillschweigend auf unendliche Mengen übertragen hat. BOLZANO wendet sich auch gegen die Auffassung, es könne eine unendliche Menge deshalb nicht geben, weil eine unendliche Menge nie in ein Ganzes vereinigt, nie in Gedanken zusammengefaßt werden kann.

«Diese Behauptung muss ich geradezu als einen Irrthum bezeichnen, als einen Irrthum, den die falsche Ansicht erzeugt, dass man, um ein aus gewissen Gegenständen *a*, *b*, *c*, *d*, ... bestehendes Ganze zu denken, zuvor sich *Vorstellungen*, die einen jeden dieser Gegenstände im Einzelnen vorstellen (Einzelvorstellungen von ihnen), gebildet haben müsse. So ist es durchaus nicht; ich kann mir die Menge, den Inbegriff oder, wenn man so lieber will, das Ganze der Bewohner Prags oder Pekings denken, ohne mir einen jeden dieser Bewohner im Einzelnen, d. h. durch eine ausschließlich ihn nur betreffende Vorstellung, vorzustellen.» [71, p. 15].

Mit dieser Argumentation und an vielen weiteren Stellen in seinem Werk verteidigt BOLZANO die Existenz aktual unendlicher Mengen (s. u.). CANTOR hat BOLZANOS Schrift in späteren Arbeiten hoch eingeschätzt, hat dabei aber auch BOLZANOS Grenzen deutlich herausgearbeitet.

Hatten sich die rationalen Zahlen und sogar die algebraischen Zahlen als abzählbar erwiesen, so erhob sich für CANTOR jetzt ganz naturgemäß die Frage, ob etwa alle Mengen abzählbar sind, z. B. ob das Kontinuum, d. h. die Menge der reellen Zahlen, abzählbar ist. Diese Frage legte er in dem genannten Brief vom 29. 11. 1873 DEDEKIND vor:

«Gestatten Sie mir, Ihnen eine Frage vorzulegen, die für mich ein gewisses theoretisches Interesse hat, die ich mir aber nicht beantworten kann; vielleicht können Sie es, und sind so gut, mir darüber zu schreiben, es handelt sich um folgendes.

Man nehme den Inbegriff aller positiven ganzzahligen Individuen n [später ersetzte CANTOR das Wort «Inbegriff» durch «Mannigfaltigkeit» und schließlich durch «Menge» – W. P.] und bezeichne ihn mit (n); ferner denke man sich etwa den Inbegriff aller positiven reellen Zahlengrößen x und bezeichne ihn mit (x); so ist die Frage einfach die, ob sich (n) dem (x) so zuordnen lasse, dass zu jedem Individuum des einen Inbegriffes ein und nur eines des andern gehört? Auf den ersten Anblick sagt man sich, nein es ist nicht möglich, denn (n) besteht aus discreten Theilen, (x) aber bildet ein Continuum; nur ist mit diesem Einwande nichts gewonnen und so sehr ich mich auch zu der Ansicht neige, dass (n) und (x) keine eindeutige Zuordnung gestatten, kann ich doch den Grund nicht finden und um den ist es mir zu thun, vielleicht ist er ein sehr einfacher.» [94, p. 12].

DEDEKINDS Antwortbriefe aus dieser ersten Zeit des Briefwechsels liegen leider nicht mehr vor. Er hat sich aber über den Briefwechsel Aufzeichnungen gemacht [94, p. 18–20], aus denen man den Kern seiner Antworten rekonstruieren kann. Auf die vorgelegte Frage konnte DEDEKIND keine Antwort geben. Er war der Meinung, daß sie nicht allzuviel Mühe verdiene, da sie kein besonderes praktisches Interesse habe. CANTOR stimmt in einem Brief vom 2. 12. 1873 dieser Meinung sogar zu und fährt dann fort:

«Es wäre nur schön, wenn sie beantwortet werden könnte; z. B. vorausgesetzt dass sie mit *nein* beantwortet würde, wäre damit ein neuer Beweis des LIOUVILLEschen Satzes geliefert, dass es transcendente Zahlen giebt.» [94, p. 13],

Er befaßte sich nun intensiv mit dem Problem, und bereits am 7. Dezember 1873 konnte er DEDEKIND einen Beweis dafür mitteilen, daß die Menge der positiven reellen Zahlen <1 sich nicht eineindeutig auf die Menge der natürlichen Zahlen abbilden läßt. Heute führt man diesen Beweis nach dem von CANTOR später angegebenen Diagonalverfahren. CANTORS erster Beweis beruhte auf der Konstruktion einer Intervallschachtelung, in der mindestens eine Zahl η liegt, die in der als Folge $\{w_1, w_2, w_3, \ldots\}$ angenommenen Menge der reellen Zahlen $\in (0, 1)$ nicht vorkommt. In seiner Antwort anerkannte DEDEKIND die Exaktheit des Beweises und beglückwünschte CANTOR zu dem schönen Resultat.

Ende Dezember 1873 hatte CANTOR in Berlin Gelegenheit, seinem Lehrer WEIERSTRASS die erzielten Ergebnisse vorzutragen. Dieser hat ihn ermuntert, sie zu veröffentlichen. So entstand die Arbeit *Über eine Eigenschaft des Inbegriffs aller reellen algebraischen Zahlen* [17], die 1874 im CRELLEschen Journal erschien. Im ersten Paragraphen beweist CANTOR die Abzählbarkeit der Menge der algebraischen Zahlen, im zweiten steht sein Hauptresultat, daß das Kontinuum (0, 1) nicht abzählbar ist. Als Schlußfolgerung gewinnt CANTOR einen Beweis für die Existenz transzendenter Zahlen. In heutiger Symbolik sind seine Überlegungen dazu folgende:

Sei A die Menge der algebraischen Zahlen $\in (0, 1)$, T die Menge der transzendenten Zahlen $\in (0, 1)$ und N die Menge der natürlichen Zahlen, so gilt $(0, 1) = A \cup T$, $A \cap T = \emptyset$. Bezeichnen wir nach einer 1878 von CANTOR eingeführten Sprechweise zwei Mengen M und N als äquivalent oder von gleicher Mächtigkeit, in Zeichen $M \sim N$, wenn es zwischen M und N eine eineindeutige Abbildung gibt, so kann wegen $A \sim N$, $(0, 1)$ nicht äquivalent N, die Menge T nicht leer sein. Also gibt es transzendente Zahlen; es ist sogar $T \sim (0, 1)$. DEDEKIND kommentierte diese Veröffentlichung in seinen Aufzeichnungen mit den Worten:

> «Die von mir ausgesprochene Meinung, dass die erste Frage [die Frage, ob das Kontinuum abzählbar ist oder nicht – W. P.] nicht zu viel Mühe verdiene, weil sie kein besonderes practisches Interesse habe, ist durch den von CANTOR gelieferten Beweis für die Existenz transcendenter Zahlen (Crelle Bd. 77) schlagend widerlegt.» [94, S. 18].

In dieser Arbeit erfuhr die mathematische Öffentlichkeit erstmals die überraschende Tatsache, daß es verschiedene Stufen des Unendlichen gibt, die einer mathematischen Analyse zugänglich sind. Das beinhaltete eine endgültige und höchst produktive Anerkennung aktual unendlicher Mengen in der Mathematik. DEDEKIND war vermutlich der einzige, der das wirklich erkannte. Selbst WEIERSTRASS hatte bei seiner Anregung zur Veröffentlichung vor allem den Satz über die algebraischen Zahlen im Auge gehabt, woraus sich auch die irreführende Wahl der Überschrift durch CANTOR erklären läßt. In der Rezension der Arbeit [17] im *Jahrbuch über die Fortschritte der Mathematik*, die von dem KRONECKER-Schüler

EUGEN NETTO stammt, wird lediglich der Inhalt der beiden Paragraphen kurz angegeben, obwohl wertende Besprechungen damals durchaus üblich waren. Man gewinnt aus der Rezension den Eindruck, daß CANTOR hier zwei kleine Sätzchen bewiesen hat, die nun neben Tausenden anderen auch zum Besitzstand der Mathematik gehören. Es findet sich nicht die Spur eines Hinweises, daß diese Resultate von fundamentaler Bedeutung für die Auffassung des Unendlichen in der Mathematik sind.

Die erste systematische Analyse des Begriffs des Unendlichen versuchte ARISTOTELES im 4. Jahrhundert v.u.Z. [42]. Er war der Ansicht, daß das Unendliche nur der Potenz nach existiere, d. h. als unbegrenzt fortsetzbarer Prozeß. Die natürlichen Zahlen z. B. repräsentieren nach Meinung von ARISTOTELES das Unendliche nur in dem Sinne, daß man zu jeder Zahl eine größere finden kann; es gibt keine Grenze, man kann immer weiter zählen. Analoges gilt auch für das Unendlich-Kleine, für einen unbegrenzt fortsetzbaren Teilungsprozeß. ARISTOTELES lehnte es ab, die Menge der unendlich vielen natürlichen Zahlen als wirklich existierende Gesamtheit, als aktual unendliche Menge zu betrachten. *Infinitum actu non datur* (ein akutales Unendlich gibt es nicht) – das war die Grundthese des ARISTOTELES, die bis ins 19. Jahrhundert die Mathematik doch mehr oder weniger deutlich beherrschte. Die Analysis, die seit NEWTON und LEIBNIZ so gewaltige Fortschritte gemacht hatte, kam mit dem potentiellen Unendlichen in Form der Grenzprozesse aus. Man hat als Kronzeugen für die Ablehnung des aktual Unendlichen durch die Mathematiker immer GAUSS zitiert, der in einem Brief an SCHUMACHER geschrieben hatte:

> «... so protestire ich ... gegen den Gebrauch einer unendlichen Grösse als einer Vollendeten, welcher in der Mathematik niemals erlaubt ist. Das Unendliche ist nur eine façon de parler, indem man eigentlich von Grenzen spricht, denen gewisse Verhältnisse so nahe kommen als man will, während andern ohne Einschränkung zu wachsen verstattet ist.» [159, Bd. VIII, p. 216].

GAUSS wandte sich an dieser Stelle ganz zu Recht gegen SCHUMACHERS Gebrauch unendlich langer Strecken, mit dem SCHUMACHER das Parallelenpostulat beweisen zu können glaubte. Man sollte dieses Zitat also vorsichtiger bewerten, als das bisher zumeist geschehen ist (cf. auch [473]). Möglicherweise hätte GAUSS gegen CANTORS Gebrauch aktual unendlicher Mengen gar nichts einzuwenden gehabt. Wie dem auch sei, auf jeden Fall ist CANTOR der erste gewesen, der das aktual Unendliche mathematischen Untersuchungen zugänglich gemacht hat. Welche Motive oder Einflüsse haben CANTOR zu diesem wahrhaft revolutionären Schritt geleitet? Die grundlegenden Ideen, die am Beginn von CANTORS Weg zur Mengenlehre standen, sind die Idee der transfiniten Ordinalzahl – zunächst in der Gestalt von Ableitungsordnungen von Punktmengen – und die Idee der Klassifizierung von Mengen nach dem Prinzip der eineindeutigen Zuordnung, d. h. die Idee der Kardinalzahl in impliziter Form. Ein Zusammenhang zwischen diesen beiden grundlegenden Konzepten ist zu Beginn von CANTORS Forschungen noch nicht erkennbar. Der Ursprung des Begriffs der transfiniten Ordinalzahl liegt – wie bereits ausgeführt – in der Theorie der trigonometrischen Reihen. Es ist offen, wie CANTOR auf die Betrachtung eineindeutiger Zuordnungen zwischen unendlichen Mengen gekommen ist. Es könnte sein, daß ihn BOLZANOS *Paradoxien des Unendlichen* dazu angeregt haben. Dafür sprächen einige terminologische Übereinstimmungen (Punktmenge, Inbegriff von Dingen mit gewissen Eigenschaften). Es gibt allerdings weder in CANTORS Briefen noch in seinen gedruckten Abhandlungen irgendeinen Hinweis auf einen solchen Einfluß.

Nach dem ersten großen Erfolg bei der Untersuchung unendlicher Mengen war es natürlich, daß CANTOR im Unendlichen weitere Differenzierungen suchte. Naheliegend war der Gedanke, daß z. B. ein zweidimensionales Kontinuum, etwa das Einheitsquadrat, sich nicht eineindeutig auf ein eindimensionales Kontinuum abbilden lasse und somit gegenüber den beiden von CANTOR bereits gefundenen Typen unendlicher Mengen einen neuen Typus einer solchen Menge darstellen könne. Bereits am 5. Januar 1874 schrieb CANTOR an DEDEKIND:

> «Was die Fragen anbetrifft, mit denen ich in der letzten Zeit mich beschäftigt habe, so fällt mir ein, dass, in diesem Gedankengange auch die folgende sich darbietet: Lässt sich eine Fläche (etwa ein Quadrat mit Einschluss der Begrenzung) eindeutig auf eine Linie (etwa eine gerade Strecke mit Einschluss der Endpunkte) eindeutig beziehen, so dass zu jedem Puncte der Fläche ein Punct der Linie und umgekehrt zu jedem Puncte der Linie ein Punct der Fläche gehört? Mir will es im Augenblick noch scheinen, dass die Beantwortung dieser Fragen, – obgleich man auch hier zum Nein sich so gedrängt sieht, dass man den Beweis dazu fast für überflüssig halten möchte, – grosse Schwierigkeiten hat.» [94, p. 20–21].

Mehr als drei Jahre später, am 20. Juni 1877, kann CANTOR die Lösung des Problems an DEDEKIND mitteilen. Die Antwort auf die gestellte Frage lautet Ja, «obgleich ich jahrelang das Gegentheil für richtig gehalten» ... [94, p. 26]. CANTORS Grundgedanke ist folgender: Er stellt die Koordinaten x_1, x_2 des Quadrats durch unendliche Dezimalbrüche dar, $x_1 = 0, a_1^{(1)} a_2^{(1)} a_3^{(1)}, \ldots, x_2 = 0, a_1^{(2)} a_2^{(2)} a_3^{(2)} \ldots$ und «mischt» die Ziffern, um eine eindimensionale Koordinate $y = 0, a_1^{(1)} a_1^{(2)} a_2^{(1)} a_2^{(2)} a_3^{(1)} a_3^{(2)} \ldots$ zu erhalten. Die Zuordnung ist also durch

$$\left\{\begin{matrix} 0, a_1^{(1)} a_2^{(1)} a_3^{(1)} \ldots \\ 0, a_1^{(2)} a_2^{(2)} a_3^{(2)} \ldots \end{matrix}\right\} \leftrightarrow 0, a_1^{(1)} a_1^{(2)} a_2^{(1)} a_2^{(2)} a_3^{(1)} a_3^{(2)} \ldots$$

charakterisiert. So wird z.B. dem Punkt $(\frac{1}{7}; \frac{1}{3}) = (0,\overline{142857}; 0,\overline{3})$ des Quadrates der Punkt $y = 0{,}13432383537313\ldots$ der Strecke zugeordnet. In analoger Weise kann auch ein n-dimensionales Gebiet auf eine Strecke abgebildet werden. In seiner Antwort machte DEDEKIND CANTOR auf eine Unzulänglichkeit aufmerksam: Wenn man, wie es ja für die eindeutige Darstellung der Punkte erforderlich ist, die Dezimalbruchentwicklung eindeutig macht, indem man etwa 0,2 als 0,1999... schreibt, so hat z.B. $y = 0{,}210608040\ldots$ kein Urbild im Quadrat, denn das Urbild wäre (0,2000...; 0,1684...), was nicht zulässig ist.

CANTOR erkennt das an. Durch Übergang zu Kettenbruchentwicklungen zeigt er die Möglichkeit einer eineindeutigen Zuordnung zwischen dem Einheitsquadrat und der Menge aller irrationalen Zahlen zwischen 0 und 1. Damit hat er sogar noch mehr bewiesen als ursprünglich behauptet. Den Übergang zum vollen Intervall [0, 1] kann CANTOR herstellen, indem er zeigt, daß $[0, 1] \sim [0, 1] - A$, wo A eine abzählbare Teilmenge von [0, 1] ist. Er bedauert jedoch, daß der Beweis dadurch insgesamt wesentlich komplizierter geworden sei, und fügt hinzu:

> «Vielleicht findet sich später, dass die fehlende Stelle in jenem Beweise sich einfacher erledigen lässt, als es momentan in meinen Kräften stehen würde.» [94, p. 29].

Diese Hoffnung erfüllte dann JULIUS KÖNIG durch einen ganz einfachen Trick: Man mischt nicht die Ziffern der beiden Dezimalbrüche, sondern Ziffernblöcke, in denen man immer bis zur nächsten von 0 verschiedenen Ziffer geht. So gehört zu dem Punkt

$$\left\{\begin{matrix} 0{,}2500738\ldots \\ 0{,}1004033\ldots \end{matrix}\right\}$$

des Quadrates der Punkt 0,21500400703338... der Strecke und umgekehrt. CANTOR teilte seinen neuen Beweis DEDEKIND sofort mit und wartete mit Ungeduld auf eine Reaktion. Am 29. Juni 1877 schrieb er an DEDEKIND:

«Entschuldigen Sie es gütigst meinem Eifer für die Sache, wenn ich Ihre Güte und Mühe so oft in Anspruch nehme; die Ihnen jüngst von mir zugegangenen Mittheilungen sind für mich selbst so unerwartet, so neu, dass ich gewissermassen nicht eher zu einer gewissen Gemüthsruhe kommen kann, als bis ich von Ihnen, sehr verehrter Freund, eine Entscheidung über die Richtigkeit derselben erhalten haben werde. Ich kann, so lange Sie mir nicht zugestimmt haben, nur sagen: je le vois, mais je ne le crois pas.» [94, p. 34].

Am 2. Juli kommt die erlösende Antwort:

«Ihren Beweis habe ich noch einmal geprüft, und ich habe keine Lücke darin entdeckt; ich glaube gewiss, dass Ihr interessanter Satz richtig ist, und beglückwünsche Sie zu demselben.» [94, p. 37]

DEDEKIND wandte sich allerdings gegen die Konsequenz, die CANTOR aus seinem Satz für den Dimensionsbegriff gezogen hatte. CANTOR hatte nämlich geschrieben:

«Vielmehr wird der Unterschied, welcher zwischen Gebilden von *verschiedener* Dimension liegt, in ganz anderen Momenten gesucht werden müssen, als in der für charakteristisch gehaltenen Zahl der unabhängigen Coordinaten.» [94, p. 34].

DEDEKIND erkannte sofort, daß eine eineindeutige Abbildung zwischen Kontinua verschiedener Dimension nicht stetig sein kann; er schrieb an CANTOR:

«Ich glaube nun vorläufig an den folgenden Satz: Gelingt es, eine gegenseitige eindeutige und vollständige Correspondenz zwischen den Puncten einer stetigen Mannigfaltigkeit A von a Dimensionen einerseits und den Puncten einer stetigen Mannigfaltigkeit B von b Dimensionen andererseits herzustellen, so ist diese *Correspondenz selbst*, wenn a und b *ungleich* sind, nothwendig eine *durchweg unstetige*.» [94, p. 38].

CANTOR versuchte später, diesen Satz zu beweisen. Sein 1879 publizierter Beweis [19] ist jedoch lückenhaft (cf. dazu [251]). Ein vollständiger Beweis des für die Dimensionstheorie grundlegenden Satzes gelang erst 1911 L. E. J. BROUWER [85], nachdem wichtige Spezialfälle vorher von JACOB LÜROTH erledigt worden waren.

Bei der Veröffentlichung der Ergebnisse über die Gleichmächtigkeit verschiedendimensionaler Kontinua spürte CANTOR erstmalig den Widerstand gegen seine Ideen. Er hatte die Publikation unter dem Titel *Ein Beitrag zur Mannigfaltigkeitslehre* am 12. Juli 1877 beim CRELLEschen Journal eingereicht. Damals war es üblich, daß die eingereichten Beiträge innerhalb weniger Wochen erschienen. Als die Arbeit im November immer noch nicht gedruckt war, wollte sie CANTOR zurückziehen und als separate Schrift publizieren. DEDEKIND konnte ihn jedoch von dieser Absicht abbringen, so daß der Artikel schließlich 1878 im Bd. 84 des CRELLEschen Journals erschien. Die Verzögerung war vermutlich auf KRONECKER zurückzuführen, der erheblichen Einfluß in der Redaktion des CRELLEschen Journals hatte und der später einer der führenden und einflußreichsten Widersacher CANTORS war.

KRONECKER vertrat bezüglich der Grundlegung der Mathematik Ansichten, die in vielen Punkten die Konzeptionen des Intuitionismus vorwegnahmen. Er sah es als das höchste Ziel an, die gesamte Mathematik zu arithmetisieren, d. h. sie auf die sogenannte allgemeine Arithmetik zurückzuführen. Unter allgemeiner Arithmetik verstand er die Theorie der ganzen Zahlen und die Theorie der Polynomringe mit ganzzahligen Koeffizienten. «Die ganzen Zahlen hat der liebe Gott gemacht, alles andere ist Menschenwerk», war sein Wahlspruch [474, p. 23]. Er war davon überzeugt, daß «alle Ergebnisse der tiefsinnigsten mathematischen Forschung schließlich in jenen einfachen Formen ganzer Zahlen ausdrückbar sein müssen.» [274, Bd. 3/1, p. 274]. Insbesondere wollte er «die Hinzunahme der irrationalen sowie der continuirlichen Grössen wieder abstreifen...» [ebenda, p. 253]. Von den Schlußweisen, die zum Aufbau der Mathematik auf der so fixierten Grundlage erforderlich sind, verlangte KRONECKER, daß sie finit und konstruktiv sind. Alle Definitionen müssen entscheidbar sein, d. h., es muß ein Verfahren geben, welches es ermöglicht, in endlich vielen Schritten zu entscheiden, ob ein Objekt der gegebenen Definition entspricht oder nicht. Existenz bedeutet Konstruierbarkeit durch ein finites Verfahren. Es ist KRONECKER gelungen, einige der von ihm entwickelten Theorien in diesem Sinne konstruktiv zu gestalten, z. B. die Idealtheorie in algebraischen Zahlkörpern. Im allgemeinen jedoch gelang das nicht, insbesondere hat er sich bei seinen berühmten Arbeiten über elliptische Funktionen völlig auf die traditionelle Analysis gestützt. Es ist festzuhalten, daß eine Beschränkung der zulässigen Hilfsmittel, wie KRONECKER sie vornahm, auch positive Seiten hat und zu interessanten methodischen Fortschritten führen kann. Einige von KRONECKERS Ideen sind gerade in neuester Zeit ganz aktuell geworden, z. B. sein Bestreben, die algebraische Geometrie über diskreten Bereichen aufzubauen (cf. dazu [126]). Man darf solche Beschränkungen jedoch nicht verabsolutieren, zum allgemeinen Wertmaßstab erheben und anderen aufzwingen wollen. Das jedoch tat KRONECKER, wodurch er in Gegensatz zu DEDEKIND, WEIERSTRASS und vor allem zu CANTOR geriet. HILBERT schilderte später die Situation so:

Richard Dedekind

«Damals haben wir jungen Mathematiker ... den Sport getrieben, auf transfinitem Wege geführte Beweise nach KRONECKERS Muster ins Finite zu übertragen. KRONECKER machte nur den Fehler, die transfinite Schlußweise für unzulässig zu erklären.» [227, p. 487].

In einem Vortrag nannte HILBERT KRONECKER sogar «den klassischen Verbotsdiktator» [222, Bd. III, p. 161]. Für KRONECKER war ein Beweis, wie ihn CANTOR z. B. für die Existenz transzendenter Zahlen geführt hatte (vgl. S. 46), die reinste Ketzerei. CANTOR führte hier einen sogenannten nichtkonstruktiven oder reinen Existenzbeweis. Er beruht auf der Anwendung des Satzes vom ausgeschlossenen Dritten auf unendliche Mengen. Dieser Beweis liefert kein Verfahren, auch nur eine einzige transzendente Zahl wirklich anzugeben. Alle Schlüsse CANTORS in der transfiniten Mengenlehre sind von diesem Typ. Deshalb war in den Augen des «Verbotsdiktators» die ganze Mengenlehre bar eines realen mathematischen Inhalts. Selbst in Vorlesungen ist KRONECKER gegen die Mengenlehre aufgetreten [416, p. 13]. STRUIK bemerkt ganz zu Recht, daß die Kontroverse zwischen KRONECKER und CANTOR das Präludium für den späteren Streit zwischen Intuitionisten und Formalisten gewesen ist.

Durch seine Erfolge bestärkt und vom Wert seiner Arbeiten überzeugt, wünschte sich CANTOR ohne Zweifel einen größeren und bedeutenderen Wirkungskreis. Auch die Stadt Halle war – etwa gegenüber Berlin – wenig attraktiv. Bereits am 8. März 1874 hatte er an DEDEKIND geschrieben:

«Nachdem ich heute meine Vorlesungen geschlossen, denke ich nächster Tage nach Berlin zu gehen; in den Ferien habe ich bis jetzt nie lange hierselbst ausgehalten, denn das einzige, was mich an Halle seit 5 Jahren gewissermassen bindet, ist der einmal gewählte Universitätsberuf.» [123, p. 240].

Als in Berlin die Extraordinariate von THOMÉ und FROBENIUS frei wurden, hat sich CANTOR in einem privaten Schreiben um eine dieser Stellen beworben. Er wurde auch durch den Beschluß der Fakultätskommission (HELMHOLTZ, KIRCHHOFF, KUMMER, WEIERSTRASS) zusammen mit HEINRICH BRUNS an die erste Stelle gesetzt (immerhin waren insgesamt 13 Personen ins Auge gefaßt worden). An CANTORS Arbeiten werden die Originialität der Gedanken und «eine erfreuliche Richtung in die Tiefe» hervorgehoben [68, p. 97]. Das Ergebnis der Kommissionssitzung teilte KUMMER CANTOR in einem Brief mit, den dieser in Halle der philosophischen Fakultät zur Kenntnis brachte. In der daraufhin einberufenen Fakultätssitzung wurde CANTORS Wirksamkeit sehr hoch eingeschätzt, und alle Kolle-

Leopold Kronecker (Gesammelte Werke, Bd. I)

gen sprachen sich für sein Verbleiben in Halle aus. Einen Brief mit der Bitte, Cantor in Halle zu belassen, richtete der Universitätskurator am 28.1.1876 an den Minister. Die Universität hat darauf keine Antwort erhalten; auf den Rand des Briefes schrieb der zuständige Ministerialrat: «Als gegenstandslos, da die Versetzung des Cantor hierher nicht beabsichtigt wird, zu den Acten.» [1, Bd. XII, Bl. 8]. Wer bzw. was das Ministerium dazu veranlaßt hat, gegen den Willen der mit erstrangigen Gelehrten besetzten Berliner Fakultätskommission Cantor überhaupt nicht ins Auge zu fassen, ist nicht mehr feststellbar. Und noch merkwürdiger ist es, daß der Minister rückwirkend ab 1.1.1876 die Gehaltserhöhung von 900 Mark, die Cantor im März 1875 erst erhalten hatte, ohne jede Begründung gestrichen hat [1, Bd. XII, Bl. 56]. Möglicherweise war das Ministerium verärgert darüber, daß Cantor, ohne den offiziellen Ruf aus Berlin abzuwarten, die Philosophische Fakultät in Halle über die Absichten der Berliner Universität informiert hatte.

Im Jahre 1877 stellte der hochbetagte Rosenberger den Antrag, ihn zu entlassen und dafür den 32-jährigen Cantor zum Ordinarius zu befördern. Die Fakultät wandte sich am 18.11.1877 mit einem umfangreichen Gutachten an den Kurator. Darin wird zunächst Cantors Lehrtätigkeit als von «außerodentlichem Werthe» für die Universität charakterisiert. Dann heißt es weiter:

> «Seine im Druck erschienenen wissenschaftlichen Arbeiten, mäßigen Umfanges, aber desto bedeutender und gediegener in Wahl und Behandlung des Gegenstandes, werden von den competentesten Kennern nicht nur des Inlandes sondern auch des Auslandes hochgeschätzt. Die Verhältnisse haben es jedoch so gefügt, daß mehrere ihn in Lehrthätigkeit kaum gleichaltrige, und wissenschaftlich jedenfalls nicht mehr berechtigte Fachgenossen an preußischen Universitäten bereits in Ordinariate befördert worden sind, während er, an unserer Universität als Extraordinarius ausharrend, immer noch der entsprechenden Anerkennung entbehrt, ...» [1, Bd. XII, Bl. 173/174].

Auch in diesem Falle beeilte sich das Ministerium nicht mit der Entscheidung. Obwohl der Antrag der Universität noch im November 1877 nach Berlin ging, wurde Cantor erst am 21. April 1879 zum Ordinarius berufen [1, Bd. XII, Bl. 217]. Wenn diese Berufung ihn auch nicht völlig befriedigt haben dürfte, so war doch zunächst eine Lebensstellung gewonnen, die ein – wenn auch bescheidenes – Auskommen bot.

Die Jahre 1878 bis 1884 markieren den Höhepunkt in Cantors mathematischem Schaffen. In diesen Jahren entstand seine berühmte sechsteilige Arbeit *Über unendliche lineare Punktmannich-*

Otto August Rosenberger (Universitätsarchiv Halle)

EDUARD HEINE
(Mitteldeutsche Lebensbilder, Dritter Band, Magdeburg 1928)

faltigkeiten, die 1879–1884 in den *Mathematischen Annalen* erschien. Sie enthält die Grundlagen der allgemeinen Mengenlehre und eine Reihe wichtiger Begriffe und Ergebnisse der mengentheoretischen Topologie. Diese Arbeit hat nicht den Charakter einer sechsteiligen abgerundeten Darstellung eines umrissenen Forschungsgebietes. Sie ist vielmehr eine Folge von Aufsätzen, in der Ideen immer wieder aufgenommen und weiterentwickelt werden und mit wachsender Deutlichkeit vor unseren Augen erstehen. Man kann in diesen Arbeiten gewissermaßen das ungeheure geistige Ringen CANTORS um die neuen umwälzenden Gedanken verfolgen, seinen inneren Kampf erleben, den er im vollen Bewußtsein der Tatsache ausfocht, daß er sich zu allgemein herrschenden Anschauungen sowohl in der Mathematik als auch in der Philosophie in einen unüberbrückbaren Gegensatz begab, zu Anschauungen, die auch ihm selbst zunächst «wertgewordene Traditionen» gewesen waren [21, p. 175]. Dazu schrieb FRAENKEL 1930:

> «Die Redaktion der *Mathematischen Annalen* hat eine kühne Tat vollbracht, sich aber auch ein unvergängliches Verdienst erworben, indem sie die Spalten ihrer Zeitschrift diesen Ideen öffnete, die damals die mathematische und philosophische Welt vor den Kopf stießen und noch über ein Jahrzehnt einen bitteren Kampf um ihre Anerkennung zu führen hatten.» [143, p. 200].

Aus den Briefen CANTORS an FELIX KLEIN wird deutlich, daß KLEIN es war, der diese «kühne Tat» vollbrachte (s. Dokumentenanhang Nr. 3, 9, 10, 11, 12). ZERMELO, der Herausgeber der *Gesammelten Abhandlungen* CANTORS, bezeichnete diese Aufsatzfolge als die «Quintessenz des CANTORschen Lebenswerkes», der gegenüber alle seine sonstigen Abhandlungen nur als Vorläufer oder Ergänzungen erscheinen [7, p. 246]. Im ersten Teil geht es CANTOR um die Klassifizierung linearer Punktmengen. Er weist jedoch darauf hin, daß seine Betrachtungen nicht an den R^1 gebunden sind, sondern auch für Punktmengen des R^n gelten. Der Übergang zur Punktmengentheorie allgemeinerer Räume wurde erst in unserem Jahrhundert vollzogen, vor allem in den Werken FELIX HAUSDORFFS und MAURICE FRÉCHETS. Ein erstes Klassifizierungsprinzip ergibt sich aus dem Verhalten bei sukzessivem Ableiten: Wird $P^{(n)}$ für ein endliches n leer, so heißt die Punktmenge P von der ersten Gattung, andernfalls von der zweiten Gattung. CANTOR definiert dann den wichtigen Begriff einer in einem Intervall dichten Punktmenge und zeigt, daß die Punktmengen der ersten Gattung in keinem Intervall dicht sein können. Ein zweites wichtiges Einteilungsprinzip ist die Einteilung der

Punktmengen nach ihrer Mächtigkeit. CANTOR erinnert an den in [18] eingeführten Begriff der Gleichmächtigkeit zweier Mengen:

«In der oben angeführten Abhandlung [18 – W. P.] haben wir allgemein von zwei geometrischen, arithmetischen oder irgendeinem andern, scharf ausgebildeten Begriffsgebiete angehörigen Mannigfaltigkeiten M und N gesagt, daß sie *gleiche Mächtigkeit* haben, wenn man imstande ist, sie nach irgendeinem bestimmten Gesetze so einander zuzuordnen, daß zu jedem Elemente von M ein Element von N und auch umgekehrt zu jedem Element von N ein Element von M gehört.» [21, p. 14].

Besonders bemerkenswert ist die Forderung, daß M und N einem «scharf ausgebildeten Begriffsgebiete» angehören sollen. Ahnte CANTOR schon die Schwierigkeiten der uneingeschränkten Mengenbildung? Sah er schon die Gefahr der Antinomien? Wir werden auf diese Frage im Kapitel «Antinomien» zurückkommen. Je nach dem, ob zwei Mengen von gleicher oder verschiedener Mächtigkeit sind, werden sie ein und derselben oder verschiedenen Klassen zugeteilt. Im Hinblick auf seine früheren Ergebnisse kann CANTOR feststellen, daß alle Punktmengen erster Gattung, aber auch gewisse Punktmengen zweiter Gattung wie die der rationalen oder der algebraischen Zahlen, in die Klasse der abzählbaren Mengen fallen, während das Kontinuum (0, 1) nicht in diese Klasse gehört. Für die letztere Tatsache gibt CANTOR noch einen gegenüber [17] vereinfachten Beweis an.

Im zweiten Teil von [21] definiert CANTOR einige Grundbegriffe der allgemeinen Mengenlehre, wie Gleichheit von Mengen, Ober- und Untermenge, Disjunktheit von Mengen, Vereinigung und Durchschnitt. Seine Symbolik hat sich allerdings nicht durchgesetzt. So schreibt er $\boldsymbol{M}(P_1, P_2, P_3, \ldots)$ für die Vereinigungsmenge $P_1 \cup P_2 \cup P_3 \cup \ldots$ und $\boldsymbol{D}(P_1, P_2, \ldots)$ für den Durchschnitt $P_1 \cap P_2 \cap \ldots$. Für das Enthaltensein von Elementen oder Mengen in Mengen führte CANTOR keine Symbolik ein, die Schreibweise $a \in M$ bzw. $M \subseteqq N$ stammt von GIUSEPPE PEANO. Der Hauptinhalt des zweiten Teils ist die Ausführung des Gedankens, die transfiniten Ordinalzahlen der zweiten Zahlklasse als sukzessive Ableitungsordnungen einer Punktmenge zu gewinnen. Wir haben diese Idee z. T. schon in ihrem Entdeckungszusammenhang kurz auseinandergesetzt (S. 39); in heutiger Bezeichnungsweise kann man sie so skizzieren: Ist P eine Punktmenge, P', P'', ... , $P^{(n)}$, ... ihre Ableitungen mit endlicher Ordnung, so erhält man die erste Ableitung mit unendlicher Ordnung, d. h. die erste unendliche Ordinalzahl ω gemäß $P^{(\omega)} = \bigcap_{n=1}^{\infty} P^{(n)}$.

Auf $P^{(\omega)}$ folgen $P^{(\omega+1)}$, $P^{(\omega+2)}$, ... Die ω-te Ableitung von $P^{(\omega)}$, d. h. $\bigcap_{n=1}^{\infty} P^{(\omega+n)}$, wird mit $P^{(\omega\cdot 2)}$ bezeichnet. Indem man dieses Konstruktionsverfahren fortsetzt, erhält man Ableitungen $P^{(\omega n_0+n_1)}$ mit natürlichen Zahlen n_0, n_1. Die auf alle Ableitungsordnungen des Typs $\omega n_0 + n_1$ folgende ist dann ω^2 gemäß der Definition $P^{(\omega^2)} = \bigcap_{n=1}^{\infty} P^{(\omega n)}$. Nun geht es weiter mit $P^{(\omega^2+1)}, \ldots$; man erhält Ableitungen vom Typ $P^{(\omega^2 n_0+\omega n_1+n_2)}$ mit natürlichen Zahlen n_0, n_1, n_2. So fortfahrend durchläuft man schließlich alle Ableitungen $P^{(\omega^\nu n_0+\omega^{\nu-1}n_1+\ldots+n_\nu)}$, wo ν, $n_0, \ldots, n_\nu$ beliebige natürliche Zahlen sind. Die auf alle möglichen Polynome $\omega^\nu n_0 + \omega^{\nu-1} n_1 + \ldots + n_\nu$ folgende Ordinalzahl (Ableitungsordnung) ist die Zahl ω^ω, die durch $P^{(\omega^\omega)} = \bigcap_{n=1}^{\infty} P^{(\omega^n)}$ definiert ist. Durch Fortschreiten gewinnt man sukzessive die Zahlen $(\omega n)^\omega$, $\omega^{\omega+1}$, $\omega^{\omega+n}$, $\omega^{\omega n}$, ω^{ω^n}, ω^{ω^ω} usw. CANTOR spricht hier allerdings noch nicht von Ordinalzahlen, sondern von «Unendlichkeitssymbolen»; für ω schreibt er hier noch ∞.

Mit der Angabe einer Punktmenge P, für die $P^{(\omega)}$ aus einem vorgegebenen Punkt x_0 besteht, zeigt CANTOR, daß das Zählen der Ableitungsordnungen über die natürlichen Zahlen hinaus einen wohlbestimmten Sinn hat. Dieses P wird folgendermaßen konstruiert (Fig. 1):

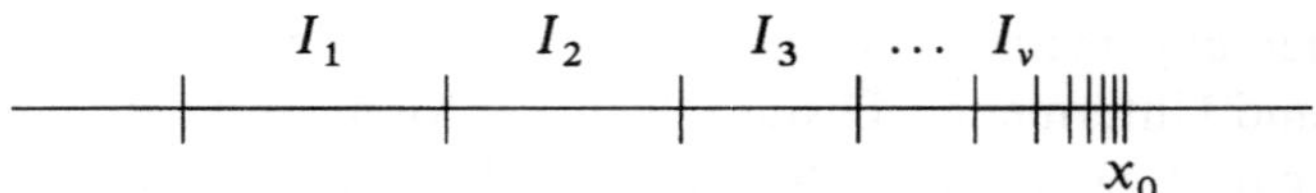

Man wählt Intervalle I_ν, die aneinandergrenzen, deren Längen l_ν gegen 0 gehen und deren rechte Randpunkte gegen x_0 konvergieren. Im ν-ten Intervall I_ν gebe man sich eine Punktmenge P_ν erster Gattung und ν-ter Art vor (d. h. $P^{(\nu+1)} = \emptyset$, $P^{(\nu)} \neq \emptyset$). Dann ist, wie man sich leicht überlegt, $P = \bigcup_{\nu=1}^{\infty} P_\nu$ eine Punktmenge der verlangten Art, d. h. $P^{(\omega)} = \{x_0\}$. Ebenso kann man z. B. eine Punktmenge P angeben, für die etwa $P^{(\omega+7)}$ oder $P^{(\omega\cdot 2)}$ oder allgemein $P^{(\omega^\nu n_0+\omega^{\nu-1}n_1+\ldots+n_\nu)}$ aus einem vorgegebenen Punkt x_0 besteht.

In Teil 3 bezieht CANTOR zunächst die Begriffe Punktmenge und Ableitung auf n-dimensionale Räume. Er beschäftigt sich dann mit den Eigenschaften abzählbarer Mengen und stellt einige einfache Tatsachen über abzählbare Mengen zusammen, z. B. daß die Vereinigungsmenge abzählbar vieler abzählbarer Mengen wieder abzählbar ist. Um die Fruchtbarkeit des Konzepts der Abzählbarkeit auch für die Geometrie zu zeigen, beweist CANTOR dann einen Satz, der in heutiger Formulierung auf folgendes hinausläuft: Jedes System von n-dimensionalen abgeschlossenen Mengen des R^n, die paarweise keine inneren Punkte gemeinsam haben, ist höchstens abzählbar. Diese Eigenschaft des R^n hängt mit seiner Separabilität zusammen, d.h. mit der Existenz einer abzählbaren in R^n dichten Menge.

Als eine «merkwürdige Erscheinung» [21, p. 154] bezeichnet CANTOR das folgende mit den abzählbaren Mengen zusammenhängende Phänomen: Sei G ein Gebiet des R^n und M eine in G dichte abzählbare Menge. Dann bleibt für $n \geqq 2$ nach Entfernung von M die Restmenge stetig zusammenhängend, d.h. zu zwei verschiedenen Punkten $x, y \in G - M$ existiert eine stetige Kurve, die ganz in $G - M$ liegt und x und y miteinander verbindet. Hieran knüpft CANTOR Betrachtungen darüber, daß der physikalische Raum nicht unbedingt stetig sein muß, um stetige Bewegungen zuzulassen. Dabei versteht er unter Stetigkeit des Anschauungsraumes die Existenz einer eineindeutigen Abbildung dieses Raumes auf die Menge aller Tripel (x, y, z) reeller Zahlen (entsprechend seiner früher schon formulierten Stetigkeitsauffassung der Geraden; S. 37).

Teil 4 bringt eine Reihe von Sätzen der mengentheoretischen Topologie. CANTOR nennt eine Punktmenge P des R^n isoliert, falls keiner ihrer Häufungspunkte zu P gehört, d.h. falls $P \cap P' = \emptyset$ ist. Ein Beispiel wäre $P = \left\{\frac{1}{n}\right\}_{n=1,2,\ldots}$. Jede Punktmenge P läßt sich in eine isolierte Menge Q und in eine Menge R, die Teilmenge von P' ist, zerlegen:

$$P = Q + R; \qquad Q = P - P \cap P', \; R = P \cap P' \tag{8}$$

(Das +-Zeichen verwendet CANTOR für die Vereinigung elementfremder Mengen, das Zeichen $A - B$ für die Differenz im Falle $B \subseteqq A$). Wegen $P^{(n+1)} \subseteqq P^{(n)}$ für $n \geqq 1$ sind die Differenzen $P^{(n)} - P^{(n+1)}$ für $n \geqq 1$ isolierte Mengen. Man hat dann folgende Zerlegungen:

$$P' = (P' - P'') + (P'' - P''') + \ldots + (P^{(n-1)} - P^{(n)}) + P^{(n)} \tag{9}$$
$$P' = (P' - P'') + (P'' - P''') + \ldots + P^{(\omega)}. \tag{10}$$

Den grundlegenden Satz, daß jede isolierte Menge P höchstens abzählbar ist, beweist CANTOR folgendermaßen: Ist q irgendein

Punkt von P, so gilt (weil P eine isolierte Menge ist)

$$\varrho_q = \inf_{q' \in P} d(q, q') > 0$$

($d(q, q')$ ist der Abstand von q und q').

Man beschreibt nun um jeden Punkt $q \in P$ als Mittelpunkt eine Kugel vom Radius $\frac{1}{2}\varrho_q$. Nach dem in Teil 3 bewiesenen Satz ist das System dieser Kugeln höchstens abzählbar. Also ist auch das System ihrer Mittelpunkte, d.h. die Menge P, höchstens abzählbar. Nun lassen sich die folgenden Theoreme II bis IV sehr leicht beweisen:

II. Ist P' abzählbar, so auch P.
III. Jede Punktmenge erster Gattung ist abzählbar.
IV. Eine Punktmenge zweiter Gattung, für die $P^{(\omega)}$ abzählbar ist, ist selbst abzählbar.

Der Beweis von II ergibt sich aus (8). Q ist als isolierte Menge abzählbar und R als Teilmenge von P' ist nach Voraussetzung abzählbar.

III. folgt aus (9), denn für geeignetes n ist $P^{(n)} = \emptyset$ und $P^{(\nu)} - P^{(\nu+1)}$ sind als isolierte Mengen abzählbar.

IV. folgt aus (10), weil $P^{(\omega)}$ nach Voraussetzung abzählbar ist und die Vereinigung abzählbar vieler abzählbarer Mengen wieder abzählbar ist.

Bei der Verallgemeinerung von Theorem IV auf beliebige Zahlen der zweiten Zahlklasse (CANTOR nennt sie hier noch «Unendlichkeitssymbole») wird erstmals transfinite Induktion benutzt, allerdings ohne ihre Prinzipien zu erläutern. Es heißt bei CANTOR:

«Versteht man unter α irgendeines der in Bd. 17, S. 357 [Teil 2, [21], p. 147 – W. P.] eingeführten Unendlichkeitssymbole, so hat man den umfassenderen Satz:

Theorem V. Jede Punktmenge P zweiter Gattung, für welche $P^{(\alpha)}$ abzählbar ist, ist selbst abzählbar. Der Beweis dieses Satzes wird mit Hilfe vollständiger Induktion ebenso geführt wie die Beweise der Theoreme III und IV.» [21, 160].

CANTOR wendet sich dann einem Gebiet zu, welches er später noch eingehender behandelt hat, der Inhaltstheorie von Punktmengen. Angeregt durch Arbeiten AXEL HARNACKS über Integrationstheorie ([204]; s. Dokumentenanhang Nr. 13) versucht er eine hinreichende Bedingung dafür zu finden, daß eine Punktmenge des R^1 den JORDAN-Inhalt Null hat. Das Resultat ist folgendes: Eine Punktmenge $P \subseteqq (a, b)$, deren Ableitung abzählbar ist, hat den JORDAN-Inhalt Null.

Die in vieler Hinsicht interessanteste Arbeit CANTORS ist der Teil 5 von [21]. An ihm war CANTOR selbst auch besonders gelegen, so daß er ihn 1883 unter dem Titel *Grundlagen einer allgemeinen Mannigfaltigkeitslehre* als separate Schrift erscheinen ließ (vgl. Dokumentenanhang Nr. 9–11). Der Inhalt spannt sich von den grundlegenden Konzeptionen der Ordinal- und Kardinalzahltheorie über Betrachtungen zum Begriff des Kontinuums, eine nochmalige genaue Erläuterung seiner Theorie der reellen Zahlen bis zu philosophischen Auseinandersetzungen und historischen Betrachtungen. CANTOR gibt in referierendem Stil nur die Ideen an – es werden kaum Formeln benutzt – und bei den meisten Beweisen wird der Leser auf künftige Arbeiten verwiesen.

Das Hauptanliegen CANTORS ist die allgemeine Einführung der transfiniten Ordinalzahlen unabhängig vom Begriff der Punktmenge sowie die Aufdeckung des Zusammenhangs zwischen den Ordinal- und den Kardinalzahlen (Aufstellung der *Aleph-Folge*).

Dazu geht er ganz intuitiv von zwei sogenannten Erzeugungsprinzipien aus. Das erste Erzeugungsprinzip besteht im Hinzufügen von 1 zu einer gegebenen Ordinalzahl α, d.h. im Übergang von α zu $\alpha + 1$. Um das zweite Erzeugungsprinzip hinreichend allgemein zu fassen, benötigt man zunächst den Begriff der wohlgeordneten Menge. Eine geordnete Menge heißt bekanntlich wohlgeordnet, wenn sie selbst und jede ihrer Teilmengen ein erstes Element besitzt. CANTORS ursprüngliche, zu der heutigen äquivalente Definition einer wohlgeordneten Menge lautet folgendermaßen:

«Unter einer *wohlgeordneten* Menge ist jede wohldefinierte Menge zu verstehen, bei welcher die Elemente durch eine bestimmt vorgegebene Sukzession miteinander verbunden sind, welcher gemäß es ein *erstes* Element der Menge gibt und sowohl auf jedes einzelne Element (falls es nicht das letzte in der Sukzession ist) ein bestimmtes anderes folgt, wie auch zu jeder beliebigen endlichen oder unendlichen Menge von Elementen ein bestimmtes Element gehört, welches das ihnen allen *nächstfolgende* Element in der Sukzession ist (es sei denn, daß es ein ihnen allen in der Sukzession folgendes überhaupt nicht gibt).» [21, p. 168].

Das zweite Erzeugungsprinzip besteht nun nach CANTOR darin,

«daß, wenn irgendeine bestimmte Sukzession definierter ganzer realer Zahlen vorliegt, von denen keine größte existiert, auf Grund dieses zweiten Erzeugungsprinzips eine neue Zahl geschaffen wird, welche als Grenze jener Zahlen gedacht, d.h. als die ihnen allen nächst größere Zahl definiert wird.» [21, p. 196].

Das zweite Erzeugungsprinzip liefert also den Übergang von einer Fundamentalfolge von Ordinalzahlen (d.h. einer aufsteigenden wohlgeordneten Menge von Ordinalzahlen ohne größtes Element) zur nächst größeren Ordinalzahl, d.h. zur zugehörigen Limeszahl. Dieses zweite Erzeugungsprinzip sichert den Schritt ins Transfinite. Man sieht sofort, daß die Erzeugungsprinzipien von den bei der Ableitungsbildung von Punktmengen vorkommenden Prozessen abstrahiert sind: Das erste Prinzip entspricht der Bildung der Ableitung von $P^{(\alpha)}$, d.h. dem Übergang zu $P^{(\alpha+1)}$, das zweite entspricht der Bildung von $\bigcap_{x\in I} P^{(\alpha_x)}$, wenn $\{\alpha_x\}_{x\in I}$ (I beliebige wohlgeordnete Indexmenge) eine Fundamentalfolge ist, d.h. dem Übergang zu

$$P^{(\lim_{x\in I} \alpha_x)};$$

beispielsweise liefert es den Übergang von der Folge $\{\omega + n\}_{n=1,2,\ldots}$ zu $\omega \cdot 2$ (vgl. die Ausführungen zu Teil 2 von [21]).

Mit Hilfe des sogenannten *Hemmungsprinzips* kann CANTOR die Ordinalzahlen in wohldefinierte Zahlklassen einteilen und auf diese Weise einen Zusammenhang zwischen Ordinal- und Kardinalzahlen herstellen, der sich für die gesamte Mengenlehre als fundamental erwiesen hat. Das Hemmungsprinzip besteht «in der Forderung, *nur dann* mit Hilfe eines der beiden anderen Prinzipe die Schöpfung einer neuen ganzen Zahl vorzunehmen, wenn die Gesamtheit aller voraufgegangenen Zahlen die Mächtigkeit einer ihrem ganzen Umfange nach bereits *vorhandenen* definierten Zahlenklasse hat.» [21, p. 199]. Die erste Zahlklasse ist die Klasse der natürlichen Zahlen. Ihre Mächtigkeit bezeichnete CANTOR später mit $\aleph_0$ (Aleph-Null). $\aleph_0$ ist also die Kardinalzahl der abzählbaren Mengen, d.h. die kleinste transfinite Kardinalzahl. Die Limeszahl von $\{1, 2, 3, \ldots\}$ ist die Anfangszahl ω der zweiten Zahlklasse. Man erhält diese zweite Zahlklasse durch die sukzessive Anwendung der beiden Erzeugungsprinzipien unter Beachtung des Hemmungsprinzips, daß nur dann eine Zahl α zur zweiten Zahlklasse gehört, wenn die Menge der dem α voraufgegangenen Zahlen die Mächtigkeit $\aleph_0$ hat. CANTOR bezeichnete die Mächtigkeit der zweiten Zahlklasse später mit $\aleph_1$. Entsprechend kann man eine dritte Zahlklasse bilden, ihre Mächtigkeit wird mit $\aleph_2$ bezeichnet usw. Der grundlegende Zusammenhang zwischen Kardinal- und Ordinalzahltheorie besteht nun darin, daß $\aleph_1$ die nächsthöhere auf $\aleph_0$ folgende Mächtigkeit, $\aleph_2$ die nächst höhere auf $\aleph_1$ folgende usw. ist. CANTOR beschreibt diesen Zusammenhang mit folgenden Worten:

«Die *kleinste* Mächtigkeit unendlicher Mengen mußte, wie leicht zu rechtfertigen war, denjenigen Mengen zugeschrieben werden, welche sich gegenseitig eindeutig der *ersten* Zahlenklasse zuordnen lassen und daher mit ihr gleiche Mächtigkeit haben. Dagegen fehlte es bisher an einer ebenso einfachen, natürlichen Definition der *höheren* Mächtigkeiten.

Unsere oben erwähnten Zahlenklassen der bestimmt-unendlichen realen ganzen Zahlen [transfinite Ordinalzahlen – W. P.] weisen sich nun als die natürlichen, in einheitlicher Form sich darbietenden Repräsentanten der in gesetzmäßiger Folge aufsteigenden Mächtigkeiten von wohldefinierten Mengen aus. Ich zeige aufs bestimmteste, daß die Mächtigkeit der zweiten Zahlenklasse (II) nicht nur verschieden ist von der Mächtigkeit der ersten Zahlenklasse, sondern daß sie auch tatsächlich die *nächst höhere* Mächtigkeit ist; wir können sie daher die *zweite* Mächtigkeit oder die Mächtigkeit *zweiter* Klasse nennen. Ebenso ergibt die dritte Zahlenklasse die Definition der dritten Mächtigkeit oder der Mächtigkeit dritter Klasse usw.» [21, p. 167].

Um zu zeigen, daß $\aleph_1$ die nach $\aleph_0$ folgende nächstgrößere Mächtigkeit ist, ging CANTOR folgendermaßen vor: Zunächst zeigte er, daß $\aleph_1$ nicht gleich $\aleph_0$ sein kann. Dazu benötigt er den Hilfssatz, daß eine abzählbare Menge $\alpha_1, \alpha_2, \ldots$ von Ordinalzahlen der zweiten Zahlklasse (II) folgende Eigenschaft hat: Entweder es gibt unter ihnen eine größte Zahl γ oder es gibt ein $\beta \in$ (II), so daß β größer ist als alle α_ν. Zum Beweis des Hilfssatzes sei α_{x_2} die erste in der Folge $\{\alpha_\nu\}$ vorkommende Zahl $> \alpha_1, \alpha_{x_3}$ die erste vorkommende Zahl $> \alpha_{x_2}$ usw. Man hat dann

$$1 < x_2 < x_3 < \ldots$$
$$\alpha_1 < \alpha_{x_2} < \alpha_{x_3} < \ldots$$

und $\quad \alpha_\nu < \alpha_{x_\lambda} \quad$ für $\nu < x_\lambda$.

Es sind nun zwei Fälle möglich: 1. Es existiert ein α_{x_ρ}, so daß alle auf α_{x_ρ} folgenden Zahlen von $\{\alpha_\nu\}$ kleiner als α_{x_ρ} sind. Dann ist $\alpha_{x_\rho} \doteq \gamma$ die größte Zahl unter allen α_ν. 2. Es gibt kein solches α_{x_ρ}. Man bildet dann folgende Mengen:

$$M_1 = \text{Menge aller Ordinalzahlen } \beta \text{ mit } 1 \leqq \beta < \alpha_1$$
$$M_2 = \text{Menge aller Ordinalzahlen } \beta \text{ mit } \alpha_1 \leqq \beta < \alpha_{x_2}$$
$$M_3 = \text{Menge aller Ordinalzahlen } \beta \text{ mit } \alpha_{x_2} \leqq \beta < \alpha_{x_3} \text{ usw.}$$

Da $M = \bigcup_i M_i$ abzählbar ist, gibt es nach Definition der zweiten Zahlklasse ein β, welches die auf alle Zahlen von M folgende nächst größere Zahl ist und es ist $\beta \in$ (II). Ferner gilt wegen $\{\alpha_\nu\} \subseteqq M$ $\beta > \alpha_\nu$ für alle ν, und damit ist der Hilfssatz bewiesen. Daraus folgt sofort, daß die Mächtigkeit $\aleph_1$ von (II) nicht gleich $\aleph_0$ sein kann. Wäre dies nämlich der Fall, so könnte man die ganze zweite Zahlklasse als eine Folge $\{\alpha_\nu\}$ schreiben, die entweder ein größtes Element γ hätte oder von einem $\beta \in$ (II) übertroffen würde. Im ersten Fall würde $\gamma + 1 \in$ (II), im zweiten Fall β einerseits in $\{\alpha_\nu\}$ vorkommen (weil $\{\alpha_\nu\} =$ (II) vorausgesetzt ist), andererseits auch nicht vorkommen (nach der Konstruktion von $\gamma + 1$ bzw. β), was ein Widerspruch ist.

Der Satz, daß es zwischen $\aleph_0$ und $\aleph_1$ keine weitere Mächtigkeit gibt, d.h. daß $\aleph_1$ die nächst größere Mächtigkeit nach $\aleph_0$ ist, ist vollständig bewiesen, falls noch folgendes gezeigt ist: Sei M eine Teilmenge von (II). Dann sind nur folgende drei Fälle möglich: 1. M ist endlich. 2. M ist abzählbar. 3. M ist der ganzen zweiten Zahlklasse äquivalent. Zum Beweis betrachtet CANTOR die Anfangszahl Ω der dritten Zahlklasse, es ist dann $\alpha < \Omega$ für alle $\alpha \in M$. Man denkt sich nun die Zahlen von M der Größe nach geordnet: α_ω sei die kleinste, $\alpha_{\omega+1}$ die folgende usw. Man erhält so eine wohlgeordnete Menge $\{\alpha\}_\beta$, wo β bei ω beginnend in der Menge der transfiniten Ordinalzahlen variiert. Es ist stets $\beta \leqq \alpha_\beta$ und folglich auch $\beta < \Omega$, d.h. β variiert bloß in der zweiten Zahlklasse. Folgende drei Möglichkeiten bilden deshalb eine vollständige Alternative: 1. β bleibt unterhalb einer festen Zahl der Menge $\{\omega + n\}_{n=1,2,\ldots}$; dann ist M endlich. 2. β nimmt alle Werte $\omega + n$ an, bleibt aber unterhalb einer festen Zahl α der zweiten Zahlklasse. Dann ist nach Definition der zweiten Zahlklasse M abzählbar. 3. β bleibt nicht unterhalb irgendeiner festen Zahl $\alpha \in$ (II), durchläuft also alle Zahlen von (II). Dann ist $M \sim$ (II). Damit ist alles bewiesen.

Mit den neu eingeführten transfiniten Ordinalzahlen kann CANTOR nun jede wohlgeordnete Menge «abzählen»:

> «Ein anderer großer, den neuen Zahlen zuzuschreibender Gewinn besteht für mich in einem neuen, bisher noch nicht vorgekommenen Begriffe, in dem Begriffe der Anzahl der Elemente einer wohlgeordneten unendlichen Mannigfaltigkeit;...» [21, p. 168].

Zwei wohlgeordnete Mengen sind «von derselben Anzahl», wenn es zwischen ihnen eine eineindeutige Abbildung gibt, die die Ordnungsbeziehung erhält. Erst in seinen letzten mengentheoretischen Arbeiten der Jahre 1895 und 1897 hat CANTOR die Ordinalzahlen über die Ähnlichkeit wohlgeordneter Mengen eingeführt. Die «Erzeugungsprinzipe» spielen dann keine Rolle mehr. Auch das «Hemmungsprinzip» wird nicht mehr benötigt. Die Zahlen der zweiten Zahlklasse z.B. sind dann einfach die Ordinalzahlen der wohlgeordneten abzählbaren Mengen.

Es war CANTORS persönliche Tragik, daß er beim Aufbau seines Lehrgebäudes gewisse, wie wir heute wissen, in der Natur der

Sache liegende Schwierigkeiten nicht überwinden konnte, obwohl er jahrzehntelang angestrengt darum rang. Es sind dies der Beweis des Wohlordnungssatzes und das Kontinuumproblem. Der Wohlordnungssatz, d.h. die Behauptung, daß jede Menge wohlgeordnet werden kann, war für CANTOR u.a. deshalb von essentieller Bedeutung, weil nur im Falle seiner Gültigkeit alle Kardinalzahlen in der über die Ordinalzahltheorie konstruierten Folge der Alephs vorkommen. CANTOR war von der Gültigkeit des Wohlordnungssatzes bereits 1883 fest überzeugt; er schrieb:

«Der Begriff der wohlgeordneten Menge weist sich als fundamental für die ganze Mannigfaltigkeitslehre aus. Daß es immer möglich ist, jede wohldefinierte Menge in die Form einer wohlgeordneten Menge zu bringen, auf dieses, wie mir scheint, grundlegende und folgenreiche, durch seine Allgemeingültigkeit besonders merkwürdige Denkgesetz werde ich in einer späteren Abhandlung zurückkommen.» [21, p. 169].

CANTOR konnte dieses Versprechen nicht einlösen. Er hat zwar versucht, einen Beweis des Wohlordnungssatzes auf die Tatsache zu gründen, daß die Gesamtheit aller Ordinalzahlen ein in sich widersprüchlicher Begriff ist (eine antinomische Menge, wie man sagt), allerdings ist dieser Beweis nicht veröffentlicht worden; er dürfte in dieser Form auch kaum akzeptiert worden sein (vgl. Kap. «Antinomien»). Einen ersten exakten Beweis des Wohlordnungssatzes gab E. ZERMELO im Jahre 1904 (s. Kap. «Anerkennung der Mengenlehre»).

Beim Kontinuumproblem handelt es sich um folgende Frage: Kann es zwischen der Mächtigkeit der abzählbaren Mengen und der des Kontinuums, etwa repräsentiert durch das Intervall (0, 1), noch Mächtigkeiten geben, mit anderen Worten, kann es eine unendliche Teilmenge von (0, 1) geben, die nicht abzählbar, aber auch nicht der Menge (0, 1) äquivalent ist? CANTOR vermutete die Antwort «Nein», und diese Vermutung wurde später als Kontinuumhypothese bezeichnet. Für Punktmengen bedeutet CANTORS Vermutung, daß jede beliebige unendliche Punktmenge entweder dem Kontinuum äquivalent oder abzählbar ist. Bezeichnet man mit c die Mächtigkeit des Kontinuums, so kann die Kontinuumhypothese unter Berücksichtigung der Tatsache, daß $\aleph_1$ die auf $\aleph_0$ der Größe nach unmittelbar folgende Mächtigkeit ist, auch durch die Gleichung $c = \aleph_1$ ausgedrückt werden. Schließlich kann mittels der von CANTOR in seinen bereits erwähnten Arbeiten von 1895/97 eingeführten Kardinalzahlarithmetik leicht gezeigt werden, daß $c = 2^{\aleph_0}$ ist. Dabei ist 2^m die Mächtigkeit der Potenzmenge (Menge aller Teilmengen) einer

Menge der Mächtigkeit ***m***. Die Kontinuumhypothese kann folglich auch in der Form der Gleichung $2^{\aleph_0} = \aleph_1$ geschrieben werden. Die Gleichung $2^{\aleph_x} = \aleph_{x+1}$ wird als verallgemeinerte Kontinuumhypothese bezeichnet.

CANTOR hat 1878 am Schluß der Arbeit [18] die Kontinuumhypothese erstmalig erwähnt. Nachdem er die beiden Klassen der abzählbaren Mengen und der dem Intervall (0, 1) äquivalenten Mengen eingeführt hat, schreibt er:

> «Entsprechend diesen beiden Klassen würden daher bei den unendlichen linearen Mannigfaltigkeiten [Punktmengen des R^1 – W. P.] nur zweierlei Mächtigkeiten vorkommen; die genaue Untersuchung der Frage verschieben wir auf eine spätere Gelegenheit.» [18, p. 133].

1883 kommt CANTOR in dem in Rede stehenden Teil 5 von [21] auf das Problem zurück. Zunächst ist es sein Bestreben, diejenigen Punktmengen zu charakterisieren, die nach seiner Auffassung Kontinua darstellen, d. h. den Begriff des Kontinuums innerhalb der Mengenlehre zu definieren. Der Begriff des Kontinuums ist seit der Antike oft diskutiert worden und war z. T. heftig umstritten. Die griechischen Mathematiker des fünften vorchristlichen Jahrhunderts hatten über die geometrische Größenlehre erstmals Kontinua in die Mathematik eingeführt. Mit der Entdeckung inkommensurabler Strecken innerhalb der pythagoräischen Schule wurden sehr bald die Probleme deutlich, die im Verhältnis von Diskretem und Kontinuierlichem liegen. Dieses Problembewußtsein verstärkte ZENON V. ELEA mit seinen berühmten Paradoxien, z. B. der des Achilles und der Schildkröte. Um die ZENONschen Paradoxien zu widerlegen, analysierte ARISTOTELES den Begriff des Kontinuums. ARISTOTELES lehrte die unendliche Teilbarkeit eines Kontinuums, wobei aber jeder bei der Teilung entstehende Teil wieder ein Kontinuum ist. Die Vorstellung, ein Kontinuum bestehe aus Unteilbaren, etwa eine Linie aus Punkten, lehnte ARISTOTELES strikt ab [42, Buch VI, 1]. Andere Denker, wie EPIKUR, vertraten gerade eine solche Auffassung.

CANTOR betrachtet für seine Definition Punktmengen im n-dimensionalen Raum R^n (er schreibt G_n statt R^n). Eine solche Punktmenge P heißt perfekt, falls $P = P'$ ist. Sie ist also abgeschlossen ($P' \subseteqq P$) und in sich dicht ($P \subseteqq P'$). P heißt nach CANTOR zusammenhängend, wenn zu zwei Punkten $p, q \in P$ und zu vorgegebenem $\varepsilon > 0$ endlich viele Punkte $p_1, p_2, \ldots, p_n \in P$ existieren mit $d(p, p_1) < \varepsilon$, $d(p_1, p_2) < \varepsilon, \ldots, d(p_n, q) < \varepsilon$. Ein Kontinuum ist nun eine perfekte zusammenhängende Menge. In der modernen Topologie wird die Definition des Kontinuums etwas anders gefaßt. Sie stimmt für den R^n mit der CANTORschen Definition überein, wenn man zusätzlich zu den CANTORschen Bedingungen die Beschränktheit der Menge verlangt. In einer Anmerkung gibt CANTOR ein interessantes Beispiel einer perfekten Punktmenge, die in keinem Intervall dicht ist, nämlich die Menge aller reellen Zahlen der Form

$$\frac{c_1}{3} + \frac{c_2}{3^2} + \ldots + \frac{c_\nu}{3^\nu} + \ldots,$$

wobei die c_ν die Werte 0 und 2 annehmen können. Diese Menge ist das berühmte CANTORsche Diskontinuum, eine kompakte, perfekte, nirgends dichte Menge mit der Mächtigkeit c und dem Maß Null. Mengen solcher Art spielen eine wichtige Rolle in der Topologie. Neuerdings haben die CANTORschen Diskontinua eine ganze Reihe überraschender Anwendungen bis hin in die Naturwissenschaften gefunden (s. Kap. «Ausblick»).

Die Kontinuumhypothese spricht CANTOR hier in der Form $c = \aleph_1$ aus:

> «Es reduziert sich daher die Untersuchung und Feststellung der Mächtigkeit von G_n auf dieselbe Frage, spezialisiert auf das Intervall (0...1), und ich hoffe, sie schon bald durch einen strengen Beweis dahin beantworten zu können, daß die gesuchte Mächtigkeit keine andere ist als diejenige unserer zweiten Zahlklasse (II).» [21, p. 192].

Erst 1963 ist das Kontinuumproblem durch Cohen in gewissem Sinne gelöst worden (vgl. die Darstellung im Kap. «Ausblick»). Die Lösung geht in eine Richtung, in der CANTOR sie nie gesucht hat und auch zu seiner Zeit nicht gesucht haben konnte. Vermutlich hätte er an dieser Lösung auch keine rechte Freude gehabt, denn sie ist mit seinem philosophischen Standpunkt schwerlich zu vereinbaren.

Der sechste und letzte Teil von CANTORS Aufsatzfolge über unendliche lineare Punktmannigfaltigkeiten konzentriert sich auf eine eingehende Untersuchung der Punktmengen. Das Ziel, welches CANTOR damit verfolgte, war ohne Zweifel der Beweis der Kontinuumhypothese. CANTOR hat in Teil 6 insgesamt sieben für die mengentheoretische Topologie grundlegende Sätze bewiesen, die er von A) bis G) numerierte. Sie lauten

A) Eine perfekte Menge ist nicht abzählbar.
B) Ist α eine Zahl der ersten oder zweiten Zahlklasse und gilt $P^{(\alpha)} = \emptyset$, so sind P und P' höchstens abzählbar.
C) Ist P' abzählbar, so existiert eine Zahl α der ersten oder zweiten Zahlklasse, so daß $P^{(\alpha)} = \emptyset$.

D) Ist Ω die Anfangszahl der dritten Zahlklasse, so ist $P^{(\Omega)}$ perfekt, falls P' nicht abzählbar ist.

E) Ist P' nicht abzählbar, so kann P' disjunkt zerlegt werden in eine perfekte und eine abzählbare Menge; es gilt nämlich $P' = R + S$, wo R abzählbar und $S = P^{(\Omega)}$ perfekt ist.

F) Ist P' nicht abzählbar, so gibt es eine kleinste der ersten oder zweiten Zahlklasse angehörige Zahl α, so daß $P^{(\alpha)} = P^{(\alpha+1)}$, d.h. also $P^{(\alpha)} = P^{(\Omega)}$.

G) *Ist* R die Menge aus E, so gibt es eine Zahl α der ersten oder zweiten Zahlklasse, so daß $R \cap R^{(\alpha)} = \emptyset$.
(In den Sätzen D)–G) ist P' natürlich als unendlich vorausgesetzt.)

Die Sätze C) und F) bilden das später so genannte CANTORsche Haupttheorem, welches besagt, daß man beim Bilden von Ableitungen die Ableitungsordnungen nur aus der ersten und zweiten Zahlklasse zu nehmen braucht; Ableitungsordnungen aus höheren Zahlklassen können nichts Neues liefern.

Unter Berücksichtigung der Tatsache, daß eine abgeschlossene Menge Q stets als Ableitung P' einer geeigneten Punktmenge P aufgefaßt werden kann, liefern die Theoreme C)–F) entsprechende Sätze für abgeschlossene Mengen, insbesondere den Satz E' (Satz von CANTOR-BENDIXSON für abgeschlossene Mengen): Ist P eine *abgeschlossene* unendliche nicht abzählbare Menge, so gilt

$$P = R + S, \tag{11}$$

wo R höchstens abzählbar und S eine perfekte Menge ist. Auf diesen Satz stützen sich die von CANTOR ins Auge gefaßten Beweisstrategien für die Kontinuumhypothese. Eine erste solche Strategie bestand darin, eine abgeschlossene Menge P zu konstruieren, die die Mächtigkeit $\aleph_1$ hat. CANTOR hatte nämlich in Teil 6 auch bewiesen, daß jede perfekte Menge die Mächtigkeit $\boldsymbol{c}$ des Kontinuums (0, 1) hat. Wegen $S \subseteqq P$ ist die Mächtigkeit einer abgeschlossenen nicht abzählbaren Menge $P \geqq \boldsymbol{c}$, andererseits ist sie wegen $P \subseteqq R^n$ selbstverständlich $\leqq \boldsymbol{c}$. Sie ist also gleich $\boldsymbol{c}$. Da P andererseits so konstruiert sein sollte, daß sie die Mächtigkeit $\aleph_1$ hat, wäre $\boldsymbol{c} = \aleph_1$ bewiesen. CANTOR hat diese Beweisidee in einem Brief vom 26.8.1884 an MITTAG-LEFFLER mitgeteilt [328, p. 242–243]. Es heißt dort:

> «Sie sehen also, es kommt Alles jetzt darauf hinaus, eine einzige *abgeschlossene* Menge zweiter Mächt. zu definiren. Wenn ich alles in Ordnung gebracht, schreibe ich Ihnen das Genauere.» [328, p. 243].

Eine zweite Strategie bestand darin, in jeder überabzählbaren Punktmenge perfekte Teilmengen zu konstruieren, d.h. eine Zerlegung vom Typ (11) auf alle überabzählbaren Punktmengen zu verallgemeinern. Das Verfolgen dieser Strategie kündigt CANTOR am Ende des Teils 6 mit folgenden Worten an:

«Wir haben also folgenden Satz: Eine unendliche abgeschlossene lineare Punktmenge hat entweder die erste Mächtigkeit oder sie hat die Mächtigkeit des Linearkontinuums,... Daß dieser merkwürdige Satz eine weitere Gültigkeit auch für nicht abgeschlossene lineare Punktmengen ... hat, wird in späteren Paragraphen bewiesen werden. ...

Hieraus wird mit Hilfe der in Nr. 5 § 13 *bewiesenen* Sätze [die Mächtigkeit $\aleph_1$ der zweiten Zahlklasse ist die nach $\aleph_0$ nächsthöhere Mächtigkeit – W. P.] geschlossen werden, daß das Linearkontinuum die Mächtigkeit der zweiten Zahlenklasse (II.) hat.» [21, 244].

Die Weiterverfolgung dieses Weges führte zur Entwicklung der sogenannten deskriptiven Mengenlehre. Man konnte zwar gewisse Verallgemeinerungen finden (YOUNG 1906 für G_δ-Mengen, HAUSDORFF 1916 für BOREL-Mengen, ALEKSANDROV 1916 für analytische Mengen), zum Ziel kann dieser Weg allerdings genausowenig führen wie CANTORS erste Strategie (s. Kap. «Ausblick»).

Bemerkenswert in Teil 6 von [21] ist noch CANTORS Versuch, in Fortführung seiner ersten Ansätze in Teil 4, eine Inhaltstheorie für Punktmengen des R^n aufzubauen. Ist P eine beschränkte Menge des R^n, so beschreibt CANTOR um jeden Punkt der abgeschlossenen Hülle $P \cup P'$ eine Kugel mit dem Radius ϱ. Dadurch wird ein Raumteil $\Pi(\varrho, P)$ mit Kugeln überdeckt, dessen Inhalt, weil er integrierbar ist, gleich

$$F(\varrho, P) = \int_{\Pi(\varrho, P)} dx_1 \ldots dx_n$$

ist. Den Inhalt von P definiert CANTOR dann durch die Beziehung $I(P) = \lim_{\varrho \to 0} F(\varrho, P)$. Diesen Inhalt würde man in der heutigen Sprechweise als einen äußeren Inhalt bezeichnen. PEANO und JORDAN haben die Inhaltstheorie weiterentwickelt und einen additiven Inhalt definiert. σ-additive Inhalte (Maße) sind Anfang unseres Jahrhunderts von BOREL und LEBESGUE eingeführt worden. Für abgeschlossene Mengen stimmt CANTORS Inhalt mit dem LEBESGUE-Maß überein. CANTOR war der erste, der allgemeine Inhaltssätze bewiesen hat, z.B. folgende:

1. Der Inhalt einer Punktmenge ist gleich dem ihrer Ableitung: $I(P) = I(P')$.

2. Ist P' höchstens abzählbar, so hat P den Inhalt Null.
3. Der Inhalt einer Menge P, deren Ableitung überabzählbar ist, ist gleich dem Inhalt der in P' enthaltenen perfekten Menge $P^{(\Omega)}$.

Wie wir heute wissen, wollte CANTOR die Arbeit *Über unendliche lineare Punktmannigfaltigkeiten* mit einem Teil 7 abschließen (s. Dokumentenanhang Nr. 12). Weitere Arbeiten sollten dann unter anderen Titeln folgen. Leider hat der Ausbruch seiner Krankheit im Jahre 1884 diese Periode fruchtbarsten Schaffens abrupt unterbrochen.

Die gelegentlich geäußerte Behauptung, daß CANTOR als Mathematiker in der Zeit seiner schöpferischen Höchstleistung überhaupt nicht beachtet worden wäre, kann nicht aufrechterhalten werden. Seine Arbeiten über Punktmengen wurden von einer ganzen Reihe von Autoren aufgenommen, zitiert und z. T. weiterentwickelt, insbesondere in Arbeiten zur tieferen Analyse des Funktionsbegriffes. Auch die Unterscheidung in abzählbare und überabzählbare Mengen fiel bei einigen Zeitgenossen auf fruchtbaren Boden. So hat kein geringerer als WEIERSTRASS bereits 1874 den Begriff der abzählbaren Menge in der Funktionentheorie verwendet, wie aus einem Brief an DUBOIS-REYMOND vom 15. 12. 1874 [475, p. 206] hervorgeht. WEIERSTRASS hat auch später CANTORS Arbeiten wohlwollend verfolgt und gelegentlich benutzt, wie man aus einem Brief an seine Schülerin und vertraute Freundin SONJA KOWALEWSKAJA vom 16. 5. 1885 [342, p. 195] ersehen kann. Er hat CANTOR 1882 auch dazu angeregt, das HANKELsche Kondensationsprinzip der Singularitäten durch Anwendung des Konzepts der abzählbaren Menge wesentlich zu verbessern. Öffentlich ist WEIERSTRASS jedoch nie für die Mengenlehre eingetreten. Das lag vielleicht auch in seinem Wesen begründet, denn als er selbst von KRONECKER wegen seiner Schlußweisen in der Analysis (z. B. Satz von der Existenz der oberen Grenze einer beschränkten Menge reeller Zahlen) heftig angegriffen wurde, bestand seine einzige Reaktion darin, sich in einem Brief an seine vertraute Freundin bitter zu beklagen.

In den siebziger Jahren haben zwei junge Italiener, DINI und ASCOLI, den Begriff der Ableitung einer Punktmenge aufgenommen und 1878 erfolgreich in der Theorie der reellen Funktionen benutzt. Im Anschluß an CANTORS Veröffentlichung von 1878 [18] entstanden Arbeiten von THOMAE, LÜROTH, JÜRGENS (alle 1878) und NETTO (1879) (cf. [94, p. 42, 43]), in denen vergeblich versucht wurde, die Invarianz der Dimension bei stetigen eineindeutigen Abbildungen zu beweisen. Im Jahre 1883 setzten die Arbeiten von BENDIXSON und PHRAGMÉN über Punktmengen ein. Von BENDIXSON z. B. stammt das auf S. 70 erwähnte Theorem G), was von CANTOR selbst bei der Formulierung des Theorems auch gebührend hervorgehoben ist. BENDIXSON hatte ferner den wesentlichen Inhalt der Theoreme D), E) und F) unabhängig von CANTOR entdeckt und auf CANTORS Empfehlung in Bd. II der *Acta Mathematica* publiziert. 1884 haben sich A. HARNACK und O. HÖLDER mehrfach auf CANTORsche Begriffe und Sätze bezogen ([205], [230]).

Für einen so einflußreichen Mathematiker wie F. KLEIN galt CANTOR 1882 bereits als eine mathematische Autorität. Wie sonst wäre es zu erklären, daß KLEIN gerade CANTOR das Gutachten zur Aufnahme in die *Mathematischen Annalen* für eine der aufsehenerregendsten Arbeiten jener Jahre, nämlich den Beweis der Transzendenz von π durch LINDEMANN, übertragen hat? Die Dokumente Nr. 4–7 zeigen eindrucksvoll, wie engagiert sich CANTOR dieser Aufgabe entledigte.

In Bezug auf die Leistung, die CANTOR selbst zu Recht als seine wesentlichste und originellste ansah und die HILBERT später als «die bewundernswerteste Blüte mathematischen Geistes und überhaupt eine der höchsten Leistungen rein verstandesmäßiger menschlicher Tätigkeit» bezeichnet hat [226, p. 167], nämlich die Theorie der transfiniten Zahlen, blieb die wissenschaftliche Landschaft um CANTOR unverändert. Die überwiegende Mehrzahl der Mathematiker nahm keine Notiz von diesen Schöpfungen oder schätzte sie gering. So hat z. B. die Redaktion des *Jahrbuch über die Fortschritte der Mathematik* die wichtigsten CANTORschen Arbeiten einem Gymnasiallehrer, einem Dr. SCHLEGEL aus Waren (Müritz), zur Rezension übergeben, obwohl zahlreiche namhafte Universitätsmathematiker zum Stamm der Rezensenten gehörten. SCHLEGEL hat den Inhalt durchaus korrekt wiedergegeben, aber jedwede Wertung unterlassen.

Auch das einst herzliche und wissenschaftlich so fruchtbare Verhältnis von CANTOR zu DEDEKIND hatte sich ab 1882 etwas abgekühlt. Erst Ende der Neunzigerjahre wird der Briefwechsel wieder aufgenommen. Damit hatte es folgende Bewandtnis: Im Oktober 1881 war EDUARD HEINE gestorben. Das Gutachten zur Neubesetzung des mathematischen Ordinariats hatte CANTOR zu verfassen. Es ist datiert vom 25. November 1881; die entsprechende Passage lautet:

«Indem wir uns die Ehre geben, Euer Excellenz hierauf bezüglich Vorschläge, in der Hoffnung auf ihre Erfüllung, zu machen, gehen wir von dem

Grundsatze aus, das Andenken unseres seligen Collegen am meisten dadurch zu ehren, dass wir auf einen möglichst tüchtigen und bedeutenden Nachfolger den grössten Werth legen.

An erster Stelle bezeichnen wir den Herrn Dr. RICHARD DEDEKIND, Professor an der technischen Hochschule in Braunschweig als denjenigen, dessen hervorragende wissenschaftliche Leistungen verbunden mit reicher Erfahrung im höheren mathematischen Unterrichtsfache ihn ganz besonders geeignet erscheinen lassen, die eingetretene Lücke in allen Richtungen aufs Beste auszufüllen. Als Schüler LEJEUNE-DIRICHLETS in alle diejenigen Gebiete vollkommen eingeweiht, welche vorzugsweise der Lehrthätigkeit des verstorbenen Herrn HEINE zugrunde lagen, hat Herr DEDEKIND sich nicht allein große Verdienste durch Herausgabe der Werke LEJEUNE-DIRICHLETS und B. RIEMANNS erworben, sondern er hat auch als selbständiger Forscher durch fundamentale Untersuchungen über die algebraischen Zahlen und die elliptischen Modulfunctionen sich die Anerkennung aller Fachgenossen verschafft. Der Umstand, dass Herr DEDEKIND in den letzten achtzehn Jahren keiner Universität angehört, kann nicht gegen seine Berufung angeführt werden, sondern sogleich eher für dieselbe, da es nicht nur in unserm sondern auch von allgemeinem Interesse sein dürfte, einen so ausgezeichneten Mann für den akademischen Unterricht endlich wieder zurückzugewinnen.» [1, Bd. XIII, Bl. 166].

An zweiter Stelle wird HEINRICH WEBER, an dritter FRANZ MERTENS vorgeschlagen.

Bereits Mitte November hatte CANTOR DEDEKIND privat die Absicht der Hallenser Fakultät mitgeteilt, und DEDEKIND antwortete umgehend, daß er aus verschiedenen Gründen seine Stellung in Braunschweig nicht aufgeben wolle. Immer wieder beschwor CANTOR DEDEKIND, bei Eintreffen des offiziellen Rufes aus Berlin nicht vorschnell zu entscheiden und sich die Sache gründlich zu überlegen. Am 31.12.1881 konnte CANTOR DEDEKIND mitteilen, daß das Kultusministerium die entsprechende Anfrage an ihn in den nächsten Tagen absenden würde; weiter hieß es dann: «Ich kann hinzufügen, dass KUMMER, KRONECKER und WEIERSTRASS grossen Werth darauf legen, dass Sie auf diese Weise in die rein akademische Laufbahn zurückkehren.» [123, p. 253]. In den folgenden Tagen versuchte CANTOR, mit geradezu verzweifelter Beredsamkeit DEDEKIND doch noch zu überzeugen [123, p. 253, 254]. Aber DEDEKIND lehnte den Ruf am 6.1.1882 ab. Als Begründung nannte er das zu geringe Gehalt und seine familiären Bindungen in Braunschweig [1, Bd. XIII, Bl. 168]. Am 9.1.1882 schrieb er an CANTOR u.a.:

«...; ich habe mir ... die grosse Frage noch einmal überlegt und dabei Alles traulich beherzigt, was Sie mir mit so warmen, eindringlichen Worten vorgestellt haben. Obwohl Sie in freundschaftlichem Eifer einer Aenderung meiner Stellung einen grösseren Werth beilegen, als der Erfolg wahrscheinlich gerechtfertigt hätte, so stimme ich doch soweit vollständig mit Ihnen überein und glaube dies auch ohne Scheu aussprechen zu dürfen, dass die Universität ein richtigerer

Platz für mich ist, als eine technische Hochschule, an welcher die Mathematik nur als Hilfsfach auftritt; auch brauche ich kaum zu sagen, dass die Lehrtätigkeit an der Universität meinen Neigungen ungleich mehr entspricht und dass gerade die Aussicht, mit Ihnen zusammen wirken zu können, eine ganz besonders erfreuliche für mich war, weil gegenseitiges Verständnis und volle Würdigung des wissenschaftlichen Strebens zwischen uns vorhanden ist. Trotz alledem habe ich am Freitag die Berufung abgelehnt; ...» [123, p. 256].

Der ganze Berufungsvorgang war letztlich für CANTOR nicht nur wegen DEDEKINDS Absage eine große Enttäuschung. WEBER wurde vom Ministerium nicht in Erwägung gezogen und MERTENS lehnte ebenfalls aus finanziellen Gründen ab. Obwohl CANTOR sich um weitere Kandidaten bemüht hatte (vgl. Dokument Nr. 2), berief das Kultusministerium nach Konsultation mit KRONECKER und WEIERSTRASS ALBERT WANGERIN nach Halle – ohne die Hallenser Fakultät oder CANTOR selbst noch einmal zu fragen. Über diese Mißachtung seiner Person war CANTOR zu Recht sehr verärgert; auch in diesem Punkte war KRONECKERS Einfluß beim Ministerium entscheidend gewesen. CANTOR schrieb dazu am 7. 4. 1882 an DEDEKIND:

«Der Umstand, dass wir bei dieser Berufung nicht mehr zu Worte gekommen sind, hat nothwendig zu einer Auseinandersetzung zwischen KR. [KRONECKER – W. P.] und mir führen müssen, die aber, weil ich auf das Feld des Persönlichen grundsätzlich nicht eingegangen bin, rein sachlich gewesen ist und den Erfolg gehabt hat, dass ich mit Freundschaftsversicherungen über die Maassen beehrt werde.» [123, p. 264].

Von großer Bedeutung für CANTOR wurde die Freundschaft mit dem schwedischen Mathematiker GÖSTA MITTAG-LEFFLER. Er hatte wie CANTOR bei WEIERSTRASS studiert und war dann nach Stockholm zurückgekehrt, wo er 1877 Professor wurde. Die Heirat mit einer Millionärstochter machte ihn zu einem vermögenden Mann. Mit diesem Geld und mit Unterstützung des schwedischen Königs gründete er 1882 ein neues mathematisches Journal, die *Acta Mathematica*, die bis heute eine bekannte mathematische Zeitschrift darstellen. MITTAG-LEFFLER wollte die *Acta* durch Gewinnung bedeutender Autoren sehr rasch zu einem international einflußreichen Journal machen (s. Dokument Nr. 8). Da er selbst einer der wenigen war, der CANTORS Theorien verstand und schätzte und mit ihrer Hilfe in der Funktionentheorie bemerkenswerte Resultate erzielt hatte (publiziert in den *Acta* ab 1883), trat er an CANTOR mit dem Anliegen heran, die wichtigsten von dessen Arbeiten in französischer Übersetzung in den *Acta* abdrucken zu dürfen. Schüler HERMITES, z. B. POINCARÉ, übernahmen die Übersetzung. Die Arbeiten (es handelt sich um [14], [15], [17], [18], [21] Teile 1–4, 5 z. T.) erschienen im Band 2 der *Acta* von 1883 und füllen dort über 100 Seiten. Auch drei Originalabhandlungen hat CANTOR in den Jahren 1883–1885 in den *Acta* publiziert ([22]–[24]). Die Veröffentlichungen in den *Acta* haben wesentlich dazu beigetragen, daß CANTORS Werk unter den französischen Mathematikern bekannt wurde. MITTAG-LEFFLER wurde auch der vertraute Briefpartner CANTORS, dem er seine Sorgen und Nöte rückhaltlos offenbarte. Das Verhältnis zu KRONECKER blieb weiterhin gespannt. Die fachlichen Differenzen hatten sich vertieft; KRONECKERS Einfluß in der mathematischen Welt und im Ministerium und die Art, wie er diesen z. B. in der Hallenser Berufungsangelegenheit genutzt hatte, taten ein übriges. Besonders bitter war es für CANTOR, daß sein einstiger Studienfreund SCHWARZ sich ebenfalls seinen Gegnern angeschlossen hatte.

Nach wie vor wünschte sich CANTOR einen größeren Wirkungskreis, z. B. an der Universität Berlin. Er hat sich sogar 1883 persönlich an den Kultusminister gewandt und sich um eine Stellung in Berlin beworben. Darüber schreibt er am 1. 1. 1884 an MITTAG-LEFFLER:

> «Sie fassen den Sinn meiner Bewerbung *ganz richtig* auf; ich habe nicht im Entferntesten daran gedacht, dass ich jetzt schon nach Berlin kommen würde. Da mir aber daran liegt, nach einiger Zeit hinzukommen und mir bekannt ist, dass SCHWARZ und KRONECKER seit Jahren fürchterlich gegen mich intriguiren, aus Furcht ich könnte einmal hinkommen, so habe ich es für meine Pflicht gehalten, die Initiative selbst zu ergreifen und mich an den Minister zu wenden. Den nächsten Effect davon wusste ich ganz genau voraus, dass nämlich KR. wie von einem Skorpion gestochen auffahren und mit seinen Hülfstruppen ein Geheul anstimmen würde, dass Berlin sich in die Sandwüsten Afrika's, mit ihren Löwen, Tigern und Hyänen versetzt glauben wird. Diesen Zweck habe ich, so scheint es, wirklich erreicht.» [416, p. 3, 4].

In seinen Publikationen setzte sich CANTOR mit KRONECKERS Standpunkt sehr sachlich und im Ton zurückhaltend auseinander. So heißt es in [21], Teil V, nachdem CANTOR die Auffassung KRONECKERS über die irrationalen Zahlen erläutert hat (freilich ohne KRONECKERS Namen zu erwähnen):

> «Mit dieser Auffassung der reinen Mathematik, obgleich ich ihr nicht zustimmen kann, sind unstreitig gewisse Vorzüge verbunden, die ich hier hervorheben möchte; spricht doch für ihre Bedeutung auch der Umstand, daß zu ihren Vertretern ein Teil der verdienstvollsten Mathematiker der Gegenwart gehört.» [21, S. 172/173].

Als aber CANTOR von MITTAG-LEFFLER erfuhr, daß KRONECKER plane, in den *Acta Mathematica* einen Artikel zu veröffentlichen, in dem er zeigen wolle, daß die Ergebnisse der modernen Funktionentheorie und Mengenlehre von keiner realen Bedeutung seien, ging sein Temperament mit ihm durch. In einem Brief vom 26.1.1884 ließ er seinem Zorn freien Lauf:

> «Ich kann Ihnen nicht sagen, wie sehr mich die *Anmassung* KRONECKER's empört in den «Acta» zeigen zu wollen «dass die Ergebnisse der modernen Funktionentheorie und Mengenlehre von keiner realen Bedeutung sind». Was versteht Herr KR. unter «realer Bedeutung»? Meint er damit «wissenschaftlichen Wert und Nutzen», so frage ich, was *ihn* zum Richter über Wert und Nutzen in der Wissenschaft macht? ... Wie *darf* Herr KR. Ihnen sagen lassen, «er hoffe, Sie werden seine Arbeiten mit derselben *Unparteilichkeit* in die *Acta* aufnehmen, wie die Untersuchungen Ihres Freundes CANTOR»? Mögen *seine* Machwerke der *Unparteilichkeit* und grosser Nachsicht und Rücksichtnahme auf das Bischen vergängliche Machtstellung, die er sich zu machen gewusst hat, bedürfen, für *meine* Arbeiten beanspruche ich Parteilichkeit, aber nicht für meine vergängliche Person, sondern Parteilichkeit für die *Wahrheit*, welche *ewig* ist und mit der souveränsten Verachtung auf die Wühler herabsieht, die sich einzubilden wagen, mit ihrem elenden Geschreibsel gegen sie auf die Dauer etwas ausrichten zu können.» [416, p. 5,6].

Die Auseinandersetzung um die Mengenlehre und der Kampf um ihre Anerkennung wären sicher anders verlaufen, hätte sie CANTOR selbst mit ungebrochener Schaffenskraft und vollem Einsatz seiner temperamentvollen Persönlichkeit führen können. Das aber wurde durch den Ausbruch seiner Krankheit verhindert.

Cantors Krankheit
Die Bacon-Shakespeare-Theorie

Cantors Krankheit ist vermutlich im Frühsommer 1884 erstmalig in Erscheinung getreten. Sie trat später immer wieder auf, so daß er mehrmals in Sanatorien bzw. in der Universitätsklinik behandelt werden mußte. Die Diagnose kennen wir aus einer Äußerung des Psychiaters Karl Pönitz, der ab 1913 Assistent in der Universitätsnervenklinik Halle war:

> «Ich behandelte als junger Assistent einen in seinem Spezialfach verdienstvollen Ordinarius der Mathematik; er mußte wegen des Rezidivs einer zirkulären Manie in die Klinik eingewiesen werden.» [371, p. 1464]

Daß Pönitz der behandelnde Arzt Cantors gewesen ist, geht eindeutig aus den Briefen hervor, die Cantor aus der Universitätsnervenklinik an seine Frau geschrieben hat [3, Nr. 31]. Aus den Berichten des Kurators der Universität Halle an den Minister über Cantors Befinden in der besonders schweren Krisis der Jahre 1899/1900 (s. Dokumentenanhang Nr. 16 und 17) ist ersichtlich, daß es sich um den typischen Verlauf einer manisch-depressiven Erkrankung handelt. Bei einer solchen Erkrankung gibt es Phasen schwerer Störungen der Stimmungslage, bei denen hochgradige Erregungszustände in der Regel von tiefen Depressionen abgelöst werden. In diesen Phasen der Störung ist der Kranke i. a. nicht in der Lage, seine alltäglichen Pflichten zu erfüllen, und bedarf der stationären Behandlung. Sind die Krankheitsphasen abgeklungen, erreicht der Betroffene seine volle psychische und soziale Leistungsfähigkeit. Cantor hat zwischen den Krankheitsperioden, die vor 1899 noch relativ selten waren, sein Amt als Ordinarius und Fakultätsmitglied ohne Einschränkung und mit großem Erfolg ausgeübt.

Man zählt die manisch-depressiven Erkrankungen heute zu den endogenen Psychosen, d.h. sie sind nicht durch äußere Umstände verursacht. Gewisse äußere Einflüsse, z. B. Verlust des Partners, Verlust der gewohnten Arbeit oder andere gravierende psychische Belastungssituationen können als Teilfaktoren bedeutsam sein. Untersuchungen an eineiigen Zwillingen haben nahegelegt, daß genetische Faktoren für die Disposition zur Erkrankung zu berücksichtigen sind.

Es gibt in der Literatur eine Reihe von Vermutungen zur Krankheit CANTORS. Der Wahrheit sehr nahe kam GRATTAN-GUINNESS [177], obwohl er die Diagnose von PÖNITZ nicht kannte. Andere Vermutungen müssen jedoch aus Sicht der jetzigen Erkenntnisse zurückgewiesen werden. Der Mathematikhistoriker ERIC TEMPLE BELL wollte z. B. mittels einer Psychoanalyse à la Freud die Krankheit CANTORS auf den Einfluß des Vaters und seine angeblich strengen Erziehungsmethoden zurückführen. Das ist reine Spekulation. SCHOENFLIES vermutete folgendes:

> «Über 10 Jahre hatte das Zerwürfnis mit KRONECKER an ihm genagt, ehe es in den Briefen von 1884 zum Ausdruck kam; es wäre aber grundverkehrt, darin die alleinige Schuld an der sommerlichen Depression zu erblicken, obwohl CANTOR selbst in dem obigen Brief vom 18/8 es behauptet. Der Kampf mit dem Kontinuumproblem, den er das ganze Leben hindurch gekämpft hat, und an den er seine beste Kraft setzte, hat daran sicherlich nicht mindern Anteil.» [416, p. 16].

Ist schon zweifelhaft, ob der Konflikt mit KRONECKER CANTORS Bewußtsein derartig ausgefüllt hat, daß er als begünstigender Faktor in Frage kommt, so ist bezüglich der anstrengenden mathematischen Arbeit das genaue Gegenteil der Fall. Der Hausarzt Dr. MEKUS, der CANTOR über Jahrzehnte betreut hat, empfiehlt gerade für Krankheitsperioden, CANTOR zur mathematischen Arbeit zu überreden, denn das sei das einzige, was ihn beruhige und den Heilungsprozeß fördere (s. Dokumentenanhang Nr. 16). Die immer wieder kolportierte Meinung von SCHOENFLIES muß also in das Reich der Legende verwiesen werden. Und das ist auch gut so, denn es ist wenig ermutigend für einen jungen mathematischen Forscher, wenn er aus historischen Beispielen «lernt», daß das Damoklesschwert einer psychiatrischen Erkrankung über ihm schwebt, wenn er sich gar zu tief in die Wissenschaft versenkt und mit dem Einsatz seiner ganzen Persönlichkeit mit neuen Problemen ringt.

Die Krankheitsperioden CANTORS traten jeweils plötzlich auf und verursachten natürlich auch große häusliche Aufregung. M. PETERS schrieb darüber:

> «Dieses, mit höchst gesteigerter Erregbarkeit beginnende Leiden, beladen mit Schrecknissen aller Art und meist mit klinischem Aufenthalt endend, stand über dem lichten Grund des glücklichen Familienlebens mit dem ganzen Gewicht eines schweren Verhängnisses. Seine Unberechenbarkeit, das Unheimliche seines Einbruches und die Schrecken im häuslichen Leben, die es mit sich brachte, haben im Gemüt der heranwachsenden Kinder unauslöschliche Spuren hinterlassen.» [367, p. 15].

Die erste Attacke im Frühsommer 1884 ging relativ rasch vorüber. CANTOR berichtete am 21.6.1884 an MITTAG-LEFFLER, er habe sich nicht wohlgefühlt und ihm fehle jetzt die nötige geistige Frische für wissenschaftliche Arbeiten. Sein Selbstwertgefühl hatte offenbar stark gelitten, denn er dankte MITTAG-LEFFLER dafür, daß sich dieser an seine «Kleinigkeiten» erinnert habe. Da CANTOR einen Zusammenhang seiner Krankheit mit dem Zerwürfnis mit KRONECKER vermutete – «Nicht Anstrengung von Arbeiten, sondern Reibungen, die ich vernünftiger Weise hätte vermeiden können, waren die Ursache meiner Verstimmung» [416, p. 9], so schrieb er am 18.8.1884 an MITTAG-LEFFLER – beschloß er, sich mit KRONECKER auszusöhnen. Er schrieb ihm einen Versöhnungsbrief, den KRONECKER taktvoll und in menschlich anständiger Weise beantwortet hat [328, p. 237–238; in der Fußnote 1) muß es dort statt WEIERSTRASS WANGERIN heißen]. Damit war das äußere Verhältnis zwischen beiden Forschern wieder in befriedigender Weise hergestellt, die wissenschaftlichen Differenzen aber blieben.

Bereits im Sommer und Herbst 1884 beschäftigte sich CANTOR erneut mit dem Kontinuumproblem. Ende August glaubte er, einen Beweis zu besitzen. Aus der folgenden Passage eines Briefes an MITTAG-LEFFLER vom 14.11.1884 wird sein Ringen mit diesem Problem so recht deutlich:

> «Sie wissen, dass ich oft im Besitze eines strengen Beweises dafür zu sein glaubte, dass das Linearcontinuum die Mächtigkeit der zweiten Zahlklasse besitze; immer wieder befanden sich Lücken in meinen Beweisen und stets strengte ich von neuem meine Kräfte in derselben Richtung an, und wenn ich dann wieder glaubte am heissersehnten Ziele angelangt zu sein, so prallte ich plötzlich zurück, weil ich in einer versteckten Ecke einen Fehlschluss wahrnahm.» [416, p. 17].

In demselben Brief schrieb er, daß die Vermutung über die Mächtigkeit des Kontinuums ein Irrtum war und daß er nun streng beweisen könne, daß die Mächtigkeit des Kontinuums keins der Alephs sei. Einen Tag später bereits widerrief er dies jedoch und setzte die Kontinuumhypothese wieder in ihre alten Rechte ein. «Glücklicherweise», so stellte er fest, «hängen alle meine übrigen Sätze von diesem nicht ab.» [416, p. 18].

Die Briefe der Jahreswende 1884/85 lassen eine depressive Stimmung CANTORS erkennen. Es ist nicht ganz klar, ob er im Herbst 1884 wieder eine Krankheitsphase hatte. Tatsache ist, daß sich zwischen August 1884 und Ende 1884 seine Handschrift änderte (vgl. Handschriftenproben im Dokumentenanhang Nr. 14 und 15), ein Fakt, dem einige Psychiater bei endogenen Psychosen Bedeutung beimessen. Eine große Enttäuschung erlebte CANTOR im Frühjahr 1885 mit der Zurückweisung seiner Arbeit über Ordnungstypen durch MITTAG-LEFFLER (s. Kap. «Anerkennung der Mengenlehre»). Er wandte sich nun zeitweise von der mathematischen Forschung ab und vertiefte sich in andere Interessengebiete, in Philosophie, Theologie und in die Literaturgeschichte, speziell in die BACON-SHAKESPEARE-Theorie.

Eine Zusammenfassung der BACON-SHAKESPEARE-Theorie gab 1889 der Leipziger Anglist R. P. WÜLKER. Er schrieb u. a.:

«... fing man in unserem Zeitalter an, zunächst allerdings in recht unkritischer Weise, ihn [SHAKESPEARE – H. J. I.] für einen Menschen zu erklären, welcher gar kein Recht auf die ihm seit Jahrhunderten zugeteilten Werke habe; dieselben seien vielmehr von einem oder mehreren anderen verfasst. Im günstigsten Fall liess man WILLIAM SHAKESPEARE noch das zweifelhafte Verdienst, dass er die ihm von anderen Schriftstellern zugestellten Dramenmanuskripte bühnengerecht und dem Geschmacke seines Publikums angepasst habe. Auch wurde man bald einig, wer der grosse Mann gewesen sei, welcher die unter SHAKESPEARE's Namen laufenden Stücke gedichtet habe; niemand anderer als der grösste Philosoph und Staatsmann FRANCIS BACON könne dies gewesen sein, denn nur er, und er allein, habe Bildung und Gelehrsamkeit genug besessen, um die genannten Dramen zu schreiben.» [482, p. 217].

Wer diese «Theorie» zuerst aufgebracht hat, ist nicht völlig klar. Das Jahr 1848 scheint hier aber den Beginn zu markieren. Nach J. A. MORGAN, einem der Hauptvertreter der «BACON-Theorie», sei die Behauptung 1848 von A. F. GFÖRER in Stuttgart öffentlich vertreten worden [349, p. VIII]. MORGAN bemerkte allerdings auch, daß es schon erheblich früher (1733, 1789) bei einigen englischen Gelehrten Zweifel an der Autorschaft gegeben habe [349, p. 145]. Diese Gelehrten hätten allerdings niemals auf die öffentliche Meinung großen Einfluß gewonnen.

Im Jahre 1848 erschien ein Werk von J. C. HART, Verfasser vieler geographischer Schriften, mit dem Titel *The romance of yachting: voyage the first* [207]. Darin warf HART ebenfalls die Frage nach dem Autor der SHAKESPEARE-Dramen auf, ohne sie jedoch zu beantworten. Nach drei anonymen Zeitschriftenartikeln wurden dann die Schriften veröffentlicht, die die BACON-SHAKESPEARE-Theorie populär machten: *William Shakespeare and his Plays* ... [51] und *The Philosophy of the Plays of Shakespeare unfolded* [50]. Verfasserin beider Schriften war die Amerikanerin DELIA BACON. Sie nahm eine Reihe hochgebildeter Männer, unter ihnen FRANCIS BACON und WALTER RALEIGH, als die Verfasser der «SHAKESPEARE-Dramen» an. Um dieselbe Zeit wie die Schriften von D. BACON erschien dann das Werk, das BACON als den alleinigen Verfasser der SHAKESPEARE-

Stücke bezeichnete: *Was Lord Bacon the Author of Shakespeare's Plays?* [437] von W. H. SMITH. SMITH' Buch wurde in England einhellig abgelehnt. Als das Hauptwerk des «Baconianismus» gilt das 1866 erschienene Buch von N. HOLMES *The Authorship of Shakespeare* [231].

In Deutschland ist die BACON-SHAKESPEARE-Theorie erst in den achtziger Jahren breiter bekannt geworden. Im Jahre 1883 wurde *The Promus of Formularies and Elegancies by Francis Bacon,* eine Aufzeichnung meist trivialer Redewendungen von BACONS Hand, von CONSTANCE MARY POTT herausgegeben. Dieses Werk wurde in der Münchener Allgemeinen Zeitung vom März 1883 besprochen. «Bei dieser Gelegenheit drang in Deutschland zum ersten Mal Kunde von der Bacontheorie in einen grösseren Kreis von Gebildeten ...» [410, p. 233].

Die Behauptung, daß SHAKESPEARE nicht der Verfasser der unter seinem Namen bekannten Stücke sei, zeugte neue seltsame Vermutungen und «Entdeckungen». Man fand angeblich in den Werken SHAKESPEARES eine Geheimschrift, die BACON dort untergebracht haben sollte (u. a. I. DONELLY 1886, 1888) und begann, außer BACON auch noch eine stattliche Reihe von Personen, so ANTHONY BACON, den Grafen Essex, den Earl of Southampton (HENRY WRIOTHESLY), den Grafen Rutland (ROGER MANNERS), THOMAS WOLSEY, als Verfasser in Betracht zu ziehen [97].

Die Theorie wurde schnell außerordentlich populär. Eine Bibliographie von W. H. WYMANN [484] aus dem Jahre 1884 verzeichnete bereits 255 Titel, und WÜLKER bemerkte 1889, «ein halbes Tausend wird kaum reichen, wenn wir alles zusammenzählen.» [482, p. 218]. Daß die Theorie auch in der breiten Öffentlichkeit sehr bekannt war, davon zeugen zahlreiche Klagen im Jahrbuch der *Deutschen Shakespeare-Gesellschaft*. Es wurde sogar in der Literaturübersicht eine spezielle Rubrik «Zur BACON-Theorie o. ä.» eingerichtet. Die *Deutsche Shakespeare-Gesellschaft* reagierte auf Angriffe der «Baconianer» nicht immer sehr glücklich, sondern allzuoft mit Ausfällen gegen die Vertreter der BACON-SHAKESPEARE-Theorie. 1896 wurde ein Beschluß gefaßt, die Frage nicht mehr zu behandeln. Dieses Vorhaben mußte aber kurze Zeit darauf wieder aufgegeben werden, und in den Literaturübersichten wurden die Schriften der «SHAKESPEARE-Gegner» wieder getreulich verzeichnet. – In die Diskussion um die Autorschaft der SHAKESPEARE-Dramen hatten sich übrigens auch bekannte Schriftsteller, wie LEW TOLSTOI, GEORGE BERNARD SHAW und MARK TWAIN eingeschaltet.

Die intensive Beschäftigung CANTORS mit BACON begann – nach seinen Briefen zu urteilen ([125, p. 22] u. Dokumente Nr. 20, 21) – etwa 1884/85. Viele Jahre lang hat die Öffentlichkeit von diesen seinen Interessen nichts erfahren; er korrespondierte eifrig mit einer Reihe Gleichgesinnter, z. B. mit C. M. POTT, Graf VITZTHUM VON ECKSTÄDT, E. BORMANN und anderen.

Zu Beginn des Jahres 1896 beschloß CANTOR – aus welchen Gründen, läßt sich nicht mehr genau feststellen – mit seinen BACON-Studien an die Öffentlichkeit zu treten. In einem Brief an C. M. POTT vom 11. 2. 1896 berichtet er über seinen ersten öffentlichen Auftritt:

«Sie werden sich, gnädigste Frau, erinnern, daß ich im Laufe der Jahre verschiedene Male den Anlauf genommen habe, aus meiner Reserve in Bezug auf die BACONangelegenheit herauszutreten, daß aber stets gewichtige Hemmnisse, Störungen und Hinderungsgründe sich dagegen aufwarfen. Es wird Sie daher interessieren, zu hören, daß nun endlich die Schwierigkeiten, welche mich abhielten, aufgehört haben. Ich habe vorigen Freitag d. 7ten Febr. hier in Halle in einem Verein von Universitätslehrern zum ersten Male vor circa 40 gelehrten Gegnern für FR. BACON gesprochen. Alea jacta est! Die Stimmung war eine sehr feindliche und erschwerte mir ungeheuer die Exposition.» [3, Nr. 18, p. 141].

Das Interesse CANTORS an BACON ging über die Autorschaftsfrage der SHAKESPEARE-Dramen hinaus. CANTOR war der Auffassung, daß man BACON bisher falsch interpretiert habe. BACON sei insbesondere kein Materialist gewesen, wie ihn z. B. die französischen Enzyklopädisten sahen. (K. MARX hat in Anknüpfung an diese Traditionslinie BACON als «den wahren Stammvater des englischen Materialismus» charakterisiert.) CANTOR wollte in BACON einen Mann erkannt haben, der sich in entscheidenden Positionen dem Katholizismus näherte (vgl. Dokumente Nr. 19–21). Zum Beweis zog er u. a. eine Art Glaubensbekenntnis BACONS, die *Confessio fidei* ... heran, die er zu Beginn des Jahres 1896, mit einem nicht signierten Vorwort versehen, neu herausgab [32]. Er schätzte die Bedeutung dieses Werkes für den Katholizismus so hoch ein, daß er Papst LEO XIII einige Exemplare, verbunden mit einem persönlichen Schreiben, übersandte (Dokument 22). Im Briefbuch CANTORS findet sich an dieser Stelle, säuberlich eingeklebt, noch die Rechnung des Hallenser Buchbinders STRAUCH für einen Ganzledereinband eines Exemplars der *Confessio fidei*, offenbar des Exemplars, welches für den Papst persönlich bestimmt war.

Ebenfalls 1896 publizierte CANTOR das Werk *Resurrectio divi Quirini Francisci Baconi* ... [31]. Der Hauptzweck der Veröffentlichung der *Resurrectio* ... war die Bekanntmachung eines «elegischen

Poems» mit der Überschrift *In Obitum Incomparabilis Francisci de Verulamio*. Der Verfasser des Poems war THOMAS RANDOLPH. Das Poem ist Bestandteil der sogenannten *Rawleyschen Sammlung* [33]. Der *Resurrectio* ... hatte CANTOR eine Einleitung vorangeschickt, in der es hieß:

«For many years I have in the hours of leisure granted me, given much study of the Life and Works of FRANCIS BACON, who in my eyes is one of the greatest geniuses of Christianity. By this I have become persuaded, that the opinion so ridiculed by most scholars, of FRANCIS BACON being the writer of the Shakespearian Dramas, is founded on truth;... The proofs, I believe I have found, are purely historical, and I propose gradually to publish all the material in question I have at command.» [31, p. III].

CANTOR ging dann auf das fragliche Poem ein und behauptete:

«Therein FRANCIS BACON is designated not only as the Creator of the Elisabethean Period, but indeed is addressed as SHAKESPEARE, for ‹Quirinus› (found in the seventeenth distich) denotes clearly in English ‹Spear-Swinger› or ‹-Shaker›.» [31, p. IV].

Es folgte dann das Gedicht in Lateinisch und Englisch. Die entscheidenden Stellen, auf die CANTOR seine Hypothese gründete, lauten:

«15. Life have ye Deae Pieriae from him whom we mourn, the departed, who nourished ye richly with art.
16. Seeing the Pegasus arts fast holding no roots, withered like seed cast over the surface,
17. He taught them to grow, as the shaft of Quirinus once grew to a bay-tree.
18. For his teaching the Helicon Muses their growth, unending aeons can ne'er lessen his glory.»

Zum Wort *Quirinus* bemerkte CANTOR in einer Fußnote erneut «Spear – Swinger or – Shaker = SHAKESPEARE.» [31, p. 4]. Eine heftige Zurückweisung erfuhr die CANTORsche Interpretation des Gedichts durch den Leipziger Anglisten E. LEITSMANN, der zugleich befürchtete, daß die deutschen *Baconianer* durch CANTORS Publikation wieder Auftrieb erhalten würden. Er schrieb u.a.:

«Bisher war die *deutsche Shakespearegesellschaft* der hort des grossen dichters. Mit welcher freude es daher die Baconianer begrüssen müssen, wenn einer aus dieser gesellschaft auf ihre seite tritt, ist begreiflich. Und dies ist geschehen. Herr dr. Georg Cantor, professor der Mathematik an der universität Halle-Wittenberg, mitglied der *deutschen Shakespearegesellschaft*, hat soeben ein ... schriftchen erscheinen lassen ... Auch der oben genannte neueste verfechter der Bacontheorie ist ein laie ... Das wichtigere sind die disticha, weil sie bisher unbekannt gewesen sind und jene ‹anrede› als ‹Shakespeare› enthalten sollen ... Es ist mir unmöglich, aus dieser stelle eine anrede an B. als Quirinus, den speerschwinger, herauszulesen. Quirinus ist m. e. beiläufig im vergleiche erwähnt. Der sinn ist: so schnell ... wie sich die lanze des Q. in den lorbeer verwandelt habe, so schnell habe B's einfluss die musen zu ansehen gebracht ... Vorurteilsfreie werden durch die vorliegenden ‹historischen› beweise des herrn professor Cantor nicht davon zu überzeugen sein, dass Bacon Shakespeares stücke geschrieben habe. Gläubige Baconianer aber werden jubeln, dass ein zeitgenosse Bacon kurz nach seinem tode als Shakespeare angeredet habe und damit wird eine neue gewaltsame auslegung an sich harmloser worte in die welt hinausposaunt werden ...» [287, p. 38–39].

Auch unter den Mathematikern hatten sich CANTORS Aktivitäten herumgesprochen. Es gab aber kaum Reaktionen – außer gelegentlichen spöttischen Bemerkungen. So schrieb z. B. H. MINKOWSKI am 11. 3. 1897 an D. HILBERT:

«HURWITZ' Bruder schreibt, dass CANTOR aus Halle nach München berufen sei. Die Nachricht klingt sehr seltsam. Etwa auf einen Lehrstuhl für Shakespearologie?» [341, p. 97].

1897 publizierte CANTOR eine weitere einschlägige Schrift mit dem Titel *Die Rawley'sche Sammlung von zweiunddreissig Trauergedichten auf Francis Bacon. Ein Zeugniss zugunsten der Bacon-Shakespeare-Theorie.* [33]. Die *Rawleysche Sammlung*, die 32 lateinische Trauergedichte auf BACONS Tod enthält, war 1626 von BACONS Sekretär WILLIAM RAWLEY herausgegeben worden. In dem ausführlichen Vorwort betonte CANTOR, daß er «... jetzt anfangen will, historische Dokumente zu publiciren, welche in der Streitfrage über die Autorschaft der SHAKESPEAREdramen von Bedeutung sein dürften.» [33, p. III]. Er beschäftigte sich dann mit den (identifizierten) Autoren der Gedichte und trug die wichtigsten Daten über sie zusammen. Im 2. Abschnitt des Vorworts erklärte er:

«Indem ich diese Sammlung in einer billigen Ausgabe den deutschen Gelehrten und Fachmännern zur Prüfung vorlege, liegt es mir um so ferner ihrem Endurtheil vorzugreifen, als ich, wenn auch seit vielen Jahren einem eingehenden Studium der englischen Literatur in meinen Mussestunden mich widmend, keinerlei Autorität in diesem Gebiete für mich zu beanspruchen habe. Indessen möge es mir gestattet sein, zu erklären, auf Grund gewissenhafter Untersuchung zu der Überzeugung gelangt zu sein, dass diese Sammlung von höchstem literarhistorischen Werthe ist und dass in der überwiegenden Mehrzahl dieser Gedichte FRANCIS BACON als *grösster Dichter seiner Zeit*, im besonderen als *grösster Dramatiker*, wie überhaupt als *Erneuerer der schönen Künste* aufs deutlichste gezeichnet wird.» [33, p. VI, VII].

CANTOR kam dann wiederum auf das RANDOLPHsche Gedicht zu sprechen, das er im Vorwort auch in einer deutschen Übersetzung vorlegte, und behauptete erneut, daß «Quirinus» als «Shakespeare» zu deuten sei. Einen neuen Gesichtspunkt brachte er durch die Interpretation einer anderen Stelle des RANDOLPHschen Gedichts in die Diskussion:

«33. Aber welches Licht strahlt aus seinen Augen mehr als menschlich, wenn er besingt des Königthums geheimnisvolle Heiligkeit,
34. wenn er ebenso die Gesetze der Natur, wie die Heimlichkeiten der Könige besingt, als wenn er von Beiden ein Geheimrath wäre,
35. wenn er besingt Heinrich den König und Priester zugleich, der in festem Ehebunde vereint beide Rosen.» [33, p. XIV].

Hierzu bemerkte CANTOR:

«hier kann das einzige Geschichtswerk Bacon's, *The history of the reign of King Henry the seventh* nicht gemeint sein, da er darin nicht ‹singt›. Es liegt daher die Vermuthung nahe, dass in den Dist. 33–35 die Königsdramen gemeint sind, welche den Kampf der beiden Rosen darstellen und in Richard III. mit dem siegreichen Einzuge Heinrich's VII. ihren Abschluß finden.» [33, p. XIV].

Die RAWLEYsche Sammlung ist mehrfach rezensiert worden. Dabei wurde es als durchaus verdienstvoll hervorgehoben, daß durch die Neuausgabe CANTORS die Trauergedichte auf BACON der Vergessenheit entrissen worden seien. CANTORS Interpretationen wurden jedoch von allen Rezensenten entschieden zurückgewiesen. Auf eine dieser Kritiken, in der *Saale-Zeitung Halle* vom 19. 12. 1897 antwortete CANTOR selbst in einem Artikel vom 30. 12. 1897 und behauptete, daß er neue Beweise für die Identität von BACON und SHAKESPEARE beibringen könne und daß er zur Publikation derselben eine neue «Quellengeschichtliche Zeitschrift unter dem Namen *Baconiana-Halloriana* in dem Kommissionsverlage von MAX NIEMEYER ins Leben» rufen wolle, «von welcher das erste Heft voraussichtlich bereits im Laufe des Januar 1898 erscheinen wird». [404, p. 2]. Aus der kurzen Zeitspanne, die CANTOR hier bis zum Erscheinungstermin angibt, kann man schließen, daß die Vorbereitungen auf das erste Heft der Zeitschrift weit gediehen waren. Die Zeitschrift ist allerdings nie erschienen.

CANTOR versuchte nicht nur durch Publikationen seine Neigung zur BACON-SHAKESPEARE-Theorie zu verbreiten, sondern auch durch öffentliche Vorträge. Zwei Vorträge hielt er 1899 in Leipzig, worüber das *Leipziger Tageblatt* ausführlich berichtete [237, p. 39/40]. Auch hier vertrat er die «Quirinus-Hypothese» und meinte, aus SHAKESPEARES Sonetten neue «Beweise» für die Behauptung der Identität von SHAKESPEARE mit BACON gewinnen zu können. Der Mathematiker GERHARD KOWALEWSKI hatte CANTORS Leipziger Vorträge gehört. Er beschrieb sein Auftreten so:

«CANTOR brachte jedesmal eine Unmenge Literatur mit, einen grossen Wäschekorb voll ... Da er wirklich nicht Englisch konnte, las er englische Zitate von St Albans zu Grunde liegt, er aber so modificirt erscheint, daß man sofort den älteren sorgenvollen, die Aussenwelt mit seinem Augenlicht erforschenden Philosophen erkennen muß.

Wenn sich meine Auffassung der Shakespearefrage bewähren wird (was ich durch weitere Publicationen historischer Documente erstrebe) so wird die Deutsche Shakespeare-Gesellschaft, welcher anzugehören ich die Ehre habe, nicht genöthigt sein, ihren Namen zu wechseln, da meiner Ueberzeugung nach „Shakespeare" als Pseudonym Francis Bacons zu betrachten ist; wogegen die Engländer und Amerikaner, welche vorschnell den Namenumtausch „Shakspere" statt „Shake-speare" vollzogen haben, sich zur Umkehr in diesem Puncte, nolens volens, werden entschließen müssen!

Ich würde schon viel früher in dieser Angelegenheit hervorgetreten sein, wenn nicht die unglücklichen, einseitigen,

Auszug aus einem Brief CANTORS an VON BOJANOWSKI betreffend die BACON-

unwissenschaftlichen und daher leicht
widerlegbaren* Publicationen der
Donnelly, Graf Vitzthum, Appleton
Morgan, Mrs Pott, Bormann
etc etc das Terrain für
mich so ungünstig gestaltet
hätten. Neunzehntel von dem,
was gegen diese Vertheidiger der
Baconsache geschrieben worden,
hat meine Billigung.
Das übrige Zehntel betrifft aber
allerdings den Kern, die Frage der
Autorschaft, die nur historisch
gelöst werden kann, wobei die
Herren Philologen und die Herren
Philosophen dem Zeugniss der Geschichte sich werden bescheiden unter-
ordnen und fügen müssen; das unmäßi-
ge Schimpfen und übermüthige
Höhnen** wird wohl dann aufhören!

Hochachtungsvoll
Ew Hochwohlgeboren
ergebenster
Georg Cantor.

*oder discreditirbaren

**von dieser Seite

SHAKESPEARE-Theorie (Deutsche Shakespeare-Gesellschaft Weimar) mit einer selbsterdachten Aussprache vor, was ganz merkwürdig klang. Wie alle von einer solchen Idee Besessenen fühlte er sich seitens verschiedener Leute verfolgt, die, wie er glaubte, seine Argumente fürchteten. Er war sogar der Meinung, daß seine Feststellungen eine weltpolitische Bedeutung hätten und daß man ihn gerade deshalb mundtot machen wollte.» [271, p. 124].

CANTORS Aktivitäten für die BACON-SHAKESPEARE-Theorie hatten größere Auswirkungen, als man annehmen sollte. Der Mitbegründer der wissenschaftlichen Anglistik in Deutschland, JACOB SCHIPPER, führte CANTOR an. Und in einer Rezension der einschlägigen Schriften CANTORS wurde sogar behauptet: «kaum war dieser Beschluß veröffentlicht, so veröffentlichte G. CANTOR seine zwei Schriftchen und regte die Baconfrage neu an.» [338, p. 405]. Das Zitat bezieht sich darauf, daß 1896 die *Deutsche Shakespeare-Gesellschaft* beschlossen hatte, die BACON-SHAKESPEARE-Frage nicht mehr zu behandeln. Pikanterweise war nun CANTOR seit 1889 selbst Mitglied dieser Gesellschaft. Seit (spätestens) 1899 wurde er nicht mehr als Mitglied der Gesellschaft geführt. Da sich die Akten der Gesellschaft bislang nicht haben auffinden lassen, kann nicht entschieden werden, ob CANTOR eventuell ausgeschlossen worden ist. Ein Ausschluß erscheint durchaus möglich, da CANTOR nicht mit heftigen Ausfällen gegen den Vorstand der *Deutschen Shakespeare-Gesellschaft* geizte. Man muß dazu allerdings bemerken, daß die Vertreter der offiziellen Anglistik mit ihren Gegnern, den «Baconianern», auch nicht gerade zimperlich umgingen. So schrieb z. B. E. ENGEL 1897:

«Die Mehrzahl der Anstifter und Nachbeter dieses Blödsinns setzt sich zusammen: aus gutgläubigen Irrsinnigen, die sich von den in Irrenhäusern aufbewahrten Kranken durch nichts anderes unterscheiden, als dass sie sich noch ausserhalb befinden; ferner aus denkfaulen Unwissenden, die sich nicht die Mühe geben, die in reicher Fülle vorhandenen Quellenschriften über das 16. Jahrhundert in England zu studiren, sondern aus der Tiefe des Gemüthes heraus sich die Literatur jener Zeit zurechtlegen; endlich aus urtheilslosen Neuigkeitsgigerln und Snobs, die hinter jedem Unsinn, vorausgesetzt, dass er Aufsehen macht, ohne eigene Prüfung herlaufen ...» [128, p. 81] usw. usw.

CANTOR selbst behauptete 1899, daß er sich nicht mehr mit der BACON-SHAKESPEARE-Theorie beschäftigen wolle. Am 28. 7. 1899 schrieb er an DEDEKIND:

«Die Bacon-Shakespeare-Frage dagegen ist bei mir vollständig zur Ruhe gekommen; sie hat mir viel Zeit und Geld gekostet; um sie weiter zu fördern, müßte ich noch viel größere Opfer bringen, nach England reisen, die dortigen Archive studieren etc.» [180, p. 128].

Es trifft voll zu, daß CANTOR weder Mühe noch Kosten scheute, um die einmal aufgegriffenen Fragen möglichst gründlich zu bearbeiten. Er beschaffte sich nach und nach all die wertvollen Erstausgaben von SHAKESPEARE, BACON und anderer einschlägiger Autoren des 16. und 17. Jahrhunderts, die für solche Studien erforderlich sind. In seiner Schrift *Ein Leben für das Buch* [232] schildert HOMEYER eindrucksvoll, wie er nach CANTORS Tod in dessen Bibliothek Dinge entdeckte, die er vorher in ganz Europa vergeblich zu beschaffen gesucht hatte. Aus dieser Schilderung geht auch hervor, daß die wertvollen CANTORschen Bestände an den amerikanischen «Eisenbahnkönig» und Millionär FOLGER verkauft worden sind.

Es trifft allerdings nicht zu, daß die BACON-SHAKESPEARE-Frage bei CANTOR nach 1899 zur Ruhe gekommen ist. Im Jahre 1900 erschien eine weitere Veröffentlichung CANTORS zu dieser Theorie im Berliner *Magazin für Litteratur* unter dem Titel *Shaxpearologie und Baconianismus* ... [34]. CANTOR behauptete hier wiederum, daß SHAKESPEARE nur eine vorgeschobene Person gewesen sei, um den wahren Autor der unter dem Namen «Shakespeare» laufenden Schriften zu verbergen, und daß auch BACON möglicherweise selbst nur eine derartig vorgeschobene Person gewesen sei. Der Artikel CANTORS macht auf den Leser nicht nur wegen des merkwürdigen Inhalts, sondern auch durch seinen gereizten und seltsamen Ausdruck einen durchaus befremdlichen Eindruck. Gab es nun einen unmittelbaren Zusammenhang der BACON-SHAKESPEARE-Studien mit CANTORS Krankheit? Zunächst muß man feststellen, daß in den achtziger und neunziger Jahren ein Vertreten dieser Theorie durchaus nichts Krankhaftes an sich hatte. Das verbissene Verteidigen dessen, was er einmal für richtig hielt, war ebenso ein Charakterzug CANTORS wie seine Gründlichkeit, mit der er seine Recherchen durchzuführen suchte. Daß tatsächlich in den manischen Phasen seiner Krankheit, insbesondere in der schweren Krise zur Jahreswende 1899/1900 seine Beschäftigung mit der BACON-SHAKESPEARE-Theorie zunehmend krankhafte Züge annahm, beweist außer dem Artikel im *Magazin für Litteratur* auch ein Brief an den Kurator der Universität Halle-Wittenberg vom 22.10.1899, in dem CANTOR u.a. schrieb:

«Andererseits bin ich in jüngster Zeit so glücklich gewesen, bei meinem jüngsten vierzehntägigen Aufenthalt in München im September dieses Jahres den Schlusstein zu meiner fünfzehnjährigen historisch-literarischen Arbeit über FRANCIS BACON OF VERULAM Viscount St. Alban zu entdecken in Gestalt eines ängmatischen Autographs des grössten neulateinischen Dichters, JACOBUS BALDE, S. J., dessen persönliche Identität mit FRANCIS BACON, der hiernach das hohe Alter von hundert und sieben Jahren 1561–1668, erreicht und seine letzten zwei und vierzig Lebensjahre 1626–1668 unserm Deutschen Vaterlande angehört und in Neuburg a Donau in der Hofkirche begraben liegt ich urkundlich beweisen kann.» [2].

Krankhaft waren möglicherweise auch die Bemühungen CANTORS, verschiedene andere «Autorenschaftsprobleme» zu lösen, so etwa die «wahre Identität» des Görlitzer Schumachers und Philosophen JAKOB BÖHME aufzuklären [237, p. 40], die wahre Bedeutung «des hervorragendsten englischen Mathematikers dieser Zeit... JOHN DEE» darzulegen [2], seine Wertung der «Rosenkreuzerei des sechzehnten und siebenzehnten Jahrhunderts ... (als) eine reale, Politik, Wissenschaft und Kunst geheimnisvoll beherrschende weltumspannende Macht» [34, Sp. 197]. Zur «Klärung» der «DEE-Frage» wollte CANTOR sogar nach England reisen. Zu derartigen Problemen hatte er auch zweimal an der Universität Halle Vorlesungen angekündigt: Sommersemester 1898 über «Francis Bacon, sein Leben und seine Werke»; Sommersemester 1900 «Ueber den wahren Autor der sogenannten Böhmeschen Schriften und das Wesen seiner Theosophie». Auch mit JACOB BÖHME hatte sich CANTOR einen bedeutenden Autor ausgewählt. HEGEL würdigte ihn in seinen Vorlesungen über die Geschichte der Philosophie ausführlich und sagte von ihm: «Jacob Böhme ist der erste deutsche Philosoph; ...» [211, p. 166]. Freilich finden wir im Aufwerfen der Autorschaftsfrage der BÖHMEschen Schriften gewissermaßen dieselbe reaktionäre Tendenz wie in der BACON-SHAKESPEARE-Theorie. Sie besteht in der Behauptung, daß ein einfacher Mann aus dem Volke so bedeutende geistige Leistungen nicht vollbringen könne.

CANTORS Persönlichkeit und Philosophie

1885 wurde in Göttingen ein Ordinariat frei. Auf der Vorschlagsliste standen neben FELIX KLEIN Mathematiker, die in ihrer Bedeutung in keiner Weise an CANTOR heranreichten, wie z. B. AUREL VOSS, GEORG HETTNER und ALFRED ENNEPER. CANTOR scheint nach der Berufung von KLEIN nach Göttingen endgültig die Hoffnung aufgegeben zu haben, in eines der Zentren der Mathematik des damaligen Deutschland berufen zu werden. Er kaufte 1886 in Halle, Händelstraße 13, ein Haus, damals am Stadtrand im Grünen gelegen, welches er am 1. Oktober 1886 bezog [3, Nr. 16, p. 90]. Das Haus ist erhalten geblieben; eine Gedenktafel links des Eingangs erinnert daran, daß hier einst GEORG CANTOR lebte und wirkte. Mit seinem – verglichen selbst mit anderen Ordinarien in Halle – geringen Gehalt (WANGERIN z. B. war mit 5000 Mark Jahresgehalt eingestellt worden; CANTOR bezog noch 1888 4000 Mark) hätte CANTOR nie ein Haus finanzieren können. Er mußte zu diesem Zweck das vom Vater ererbte Geld angreifen. CANTOR hat sich selbst selten über seine Vermögensverhältnisse geäußert. Eine dieser Äußerungen, ein Brief vom 30. 12. 1895 an den Domkapitular WOKER, ist nicht ohne Bitterkeit über die ihm widerfahrenen Zurücksetzungen (Dokument Nr. 23).

Im CANTORschen Hause diente ein großes Zimmer im Erdgeschoß als Arbeitsraum und gleichzeitig als Bibliothek. Alle Wände waren vom Fußboden bis zur Decke mit Bücherregalen vollgestellt. CANTOR ist ein ungemein zäher und fleißiger Arbeiter gewesen. Er begann sein Tagewerk gewöhnlich um 5 Uhr, nicht selten auch früher, und kam mit sechs Stunden Schlaf aus [3, Nr. 17, p. 127]. Alle seine Interessen verfolgte er mit großer Hartnäckigkeit und Gründlichkeit. CANTOR war außerordentlich belesen und besaß eine umfassende Bildung. Daneben war er künstlerisch begabt. In seiner Jugend hatte er Violine gespielt. Er konnte vorzüglich malen, wovon einige erhalten gebliebene Arbeiten Zeugnis ablegen. FRAENKEL zeichnete in seiner CANTOR-Biographie von 1930 nach Erinnerungen von Zeitgenossen ein plastisches Bild von CANTORS Persönlickeit:

CANTORS Wohnhaus in Halle, Händelstraße 13
(heutiger Erhaltungszustand)

«Was die Persönlichkeit C.s im allgemeinen betrifft, so berichten alle, die ihn kannten, von seinem sprühenden, witzigen, originellen Naturell, das leicht zur Explosion neigte und stets von heller Freude über die eigenen Einfälle war; von dem niemals ermüdenden Temperament, das die Teilnahme seiner auch äußerlich imponierenden, großen Gestalt an einer Mathematikerversammlung zu einem ihrer lockendsten Reize machte, das bis in die späte Nacht wie auch in früher Morgenstunde seine Gedanken (zu seinen mathematischen und den vielseitigen außermathematischen Interessengebieten) förmlich überquellen ließ; von seinem lauteren Charakter, treu seinen Freunden, hilfreich, wo es nötig war, liebenswürdig im Verkehr; nebenbei auch von einer typischen Gelehrtenzerstreutheit. Im mündlichen wissenschaftlichen Gedankenaustausch war er mehr der Gebende; es lag ihm nicht, unmittelbar vorgetragene fremde Ideen sogleich aufzufassen. All seinen Gedanken war er mit der gleichen Liebe und Intensität hingegeben; in stärkerem Maße vielleicht noch als der aufgewandte Scharfsinn und selbst als die mit begrifflicher Gestaltungskraft gepaarte geniale Intuition ist die ungeheure Energie, mit der er seine Gedanken über alle Hindernisse und Hemmungen hinweg verfolgte und an ihnen festhielt, das Instrument gewesen, dem wir die Entstehung der Mengenlehre zu danken haben.» [143, p. 218].

Gewisse Ergänzungen zu dieser Charakterisierung kann man aus CANTORS Briefen erhalten. CANTOR hat die Entwürfe seiner Briefe in der Regel in Briefbüchern festgehalten. Leider sind von den über 20 einst existierenden solchen Briefbüchern im CANTORschen Nachlaß lediglich noch drei vorhanden (s. auch [176]), die mit Lükken die Zeit von Oktober 1884 bis Frühjahr 1896 umspannen. Man wird also nicht den ganzen CANTOR kennenlernen, wenn man sich nur auf den Eindruck der Briefbücher stützt, insbesondere nicht den schöpferischen Mathematiker CANTOR, denn die Briefbücher aus der Zeit seiner mathematischen Höchstleistungen sind nicht mehr vorhanden.

Für persönliche Bemerkungen über manche Fragen, zu denen sich CANTOR sonst kaum geäußert hat, sind seine Briefe an oder über JULIUS LANGBEHN von Interesse. Die Bekanntschaft mit LANGBEHN ist bisher in der Literatur über CANTOR überhaupt nicht erwähnt worden, obwohl sie doch ein interessantes Detail seiner Biographie darstellt. Wer war dieser LANGBEHN, dessen 1890 anonym erschienenes Buch *Rembrandt als Erzieher* [385] innerhalb von zwei Jahren neununddreißig (!) Auflagen erlebte? Bezüglich einer ausführlicheren Schilderung seiner persönlichen Verhältnisse, des Inhalts und der Tendenz seines Buches sowie der Wirkung seiner Ideen verweisen wir auf die detailreiche Analyse von F. STERN in seinem Werk *Kulturpessimismus als politische Gefahr* [445]. Nur so viel sei hier angemerkt: LANGBEHN war ein gesellschaftlicher Außenseiter, der sich in einer Weise, die die Grenzen zum Psychopatischen überschritt, selbst isolierte und selbst verherrlichte und der von dem Gedanken besessen

Albert Wangerin (Universitätsarchiv Halle)

war, das gesamte geistige Leben Deutschlands zu reformieren. Zu diesem Zweck hat er nach jahrelangen Vorarbeiten das Buch *Rembrandt als Erzieher* publiziert. Es verherrlicht und verbreitet – eklektizistisch und konfus geschrieben – eine irrationalistische deutsch-völkische Ideologie und wird deshalb von F. STERN zu Recht unter die geistigen Vorfahren nationalsozialistischer Ideologie eingeordnet. Es gab kaum ein Gebiet, das LANGBEHN in seinem Buch nicht behandelte, und er artikulierte mit seiner Kritik manches Unbehagen, welches angesichts der krisenhaften gesellschaftlichen und geistig-kulturellen Entwicklung in Deutschland zu Beginn der Neunzigerjahre in weiten Kreisen entstanden war. Nicht zuletzt daraus resultierte die gewaltige Popularität des Buches.

Ein Thema durchzieht LANGBEHNS ganzes Buch, «die Behauptung nämlich, Wissenschaft und Intellektualismus hätten die deutsche Kultur zerstört und diese könne nur durch ein Wiederaufleben der Kunst und dadurch, daß in einer neuen Gesellschaft große künstlerische Menschen an die Macht kämen, erneuert werden.» [445, p. 154]. Die «fluchwürdige» moderne Wissenschaft identifizierte LANGBEHN abwechselnd mit dem Positivismus, Rationalismus, Empirismus, Materialismus, der Technik, dem Spezialistentum und anderen nicht miteinander vergleichbaren Kategorien. Wahre Wissenschaft müsse intuitives mystisches und uneigennütziges Streben nach der Wahrheit sein. LANGBEHN wandte sich gegen die zeitgenössische Medizin, die die Psyche des Menschen vernachlässige, gegen die damalige Bildung der Jugend, welche die Tatkraft und Phantasie des Kindes beschneide und der körperlichen Ertüchtigung nicht genügend Raum gebe, gegen die Großstadt als die Verkörperung der modernen verkommenen Welt und vieles andere mehr. So wie angeblich REMBRANDT die Gegensätze seines Wesens überwandt und zur Größe gelangte, sollte das deutsche Volk durch ein neues «Volkstum» die sozialen und ideologischen Gegensätze zwischen den Klassen überwinden und zu unumschränkter Größe in der Welt gelangen. «Der Deutsche beherrscht also, als Aristokrat, bereits Europa; und er beherrscht, als Demokrat, auch Amerika; es wird vielleicht nicht lange dauern, bis er, als Mensch, die Welt beherrscht.» [385, p. 223]. Das REMBRANDTbuch hatte somit sowohl eine pangermanische als auch eine antisozialistische Tendenz; letztere wurde z. B. von der kleinbürgerlichen Familienzeitschrift *Gartenlaube* positiv vermerkt. LANGBEHNS Pangermanismus wird von Haß auf alles «Undeutsche» und von Aggressivität geprägt; was deutsch und was undeutsch ist, das definiert natürlich LANGBEHN. «Mögen darum auch die jetzigen

Deutschen lernen, zu hassen; wer Haß sät, kann Liebe ernten;...» [385, p. 305]. Zolas naturalistische Kunst «will Mechanik an Stelle von Organik setzen; das ist französisch und das ist undeutsch.» [385, p. 305]. Äußerst unangenehm mutet uns heute LANGBEHNS Antisemitismus an, der zwar in den ersten Auflagen noch kaum spürbar, in den späteren überarbeiteten Auflagen aber desto aggressiver zu Tage tritt.

CANTOR ist möglicherweise über die BACON-SHAKESPEARE-Frage an LANGBEHN geraten, ist doch SHAKESPEARE nebst REMBRANDT die zweite Hauptfigur in LANGBEHNS Buch. Die Briefe CANTORS an LANGBEHN beginnen im Oktober 1890, ebenso die persönliche Bekanntschaft. In einem Schreiben vom 31. Oktober 1890 versucht CANTOR, LANGBEHN für die Bearbeitung der BACON-SHAKESPEARE-Theorie zu interessieren [3, Nr. 17, p. 23]. Am 16. November 1890 bedankt er sich für die Übersendung des REMBRANDT-Buches:

> «Vor allem vielen Dank für die mir freundlichst übers. 23.te Auflage Ihres Rdt. Zu einem definitiven Urtheile über dieses inhaltlich und stylistisch ausgezeichnete Buch werde ich wohl nicht so schnell gelangen. Bei der sehr knappen Zeit, die ich auf die Lektüre verwenden kann und der eigenthümlichen Gruppirung, in welcher die allerverschiedensten Stoffe darin behandelt werden, ist mein Fortschritt im Verstehen Ihres eigenthümlichen Gedankenganges nur ein Langsamer.» [3, Nr. 17, p. 28].

CANTORS Lob ist ein schönes Beispiel für sein schnelles und oft voreiliges Urteil. In Wahrheit muß er das Buch, obwohl ihm sicher mancher gegen den Positivismus, Rationalismus oder Materialismus oder gegen den «deutschen Professor» gerichtete Gedanke nicht unsympathisch war, bei genauerem Studium ziemlich abscheulich gefunden haben, denn er schrieb am 20. 5. 1891 an den Jesuitenpater BAUMGARTNER:

> «Welchen Eindruck haben Sie von *Rembrandt als Erzieher des deutschen Volkes* gehabt? Ich sehe darin nichts als einen der vielen Versuche, das deutsche Volk hinterrücks zu *verbismarckern*. Denn REMBRANDT *dient hier nur als Maske für* BISMARCK. Ein gewisser MAX BEWER, der mit dem Verfasser, der ein gewisser Dr. JULIUS LANGBEHN aus Eckernförde ist, zusammenarbeitet hat dies in einer Broschüre *Rembrandt und Bismarck* ziemlich deutlich erklärt. Und von jenem wüsten Schwindelbuche hat das deutsche Volk in Jahresfrist über 30 Auflagen verschlungen! Ein Beweis für seinen guten Magen.» [3, Nr. 17, p. 31].

Am 25. 5. 1891 schrieb CANTOR an BAUMGARTNER:

> «Mit Ihrer Besprechung des LANGBEHNschen Buches bin ich ganz einverstanden; besten Dank für die Sendung.» [3, Nr. 17, p. 35].

Dazu muß bemerkt werden, daß LANGBEHNS Buch außerordentlich viele Rezensionen erfahren hat, zum größten Teil recht positive. BAUMGARTNERS Besprechung jedoch war eine vernichtende Kritik, «deren Schärfe keine andere Rezension je gleichkam.» [445, p. 180]. Im übrigen berichtet CANTOR in dem Brief vom 25.5. BAUMGARTNER darüber, wie er LANGBEHN persönlich kennengelernt hat (s. Dokument Nr. 24].

Bereits am 26.5.1891 teilte CANTOR LANGBEHN seine Meinung über das *Rembrandtbuch* mit, wie er es ihm mehrfach versprochen hatte. Aus diesem Brief können wir auch ein wenig über CANTORS politische Einstellung erfahren. Zunächst räumt CANTOR ein, daß er der Kunst zu ferne stehe, um die diesbezüglichen Aussagen LANGBEHNS zu beurteilen. Dann heißt es:

> «Indem ich manche der von Ihnen geistvoll geschilderten Mängel in den Verhältnissen der Wissenschaft anerkenne, kann ich doch viele Ihrer Urtheile über wissenschaftliche Gegenstände nicht für zutreffend und richtig halten. Jedenfalls erscheinen Sie mir in Sachen der Kunst competenter als in den übrigen Gebieten. So kann ich beispielsweise mein Auge nicht verschließen gegen die in der Politik durch den inzwischen eingetretenen Verlauf der Dinge in Deutschland [Sturz BISMARCKS – W. P.] erwiesenen Irrthümer des Buches, wie auch mir, als practischen hohenzollerschen Royalisten seine eigenthümliche politische Tendenz nicht zusagen kann.
>
> Ebenso bin ich, da Sie mich ausdrücklich um Wahrheit gebeten haben, Ihnen verpflichtet zu erklären, daß ich als positiver Christ Ihre darin zu Tage tretende Auffassung des Christenthums nicht gut heissen kann und mich sogar verschiedene Stellen geradezu blasphemisch berührt haben.
>
> Dies meine unmaaßgebliche Meinung, die ich mir erlaube, Ihnen offen zu sagen, weil Sie es verlangt haben.
>
> Davon ganz unabhängig ist der Eindruck, den ich von Ihrer achtungswerthen Persönlichkeit und Ihrem Talent gewonnen habe, womit ich die Hoffnung verbinde, daß Sie mir den Freimuth, mit dem ich Ihnen alles dieses schreibe, nicht übel nehmen werden.» [3, Nr. 17, p. 37–38].

Sein politisches Credo wiederholte CANTOR in einem Brief an Pater BAUMGARTNER vom 4.6.1891; dort heißt es in Bezug auf LANGBEHN:

> «Doch wiederhole ich, daß seine Person einen weitaus günstigeren Eindruck auf mich gemacht hat, als seine unreife, fast möchte ich sagen knabenhafte in politischer Beziehung sogar höchst bedenkliche und aufrührerisch wirkende Schrift, die schon aus letzerem Grunde einem königstreuen preussischen Beamten und grundsätzlichen langjährigen Gegner des Fürsten BISMARCK missfallen musste.» [3, Nr. 17, p. 41].

LANGBEHN verstand es, bei den seltenen Gelegenheiten, da er aus der Isolierung heraustrat, durch seine gewandte Unterhaltung und seine bemerkenswerte geistige Regsamkeit seine Gesprächspartner zu fesseln (s. [445], p. 134–135). Das mag der Grund dafür gewesen sein, daß CANTOR zu LANGBEHN nach und nach ein recht gutes und vertrautes persönliches Verhältnis gewann. So finden wir in den weiteren Briefen CANTORS an LANGBEHN, die ab August 1891 mit der Anrede «Verehrter lieber Freund» beginnen, manche Bemerkungen, die über CANTORS Wesen und allgemeine Ansichten Aufschluß geben. In einem Brief vom 26.8.1891 z.B. äußert sich CANTOR über die «dem BISMARCK nahestehenden antisemitischen sogen. deutschnationalen Studenten» und über seine Stellung zum Antisemitismus. Es heißt dort:

«Es ist dies eine traurige rüde hohlphrasige Gesellschaft von Maulhelden, die ich von Halle her, wo sie eine Filiale in dem hiesigen «Verein deutscher Studenten» hat, *sehr genau kenne*. In der jüngst erschienenen Historie dieser Leute von Dr. phil. Herm. von Petersdorff (betitelt *Die Vereine deutscher Studenten. Neun Jahre akademischer Kämpfe*, Leipzig, Breitkopf u. Härtel) werde ich lügenhafterweise pag 80 als ein «Rufer im Kampfe *für* die Juden» bezeichnet, weil ich von Anfang an *diesen* Kinder- und Pastorenantisemitismus, der dem deutschen Volke nichts nützt, sondern nur schadet, als er auch mich kaufen wollte, *höflich aber bestimmt* und ehrlich *abgelehnt habe*, was sie mir fürchterlich übelgenommen haben, ich wurde damals vor 9 Jahren in den antisemitischen Zeitungen viel angegriffen.» [3, Nr. 17, p. 66–67].

War CANTOR bereits ein Gegner des religiösen Antisemitismus, so verurteilte er noch entschiedener den sogenannten Rassenantisemitismus, jene Ideologie, die den Nazis später als Grundlage ihrer beispiellosen Verbrechen am jüdischen Volk diente. Das geht besonders klar aus seiner leidenschaftlichen Anklage gegen den Rassenantisemitismus in seinem Brief an F. HEINER in Freiburg v. 4.2.1896 [3, Nr. 18, p. 138/139] hervor.

Wie einsam sich CANTOR in der wissenschaftlichen Welt fühlte, ersehen wir aus einem Brief an LANGBEHN vom 3.9.1891:

«Die Vorbereitungen zur Naturforscherversammlung und die letztere selbst werden mich keineswegs so sehr in Anspruch nehmen, daß ich nicht während Ihres Hierseins ein bis zwei Stunden täglich Ihnen, oder vielmehr meiner eigenen Erholung bei Ihnen werde widmen können. Während Sie zu der Erkenntniß gekommen zu sein scheinen, daß ich Sie «in einigen Hauptpuncten ganz und gar nicht verstehe» muß ich bekennen, daß unter den hunderten von Collegen, die sich in diesem Monate hier um mich vereinigen werden, keiner ist, der mich so gut versteht wie Sie, und dies ist mir genug und ich werde dankbar sein, wenn ich aus dem Gedränge heraus auf kurze Zeit im traulichen Zwiegespräch mit Ihnen werde ausruhen können.» [3, Nr. 17, p. 77].

In demselben Brief äußert sich CANTOR auch über das Glück seiner Ehe, was er sonst nirgends getan hat. Er hatte LANGBEHN geholfen, einen Prozeß gegen den Verleger des REMBRANDTbuches vorzubereiten, indem er ihm einen seiner Hallenser Freunde als Rechtsbeistand vermittelte. In dem Brief verbürgt er sich für die Verschwiegenheit dieses Freundes; dann heißt es weiter:

«Ebenso versteht es sich bei mir von selbst, daß ich in Bezug auf Ihre Sachen mit niemandem rede, wovon Ihnen kein stärkerer Beweis geliefert werden kann, als der, daß ich mit meiner eigenen Frau über Sie nichts gesprochen und nicht einmal Ihren Namen genannt habe. *Was dies zu bedeuten hat*, werden Sie hoffentlich dereinst in einer ebenso glücklichen Ehe, wie ich Sie habe, verstehen lernen.» [3, Nr. 17, p. 78].

Über CANTORS Impulsivität erfahren wir von ihm selbst aus Briefen an LANGBEHN vom September 1891. LANGBEHN hatte das CANTOR übersandte Exemplar des REMBRANDTbuches zurückverlangt, angeblich, um eine Widmung einzutragen. CANTOR entschuldigt nun seine recht drastischen Randbemerkungen, die LANGBEHN offenbar aufgebracht hatten, folgendermaßen:

«Ihre Mißverständnisse beruhen der Hauptsache nach auf einem Fehler meinerseits, daß wenn ich etwas nicht verstehe und den Grund nicht sehe, ich oft eine sarkastische Bemerkung oder einen guten oder selbst schlechten Witz nicht unterdrücke. Dies geschieht aber bei mir nicht in der Absicht, den anderen zu verletzen, sondern hängt mit meiner Natürlichkeit und vielleicht manchmal zu weit gehenden Offenheit zusammen, einen lustigen oder sonstigen Gedanken, den ich gerade habe meinen Freunden gegenüber gerade herauszusagen. Ich habe überhaupt große Fehler und werde Ihnen immer dankbar sein, wenn Sie mich derselben halber schelten wollen. Ich schreibe an meine Freunde nie berechnet, sondern wie es mein Gefühl mir eingiebt. Ich bin überhaupt mehr Gefühlsmensch und Sanguiniker als Verstandesmensch. Sie vielleicht sind mehr Verstandesmensch.» [3, Nr. 17, p. 82].

LANGBEHN war ein Mann, der von seinen Freunden über kurz oder lang eine totale Unterwerfung forderte. Das führte dann in der Regel zum Bruch. Auf einen unabhängigen und eigenwilligen Denker wie CANTOR mußte eine solche Intoleranz besonders abstoßend wirken. So ist man nicht verwundert, daß CANTOR bereits im November 1891 LANGBEHN brieflich mitteilte, daß er weiteren mündlichen oder schriftlichen Verkehr mit ihm nicht mehr wünsche [3, Nr. 17, p. 98–99].

Kehren wir nun von der LANGBEHN-Geschichte zu CANTORS persönlichen Verhältnissen zurück. Die Familie CANTOR führte in Halle ein sehr gastfreies Haus. Oft traf man sich mit Gelehrten der Universität zu geistvoller Unterhaltung und zu Hausmusik, die VALLY CANTOR wesentlich mitgestaltete. Bald hieß es, daß die schönsten Festlichkeiten in Halle im CANTORschen Hause begangen würden [367, p. 17]. Dort konnte man den berühmten Chirurgen

RICHARD VON VOLKMANN treffen, die Philosophen VAIHINGER und HUSSERL, den Nationalökonomen CONRAD, den Strafrechtler VON LISZT, den Archäologen CARL ROBERT und den Mathematiker WANGERIN. In CANTORS Haus verkehrten auch der Kunsthistoriker GUSTAV DROYSEN, dessen berühmter Vater noch im 1848er Parlament gesessen hatte, sowie ROBERT FRANZ, der Leiter der Singakademie, der des öfteren das Talent von VALLY CANTOR für solistische Einsätze mit seinem Chor nutzte. Im Nachlaß befinden sich einige Programme der Singakademie; z. B. heißt es in der Anzeige für den 20. 3. 1889 u. a.

«1. Sonate (D-dur) für 2 Klaviere v. MOZART
(Frau Prof. CANTOR und Frau Prof. STUMPF)
4a. Duett aus Figaro
(Frau Prof. SUCHIER und Frau Prof. CANTOR)
5. Andante und Variationen für 2 Klaviere v. SCHUMANN
(Frau Prof. CANTOR und Frau Prof. STUMPF)» [3, Nr. 43].

In den Ferien zog es CANTOR in die Natur. Bei mehrwöchigen Aufenthalten im Harz, im Thüringer Wald (Friedrichroda) oder an der See (Westerland/Sylt) suchte er auf ausgedehnten Wanderungen oder beim Baden Erholung und Entspannung. CANTOR wird als liebevoller Familienvater geschildert. War er auf Reisen, so schrieb er zahlreiche Briefe an seine Kinder und seine Frau. Später ließ er sich öfters von seinen Kindern begleiten, z. B. von seinen Töchtern ELSE und GERTRUD zum *Internationalen Mathematikerkongreß* nach Zürich. Als das stimmliche Vermögen seiner Tochter ELSE offenbar wurde, nutzte er eine Reise, um mit berühmten Sängern und Gesangspädagogen über weitere Ausbildungsmöglichkeiten für seine Tochter zu sprechen. Einen Eindruck von den brieflichen Reiseberichten an seine Frau geben die folgenden zwei kleinen Auszüge aus Briefen:

1. Brief aus Flinz vom 18. 9. 1892:

«Wir haben uns vorgestern wiegen lassen. Ich: 201 Pfund. ... Vor einigen Tagen war hier drei Tage lang ein älterer Münchener Arzt mit seiner Frau, Dr. RIGAUER; beide gefielen hier allen sehr wegen ihrer liebenswürdigen bairischen Gemüthlichkeit und Herzlichkeit; er hat mir einen langen Zettel Verhaltensmassregeln in mein Notizbuch dictirt, welche mir in kurzer Zeit eine graziöse Taille verschaffen sollen; ...» [3, Nr. 31, 161].

2. Brief aus Dresden vom 4. 9. 1893:

«Mein liebes Vallychen! Schon längst würde ich Dir geschrieben haben, hätte ich nur einen Moment Zeit dazu erschnappen können; allein ERICH hat mir bis jetzt keinen Augenblick der Ruhe und Erholung gewährt. Der mit ihm Reisende kommt nicht zu Athem; Alles muß er besichtigen und mit einer Gründlichkeit, die bis ins Kleinste sich erstreckt. Vom frühen Morgen bis spät Abends sind wir in Bewegung und ich bin dann so erschöpft, daß mir die Bettruhe stets wie eine Erlösung vorkommt.» [3, Nr. 31, 165].

Besonders hing CANTOR an seinem jüngsten Sohn RUDOLF, von dem er meinte, daß er Talent genug hätte, die BÖHMsche Familientradition der Virtuosen fortzusetzen. Es traf ihn ganz besonders hart, als der Junge mit 12 Jahren einem Herzschlag erlag. Dieses Ereignis mag dazu beigetragen haben, daß die gesundheitliche Krisis CANTORS im Jahre 1899 besonders schwerwiegend und langwierig war.

Wie wir aus den Erinnerungen von KOWALEWSKI [271] und neuerdings auch aus den archivalischen Quellen wissen [1. Bd. XXII, Bl. 24], veranstalteten die Hallenser und Leipziger Mathematiker regelmäßig ein gemeinsames mathematisches Kränzchen, welches abwechselnd in Leipzig und Halle tagte. Es wurde von den jungen Extraordinarien und Privatdozenten getragen; die Ordinarien beteiligten sich daran nicht. Eine Ausnahme war CANTOR (und später OTTO HÖLDER), der regelmäßig teilnahm und nicht selten das ganze Kränzchen zu sich nach Hause einlud. Überhaupt hat er sich gerne im Kreise der Jüngeren aufgehalten und ist seinen Studenten und den jungen Privatdozenten stets ein wohlwollender Förderer gewesen. Einen Eindruck von dieser Seite seiner Persönlichkeit vermittelt der Brief, den F. SCHUR anläßlich des goldenen Doktorjubiläums an CANTOR richtete. (Dokument Nr. 25).

CANTOR hat 44 Jahre lang (1869–1913) als akademischer Lehrer gewirkt. Er hat in dieser Zeit über ein ungewöhnlich breites Spektrum mathematischer Gegenstände vorgetragen. So las er außer den mathematischen Grundvorlesungen beispielsweise über Zahlentheorie, abelsche Gleichungen, quadratische Formen, Theorie der algebraischen Zahlen, elliptische Funktionen, Fourierreihen, Wahrscheinlichkeitsrechnung, analytische Mechanik, Hydrodynamik, Potentialtheorie, Variationsrechnung, Differentialgeometrie, Methodik des Mathematikunterrichts und anderes mehr (vgl. [262, p. 89–94]). Die Vorlesungen CANTORS scheinen für Anfänger nicht ganz einfach gewesen zu sein; in einem Antrag der Universität auf Gehaltserhöhung des außerordentlichen Professors WILTHEISS vom 9.8.1889 heißt es nämlich:

«Professor WILTHEISS füllt nach meiner unmassgeblichen Ansicht in der That eine Lücke an der Universität Halle aus, da die Vorlesungen des Professor CANTOR für Anfänger wenig geeignet sind,...» [1, Bd. XVI, Bl. 226].

Besonders große Befriedigung hat CANTOR durch die mathematische Lehre wohl nicht erfahren; in einem Brief an MITTAG-LEFFLER vom 20.10.1884 schrieb er nämlich:

«Vermuthlich werde ich in einigen Semestern die mathematischen Vorlesungen hier ganz aufgeben, weil mir der Unterricht in den für das Lehrfach nothwendigen Vorlesungen, wie Differential und Integralrechnung, anal. Geometrie und Mechanik etc. auf die Dauer nicht mehr zusagt; ich werde statt dessen philosophische Vorlesungen halten, was mir bei meinen Interessen nicht schwer fallen soll und worin ich mit grösserem Nutzen für die Studenten glaube wirksam sein zu können; die hier erforderlichen mathematischen Vorlesungen können andere ebenso gut übernehmen als ich. Meine mathematisch-literarische Thätigkeit brauche ich darum nicht aufzugeben.» [3, Nr. 16, p. 3].

Bemerkenswert ist, daß CANTOR nie eine Vorlesung über Mengenlehre angekündigt hat. Mengentheoretische Themen wurden höchstens im mathematischen Seminar besprochen. Eine Ausnahme könnte die für das Sommersemester 1885 angekündigte Vorlesung *Zahlentheorie als Einleitung in die Theorie der Ordnungstypen* gebildet haben (vgl. [175, p. 81]). CANTOR hat seine Ideen stets selbst ausgeführt. Deshalb, und natürlich auch wegen des provinziellen Charakters der Halleschen Universität, hat er kaum bedeutende Schüler gehabt. Der einzige unter seinen Studenten, der später durch mengentheoretische Arbeiten Bedeutung erlangt hat, war FELIX BERNSTEIN. Als gewissermaßen seinen Schüler betrachtete CANTOR den Münchener Privatdozenten LUDWIG SCHEEFFER, weil er sich mit mengentheoretischen Untersuchungen zu beschäftigen begann. Mit SCHEEFFER diskutierte CANTOR sehr ausführlich die Einführung neuer Bezeichnungen und Termini; so heißt es in dem bereits erwähnten Brief an MITTAG-LEFFLER vom 20.10.1884:

«Ich bin bereits im vorigen Winter zu erheblichen Erweiterungen meiner bisher in den *Acta* und den *Annalen* publicirten Arbeiten in der Mengenlehre gelangt, habe aber bis jetzt mit der Publication gewartet, sowohl aus dem Grunde, um die Sachen reifer werden zu lassen, wie auch hauptsächlich, weil ich mich gezwungen sehe, für mehrere neue wichtige Begriffe auch Namen einzuführen, mit deren Wahl ich ausserordentlich vorsichtig bin, da ich von der Ansicht ausgehe, dass es für die Entwickelung und Ausbreitung einer Theorie gar nicht wenig auf eine glückliche, möglichst zutreffende Namengebung ankommt. Ich habe aus diesen Gründen auf eine Besprechung mit dem Herrn Dr. L. SCHEEFFER in München gewartet, welcher, wie Sie wissen, zu den talentvollsten unter den jungen Leuten gehört, welche sich in ihren Arbeiten den meinigen angeschlossen haben.» [3, Nr. 16, p. 5–6].

Leider ist SCHEEFFER bereits im Juni 1885 gestorben; CANTOR widmete ihm in der *Bibliotheca mathematica* einen Nachruf [7, p. 368–369].

Am mathematischen Kränzchen nahm auch der Leipziger Privatdozent FELIX HAUSDORFF teil, der sich damals noch ausschließlich mit praktischer Mathematik (Statistik, Versicherungsmathematik, astronomische Berechnungen) beschäftigte. Möglicherweise hat CANTORS persönlicher Einfluß es mit bewirkt, daß sich HAUSDORFF später der Mengenlehre zuwandte und einer der erfolgreichsten Forscher auf diesem Gebiet in der Generation nach CANTOR wurde. Jedenfalls versah HAUSDORFF sein berühmtes Buch *Grundzüge der Mengenlehre* [209] mit der Widmung «Dem Schöpfer der Mengenlehre, Herrn GEORG CANTOR, in dankbarer Verehrung gewidmet.»

CANTOR hat wie kaum ein anderer Mathematiker seine Wissenschaft auch philosophisch einzubetten und zu begründen gesucht. Zu diesem Zweck betrieb er umfangreiche philosophische und philosophiehistorische Studien. Diese Bestrebungen hatten durchaus ihre Berechtigung, berührten seine Forschungen doch Kategorien wie die des Unendlichen und des Kontinuums, die seit der Antike Gegenstand des philosophischen Denkens gewesen sind. CANTORS philosophische Grundposition war der Platonismus, wenn man diese Feststellung auch in einigen Punkten modifizieren muß. MESCHKOWSKI hält CANTOR für den «wohl letzten großen Vertreter des platonischen Denkens in der Mathematik.» [328, Vorwort]. PLATON gilt in der Philosophiegeschichte als der Begründer des objektiven Idealismus. Das Primäre bei PLATON ist eine hierarchisch geordnete Welt der Ideen, die objektiv existiert. Die Ideen können weder entstehen noch vergehen. Sie sind ewig sich selbst gleich und damit keinen Veränderungen unterworfen. Die der Sinneswahrnehmung zugängliche Welt ist sekundär. Die Welt der Ideen bestimmt das Dasein und die Qualität der Dinge. Daß CANTOR tatsächlich den mathematischen Objekten, etwa den Zahlen, eine solche Existenz als ewige Idee zuwies, zeigt besonders deutlich ein Brief an HERMITE vom 30.11.1895. HERMITE hatte behauptet, daß die Zahlen Realitäten seien, die mit derselben absoluten Notwendigkeit existieren wie die Realitäten der Natur, die uns durch die Sinne gegeben sind. Darauf antwortete CANTOR:

> «Gestatten Sie mir aber dazu zu bemerken, daß mir die Realität und absolute Gesetzmäßigkeit der ganzen Zahlen eine *viel stärkere* zu sein scheint, als die der Sinnenwelt. Und daß es sich so verhält, hat einen einzigen, sehr einfachen Grund, nämlich diesen, daß die ganzen Zahlen sowohl getrennt, wie auch in ihrer actual unendlichen Totalität als ewige Ideen in intellectu Divino im höchsten Grade der Realität existiren.» [3, Nr. 18, p. 47–48].

PLATONS Erkenntnistheorie kann konsequenterweise nicht von der Sinneswahrnehmung und Erfahrung ausgehen, denn diese beziehen sich auf die sekundäre Welt der Dinge, die wenn nicht überhaupt illusorisch, so doch ein unvollkommenes Bild von der Welt der Ideen gibt. PLATONS Dogma von der Unsterblichkeit der Seele liefert den Ansatzpunkt für seine Erkenntnistheorie: Erkenntnis ist Wiedererinnerung der Seele an einst in der Welt der Ideen Geschautes. Wissen gewinnt die Seele aus ihrer Selbstbetrachtung. Es ist *a priori* vorhanden, nur sozusagen verschüttet. Durch Lernen und Forschen wird es wieder zutage gefördert: «Denn das Suchen und Lernen ist eben durchweg Wiedererinnerung.» [370, Menon, Kap. 15, p. 22]. PLATON sah in der Mathematik ein vorzügliches Beispiel zur Erläuterung und Untermauerung seiner Ideenlehre. Nicht umsonst hat über dem Eingang seiner um 387 v. u. Z. im Hain des Akademos vor den Mauern Athens gegründeten Philosophenschule – will man der Überlieferung Glauben schenken – der Spruch gestanden: «Nur dem der Mathematik Kundigen wird Eintritt gewährt.» Begriffe wie Kreis, Dreieck, Zahl usw. schienen PLATON Beispiele für Elemente aus der Welt der Ideen zu sein. Die Mathematiker – so PLATON – führen ihre Überlegungen nicht wegen des unvollkommenen Kreises aus, den sie gerade zeichnen, sondern um den Kreis «an und für sich» zu erkennen, «und ebenso benutzen sie bei den übrigen Figuren jene einzelnen, die sie bilden und zeichnen, ..., eben nur als Abbilder, weil sie ja jene anderen an sich selbst seienden zu schauen suchen, die man wohl nicht in anderer Weise als eben durch das Nachdenken schauen kann». [369, S. 253] (Bezüglich einer ausführlichen historischen Darstellung des Platonismus und seiner Wurzeln sei auf [422] verwiesen.)

Die erste wichtige Frage, die CANTOR sich stellen mußte, war die nach der Ontologie, d.h. nach der Seinsweise seiner Mengen, transfiniten Zahlen usw. Sie ist auch heute eine der Kernfragen bei der Beschäftigung mit philosophischen Problemen der Mathematik. Es gibt drei große Linien bei der Beantwortung dieser Frage:

1. Die materialistische Linie (die spontan von zahlreichen, auch religiösen Gelehrten wie LEONHARD EULER vertreten wurde) behauptet, daß die Begriffe und Gesetzmäßigkeiten der Mathematik Widerspiegelungen von Eigenschaften, Beziehungen und Strukturen der objektiven *materiellen* Realität sind, die durch einen Abstraktionsprozeß gewonnen werden. Die so gewonnenen ideellen Strukturen haben ebenfalls objektiven Charakter und können wiederum als Gegenstand mathematischer Untersuchungen dienen usw. Das be-

inhaltet eine relative Selbständigkeit der Entwicklung mathematischer Strukturen ohne unmittelbaren Rückgriff auf die physische Erscheinungswelt.

2. Die Linie des subjektiven Idealismus, der behauptet, die mathematischen Begriffe und Sätze sind Produkte der rein subjektiv aufgefaßten schöpferischen Tätigkeit des Menschen. Der subjektive Idealismus ist die wesentliche philosophische Basis des Intuitionismus.

3. Die Linie des objektiven Idealismus, der den Objekten der Mathematik unabhängig von der real erfahrbaren Welt eine Existenz in einer objektiven Welt der Ideen oder «idealen Objekte» zuweist.

CANTOR vertrat natürlich den dritten Standpunkt. So sprach er z. B. nie davon, daß er die transfiniten Zahlen geschaffen oder von anderen Objekten abstrahiert habe, sondern daß er sie «erkannt» habe (s. den Brief CANTORS an VERONESE vom 17. 11. 1890, Dokument Nr. 26, der sehr schön die Auswirkung des platonischen Standpunktes in einer konkreten mathematischen Streitfrage zeigt. Im übrigen waren CANTORS sachliche Einwände gegen VERONESES unendliche Zahlen gerechtfertigt). Eine notwendige Bedingung für Existenz war für CANTOR die Widerspruchsfreiheit; selbstverständlich ist diese Bedingung, wenn man eine platonistische Ontologie vertritt, nicht hinreichend:

> «Wenn ich von einem ein Sein bedeutenden Begriff die innere Widerspruchslosigkeit erkannt habe, so zwingt mich die Idee der Allmacht Gottes das von dem betreffenden Begriff ausgesagte Sein auch in irgendwelcher Weise als actuell realisirbar zu denken und in Rücksicht darauf nenne ich das betreffende Sein ein «mögliches»; damit ist also nicht gesagt, dass es irgendwo und wann und wie in Wirklichkeit existirt» –

so schrieb CANTOR am 21. 5. 1886 an E. ILLIGENS [3, Nr. 16, S. 52].

Nach der Überwindung der romantischen Naturphilosophie, die zu Beginn des 19. Jahrhunderts einen gewaltigen Einfluß ausgeübt hatte, haben sich die Naturwissenschaften in der zweiten Hälfte des 19. Jahrhunderts zunehmend von der Philosophie abgewandt. Es entstand – besonders in Deutschland – eine Art Philosophiefeindlichkeit, welche durch den Charakter der in diesem Zeitraum dominierenden philosophischen Schulen nur noch verstärkt wurde. Der Positivismus wurde die vorherrschende Haltung der überwiegenden Mehrzahl der Naturwissenschaftler.

CANTOR wollte im Gegensatz dazu, ganz im Sinne des Thomismus bzw. Neothomismus, seine Wissenschaft auch metaphysisch begründen und ausdeuten. Auf einem Zettel in seinem Nachlaß, vermutlich aus dem Jahre 1913 stammend, finden sich die Worte:

> «Ohne ein Quentchen Metaphysik läßt sich, meiner Überzeugung nach, keine exacte Wissenschaft begründen. Man entschuldige daher die wenigen Worte, welche ich im Eingang über diese in neuerer Zeit meist so verpönte Doctrin zu sagen wage. Metaphysik ist, wie ich sie auffasse, die Lehre vom *Seienden*, oder was dasselbe bedeutet von dem was *da* ist, d.h. existirt, also von der Welt wie sie an sich ist, nicht wie sie uns erscheint. Alles was wir mit den Sinnen wahrnehmen und mit unserm abstracten Denken uns vorstellen ist *Nichtseiendes* und damit höchstens eine Spur des an sich Seienden.» [328, p. 114].

CANTOR stand mit einer solchen Auffassung ziemlich allein, und auch im 20. Jahrhundert, als sich die führenden Naturwissenschaftler wieder mehr um eine philosophische Einbettung ihrer Wissenschaft bemühten, haben nur sehr wenige auf den Neothomismus zurückgegriffen. Die Mengenlehre, so meinte CANTOR, mache Aussagen über die Welt «an sich», über das «wahre Sein»: «Die allgemeine Mengenlehre ... gehört durchaus zur Metaphysik» [327, p. 513], so schrieb er 1896 an den Pater TH. ESSER.

Vom subjektiven Idealismus grenzte sich CANTOR deutlich ab; auf dem oben erwähnten Notizzettel heißt es nämlich weiter:

> «Wir *sind*, da wir *existiren*, also giebt es ein Seiendes. Nicht nur wir sind da, auch andere von uns verschiedene Seiende sind da, wir leben zusammen und machen eine Welt aus, deren Teile alle miteinander in Verkehr stehen. Wer dies zu leugnen wagt, ziehe sich in sein eigenes Selbst zurück und sehe zu, wie weit er damit komme.» [328, p. 114].

Speziell zur Existenzfrage der mathematischen Objekte äußerte sich CANTOR in [21], Teil V:

> «Wir können in zwei Bedeutungen von der Wirklichkeit oder Existenz der ganzen Zahlen, der endlichen sowie der unendlichen sprechen; genau genommen sind es aber dieselben zwei Beziehungen, in welchen allgemein die Realität von irgend welchen Begriffen und Ideen in Betracht gezogen werden kann. Einmal dürfen wir die ganzen Zahlen insofern für wirklich ansehen, als sie auf Grund von Definitionen in unserm Verstande einen ganz bestimmten Platz einnehmen, von allen übrigen Bestandteilen unseres Denkens aufs beste unterschieden werden, zu ihnen in bestimmten Beziehungen stehen und somit die Substanz unseres Geistes in bestimmter Weise modifizieren, es sei mir gestattet, diese Art der Realität unsrer Zahlen ihre *intrasubjektive* oder *immanente* Realität zu nennen. Dann kann aber auch den Zahlen insofern Wirklichkeit zugeschrieben werden, als sie für einen Ausdruck oder ein Abbild von Vorgängen und Beziehungen in der dem Intellekt gegenüberstehenden Außenwelt gehalten werden müssen, als ferner die verschiedenen Zahlklassen (I), (II), (III) u.s.w. Repräsentanten von Mächtigkeiten sind, die in der körperlichen und geistigen Natur tatsächlich vorkommen. Diese zweite Art der Realität nenne ich die *transsubjektive* oder auch *transiente* Realität der ganzen Zahlen.» [21, p. 181].

CANTOR ist nun mit PLATON davon überzeugt, daß jede Idee der objektiven Ideenwelt (jeder Begriff mit «immanenter Realität») auch etwas in der realen Welt bestimmt (auch «transiente Realität» besitzt) und schreibt:

«Diese Überzeugung stimmt im wesentlichen sowohl mit den Grundsätzen des PLATONischen Systems, wie auch mit einem wesentlichen Zuge des SPINOZAschen Systems überein;...» [21, p. 206].

Bezüglich SPINOZA verweist er auf dessen Ausspruch «ordo et connexio idearum idem est ac ordo et connexio rerum» [die Ordnung und die Verknüpfung der Ideen ist dieselbe wie die Ordnung und Verknüpfung der Dinge – W. P.]. In der Begründung für diesen Zusammenhang geht CANTOR jedoch über PLATON hinaus und argumentiert folgendermaßen:

«Dieser Zusammenhang beider Realitäten hat seinen eigentlichen Grund in der *Einheit des Alls, zu welchem wir selbst mit gehören.*» [21, p. 182].

Dazu ist zu bemerken, daß das Verhältnis der sinnlich wahrnehmbaren Welt, der Erscheinungswelt, zu der Welt des Allgemeinen, der Ideenwelt, die Crux der platonischen Philosophie ist und von PLATON nirgends erschöpfend oder endgültig behandelt worden ist.

In der Bestimmung des Wesens der Erkenntnis schließt sich CANTOR ebenfalls eng an PLATON an:

«Erst seit dem neueren Empirismus, Sensualismus und Skeptizismus, sowie dem daraus hervorgegangenen Kantischen Kritizismus glaubt man die Quelle des Wissens und der Gewißheit in die Sinne oder doch in die sogenannten reinen Anschauungsformen der Vorstellungswelt verlegen und auf sie beschränken zu müssen; meiner Überzeugung nach liefern diese Elemente durchaus keine sichere Erkenntnis, weil letztere nur durch Begriffe und Ideen erhalten werden kann, die von äußerer Erfahrung höchstens angeregt, der Hauptsache nach durch innere Induktion und Dekuktion gebildet werden als etwas, was in uns gewissermaßen schon lag und nur geweckt zum Bewußtsein gebracht wird.» [21, p. 207].

Bezüglich der Ablehnung des Sensualismus, der die sinnliche Stufe des Erkenntnisprozesses verabsolutiert, kann man CANTOR unbedingt zustimmen. CANTOR begeht nur den entgegengesetzten Fehler: er verabsolutiert die rationale Stufe des Erkenntnisprozesses. Allerdings ist ihm das im Hinblick auf den extrem abstrakten Charakter seiner Schöpfungen gar nicht zu verdenken, zumal wenn man berücksichtigt, daß ihm eine dialektische Auffassung des Erkenntnisprozesses, wie sie sich für die moderne Naturwissenschaft mehr und mehr bewährt, noch nicht zur Verfügung stand.

Wie dachte sich CANTOR nun die transiente Realität seiner transfiniten Zahlen? In seiner Arbeit [24] von 1885 heißt es dazu:

«Ich gehe von der Ansicht aus, mit welcher ich mich in Übereinstimmung mit der heutigen Physik zu befinden glaube, daß zwei *spezifisch verschiedene, aufeinander wirkende Materien* ... zugrunde zu legen sind, die *Körpermaterie* und die *Äthermaterie*, ...; in dieser Beziehung habe ich mir schon vor Jahren die *Hypothese* gebildet, daß die *Mächtigkeit* der *Körpermaterie* diejenige ist, welche ich in meinen Untersuchungen die *erste* Mächtigkeit nenne, daß dagegen die *Mächtigkeit* der *Äthermaterie* die *zweite* ist.» [24, p. 275/276].

An mehreren Stellen in seinen Werken verspricht CANTOR Arbeiten, in denen er darauf näher eingehen wolle; er hat dieses Versprechen allerdings nie eingelöst. Die moderne Physik unserer Zeit hat über die Struktur der Materie Erkenntnisse gewonnen, die CANTORS Hypothesen in der obigen Form als unhaltbar erweisen. Allerdings sollte man CANTORS Idee, das Kontinuum mit der Natur in Verbindung zu bringen, nicht voreilig als völlig absurd zurückweisen, bloß weil die Aetherhypothese gefallen ist. Die klassischen Feldtheorien der Physik, die ja als Näherungen weiterhin durchaus ihre große Bedeutung haben, basieren auf dem Begriff des Kontinuums. Und wenn man den Leitsatz *omnis determinatio est negatio* (jede Determination ist Negation) akzeptiert, so wird der Begriff des Diskreten ohne Bezug auf sein dialektisches Gegenstück jeden Sinn verlieren, weshalb die Vorstellung des Kontinuierlichen aus der Physik nicht eliminierbar ist.

Etwas ausführlicher als in seinen gedruckten Arbeiten ist CANTOR in zwei Briefen an MITTAG-LEFFLER auf seine Auffassung von der Materiestruktur und auf den von ihm vermuteten Zusammenhang von Mengenlehre und Physik eingegangen (s. Dokumente Nr. 27 und 28).

CANTOR hat auch über das Problem der Bewegung in der Physik nachgedacht und ist hier zu erstaunlichen Einsichten gelangt. Mit dem Begriff der mechanischen Bewegung, auf den die Physiker des 19. Jahrhunderts alle Bewegungsvorgänge zurückzuführen suchten, schien der Begriff der Geschwindigkeit unlöslich verbunden zu sein. Hatte man die Bewegung eines Massenpunktes durch ein Weg-Zeit-Gesetz $s = s(t)$ beschrieben, so setzte man stillschweigend immer die Differenzierbarkeit voraus, d.h. zu jeder Bewegung gehörte notwendig eine Geschwindigkeit $v = \frac{ds}{dt}$. CANTOR vertrat eine dazu gegenteilige Auffassung. Auf einer Postkarte vom 19.10.1886 schrieb er an F. KLEIN:

«Es freut mich, dass Sie in gewissem Sinne mit meinen Andeutungen über den Bewegungsbegriff harmoniren. Um noch deutlicher meine Meinung zu sagen, vermerke ich: «Richtung» und «Geschwindigkeit» sind meines Erachtens nur

Accidenzien der Bewegung, d. h. sie *können* auch fehlen, sie sind dem allgemeinen Bewegungsbegriff *nicht wesentlich*. Ich halte es für *unmöglich* zu beweisen, dass jede Bewegung nothwendig mit «Geschw.» und «Richt.» behaftet sein müsse. Bewegung mit jenen Accidenzien ist *genau betrachtet ebenso* unanschaulich und, wenn Sie wollen, ebenso dunkel, wie Bewegung ohne dieselben. Die quälerische Frage «was heisst Anschaulichkeit» tritt auf diesem Standpunkt zurück und verdient vielleicht auch nichts Besseres.» [4, VIII, 442].

Diese Auffassungsweise CANTORS hat sich z. B. bei der mathematischen Beschreibung der BROWNschen Molekularbewegung glänzend bestätigt. 1828 beschrieb der englische Botaniker BROWN eine Beobachtung, die er 1827 unter dem Mikroskop an in Wasser suspendierten Pollenkörnchen gemacht hatte, und zwar beobachtete er eine wimmelnde Bewegung. Er glaubte zunächst, im Pollen die Uratome des Lebendigen entdeckt zu haben, mußte aber bald feststellen, daß der Effekt auch bei in Flüssigkeiten suspendierten anorganischen Substanzen auftrat. Über 70 Jahre hat es gedauert, ehe man nach vielen Irrwegen die wahren Ursachen der BROWNschen Bewegung erkannte (cf. [375]). Die Beschreibung der BROWNschen Bewegung durch stochastische Prozesse setzte mit einer berühmten Arbeit von A. EINSTEIN [127] aus dem Jahre 1905 ein und wurde von N. WIENER fortgeführt [478], [479]. Modern gesprochen kann man die BROWNsche Bewegung durch einen homogenen GAUSS-Prozeß mit unabhängigen Zuwüchsen beschreiben. Dieser nach WIENER benannte Prozeß spielt heute als Grundlage der Theorie der stochastischen Differentialgleichungen (ITO-Theorie) eine fundamentale Rolle. Eine charakteristische Eigenschaft des WIENER-Prozesses besteht darin, daß fast alle Realisierungen stetig, aber nirgends differenzierbar sind. Ein BROWNsches Teilchen hat also nirgends eine definierte Geschwindigkeit.

Was die wissenschaftliche Methodologie der Mathematik betrifft, so hat CANTOR in seinen Bemerkungen dazu den platonistischen Standpunkt teilweise verlassen. Zunächst leitet er aus dem Zusammenhang von immanenter und transienter Realität ganz im platonistischen Sinne die Folgerung ab, daß die Mathematik

«bei der Ausbildung ihres Ideenmaterials *einzig* und *allein* auf die immanente Realität ihrer Begriffe Rücksicht zu nehmen und daher *keinerlei* Verbindlichkeit hat, sie auch nach ihrer *transienten* Realität zu prüfen. Wegen dieser ausgezeichneten Stellung, die sie von allen anderen Wissenschaften unterscheidet und die eine Erklärung für die verhältnismäßig leichte und zwanglose Art der Beschäftigung mit ihr liefert, verdient sie ganz besonders den Namen der *freien Mathematik*, eine Bezeichnung, welcher ich, wenn ich die Wahl hätte, den Vorzug vor der üblich gewordenen «reinen» Mathematik geben würde.» [21, p. 182].

Dann folgen jedoch Einschränkungen, die mit der PLATONschen Ideenlehre unvereinbar sind. Die Begriffe müssen «in festen durch Definitionen geordneten Beziehungen zu den vorher gebildeten, bereits vorhandenen und bewährten Begriffen stehen.» [21, p. 182]. Das sind methodologische Korrektive, die für die Auffassung von der Existenz und «Entdeckung» einer a prioristischen unveränderlichen Ideenwelt absolut überflüssig sind. Aber CANTOR geht noch weiter: Jeder mathematische Begriff trägt nach seiner Meinung «das nötige Korrektiv in sich selbst einher; ist er unfruchtbar oder unzweckmäßig, so zeigt er es sehr bald durch seine Unbrauchbarkeit und er wird alsdann wegen mangelnden Erfolges fallen gelassen.» [21, p. 182]. Die Prädikate «fruchtbar» oder «unfruchtbar» sind in einer PLATONschen Ideenwelt undenkbar. Und nach welchen Kriterien soll darüber entschieden werden? CANTOR gibt darauf zwar keine explizite Antwort, aber die Wortwahl «fruchtbar» – «unfruchtbar» läßt sich als Entscheidungskriterium nur die menschliche Praxis (im allgemeinsten Sinne menschlicher Tätigkeit, d.h. einschließlich der innermathematischen Praxis) zu, und zwar nicht im Sinne einer *ad-hoc*-Entscheidung, sondern im Sinne einer Entscheidung in einem historischen Prozeß. CANTOR zieht aus all dem folgende methodologische Schlußfolgerungen:

> «Es ist, wie ich glaube, nicht nötig, in diesen Grundsätzen irgend eine Gefahr für die Wissenschaft zu befürchten, ... Dagegen scheint mir aber jede überflüssige Einengung des mathematischen Forschungstriebes eine viel größere Gefahr mit sich zu bringen und eine um so größere, als dafür aus dem Wesen der Wissenschaft wirklich keinerlei Rechtfertigung gezogen werden kann; denn das *Wesen* der *Mathematik* liegt gerade in ihrer *Freiheit*.» [21, p. 182].

Man kann über die methodologische Grundhaltung CANTORS natürlich verschiedener Meinung sein. Sicher kann man sie vom gegenwärtigen Standpunkt moderner Wissenschaftsentwicklung nicht uneingeschränkt akzeptieren. Zu CANTORS Korrektiven wird zumindest die Frage treten müssen, welche Ziele im Interesse der Gesamtentwicklung der Wissenschaft oder noch allgemeiner der menschlichen Gesellschaft mit der Forschung verfolgt werden, welche Probleme man lösen will. Auch das hatte CANTOR schon im Auge, denn er soll immer rasch mit der Frage bei der Hand gewesen sein, welches Interesse denn diese oder jene mathematische Untersuchung habe. Wir meinen jedoch, daß CANTORS methodologische Grundhaltung auch eine Reihe positiver Elemente enthält, die man hervorheben sollte:

1. Sie geht von einer erkenntnisoptimistischen Grundhaltung aus.

2. Sie trägt der historischen Erfahrung Rechnung, daß in der Mathematik die Perioden relativer Eigenentwicklung von Ideen sich über mehrere Generationen von Individuen erstrecken können, so daß ein einzelnes Individuum durchaus ohne Rückgriff auf die «transiente Realität» Bedeutendes leisten kann. Die Mathematik als integrative Querschnittsdisziplin hat im System der Wissenschaften eine starke Vorlauffunktion, weshalb jedes kleinliche utilitaristische Herangehen an die Mathematik besonders schädlich ist.

3. Sie berücksichtigt ferner die historische Frfahrung, daß in der Mathematik in aller Regel relativ junge Menschen die Träger des Fortschritts sind. Aber gerade junge Menschen können sehr leicht durch «Autoritäten» dominiert werden. CANTORS methodologische Empfehlungen zielen auf die Selbständigkeit des jungen Forschers, auf seine eigene Urteilsfähigkeit, auf Eigenschaften also, die wir heute nicht genug betonen können. Daß er gerade diesen dritten Punkt für außerordentlich wichtig hielt, hat er in dem schon mehrfach erwähnten Brief an MITTAG-LEFFLER vom 20.10.1884 sehr deutlich zum Ausdruck gebracht:

> «Ich liebe an jungen Mathematikern nichts mehr, als Sinn für Freiheit und Unabhängigkeit und bin hierin das Gegentheil des Herrn KR., an dessen Adresse ganz speciell meine Apologie der Freiheit innerhalb der Mathematik, die Sie in § 8 meiner «Grundlagen» [[21], Teil V – W. P.] finden ebensowohl, wie die mittlere Partie des § 4 derselben Schrift, gerichtet war; doch scheint er dies bis jetzt nicht bemerkt zu haben. –» [3, Nr. 16, p. 2].

Ein großer Teil von CANTORS mathematisch-philosophischen Erörterungen ist der Verteidigung seiner Überzeugung von der Existenz des Aktual-Unendlichen gewidmet. Er setzte sich mit mathematischen, philosophischen und auch theologischen Argumentationen sowohl von Zeitgenossen als auch von Gelehrten der Vergangenheit gegen das Aktual-Unendliche auseinander. Sein Ausgangspunkt ist die eigene felsenfeste Überzeugung, daß er durch die Schaffung der transfiniten Mengenlehre die Existenz des Aktual-Unendlichen mathematisch gesichert hat:

> «Zu dem Gedanken, das Unendlichgroße nicht bloß in der Form des unbegrenzt Wachsenden und in der hiermit eng zusammenhängenden Form der im siebzehnten Jahrhundert zuerst eingeführten konvergenten unendlichen Reihen zu betrachten, sondern es auch in der bestimmten Form des Vollendet-Unendlichen mathematisch durch Zahlen zu fixieren, bin ich fast wider meinen Willen, weil im Gegensatz zu mir wertgewordenen Traditionen, durch den Verlauf vieljähriger wissenschaftlicher Bemühungen und Versuche logisch gezwungen

worden, und ich glaube daher auch nicht, daß Gründe sich dagegen werden geltend machen lassen, denen ich nicht zu begegnen wüßte.» [21, p. 175].

CANTOR hat sorgfältig alle Gegenargumente, die im Laufe der Jahrhunderte von Mathematikern, Philosophen und Theologen gegen die Existenz des Aktual-Unendlichen vorgebracht wurden, gesammelt und analysiert. Besonders interessierte er sich für «Widerlegungen» der Existenz unendlicher Zahlen. So hatte Aristoteles argumentiert, daß das Endliche vom Unendlichen aufgehoben werden würde, weil eine endliche Zahl durch eine unendliche vernichtet würde. CANTOR begegnete dem mit dem Hinweis auf die beiden verschiedenen transfiniten Ordnungszahlen ω und $\omega + 1$. Ein anderes Argument lautete, daß eine unendliche Zahl gleichzeitig gerade und ungerade sein müßte. Darauf konnte Cantor erwidern, daß ω weder gerade noch ungerade ist, weil es in keiner der beiden Formen $\alpha \cdot 2$ bzw. $\alpha \cdot 2 + 1$ darstellbar ist. Auch mit platten Auffassungen EUGEN DÜHRINGS zur Unendlichkeitsproblematik hat sich CANTOR auseinandergesetzt; um dieselbe Zeit erfolgte das von philosophischer Seite durch ENGELS [307]. Seine zusammenfassende Antwort auf alle Einwände formulierte CANTOR in einem Brief an GUSTAV ENESTRÖM vom 4.11.1885, der in der Zeitschrift für Philosophie und philosophische Kritik, Bd. 88, abgedruckt wurde:

«Alle sogenannten Beweise wider die Möglichkeit aktual unendlicher Zahlen sind, wie in jedem Falle besonders gezeigt und auch aus allgemeinen Gründen geschlossen werden kann, der Hauptsache nach dadurch fehlerhaft, ... daß sie von vornherein den in Frage stehenden Zahlen alle Eigenschaften der endlichen Zahlen zumuten oder vielmehr aufdrängen, während die unendlichen Zahlen doch andrerseits, wenn sie überhaupt in irgendeiner Form denkbar sein sollen, durch ihren Gegensatz zu den endlichen Zahlen ein ganz neues Zahlengeschlecht konstituieren müssen, dessen Beschaffenheit von der Natur der Dinge durchaus abhängig und Gegenstand der Forschung, nicht aber unserer Willkür oder unserer Vorurteile ist.» [27, p. 371/372].

Es ist nun merkwürdig, daß CANTOR in seinem Kampf gegen die Existenz unendlich kleiner Zahlen demselben Fehler verfällt. CANTOR hatte zunächst durchaus recht, die zeitgenössischen Versuche etwa von THOMAE, STOLZ und DU BOIS-REYMOND, unendlich kleine Größen einzuführen, als verfehlt abzulehnen. Seinem Temperament entsprechend polemisierte er heftig gegen diese Autoren: In einem Brief an VIVANTI vom 13.12.1893 nannte er die unendlich kleinen Größen den «infinitären Cholera-Bazillus der Mathematik» [327, p. 505], oder er sprach von «papiernen Größen, die gar keine andere Existenz haben als auf dem Papiere ihrer Entdecker und Anhänger» und folglich in den Papierkorb gehörten. [327, p. 506/

507]. CANTOR hat seinerseits versucht, mit Hilfe der Ordinalzahltheorie zu beweisen, daß es unendlich kleine Zahlen nicht geben kann [28, p. 407–408]. Hierzu bemerkte ERNST ZERMELO, der Herausgeber der Gesammelten Werke CANTORS, ganz treffend:

> «Die Nicht-Existenz «aktual-unendlichkleiner Größen» läßt sich ebensowenig beweisen, wie die Nicht-Existenz der CANTORschen Transfiniten, und der Fehlschluß ist in beiden Fällen ganz der nämliche, indem den neuen Größen gewisse Eigenschaften der gewöhnlichen «endlichen» zugeschrieben werden, die ihnen nicht zukommen können.» [28, p. 439].

In einem erst kürzlich von WOLFGANG ECCARIUS in Gotha aufgefundenen Brief an KURT LASSWITZ [125] hat CANTOR seine Meinung allerdings relativiert und die Möglichkeit eingeräumt, daß es späteren Forschern gelingen könne, unendlich kleine Größen streng zu definieren. Diese Voraussicht hat sich in unserer Zeit bestätigt: In der sogenannten Nichtstandard-Analysis werden unendlichkleine Größen exakt eingeführt. Allerdings muß man, wie nicht anders zu erwarten war, einige Eigenschaften der üblichen reellen Zahlen fallen lassen und zu nichtarchimedischen Körpern übergehen [391].

Ein sehr bemerkenswertes Argument CANTORS für die Existenz des Aktual-Unendlichen, welches von echt dialektischem Denken zeugt, sei noch hervorgehoben:

> «Unterliegt es nämlich keinem Zweifel, daß wir die *veränderlichen* Größen im Sinne des potentialen Unendlichen nicht missen können, so läßt sich daraus auch die Notwendigkeit des Aktual-Unendlichen folgendermaßen beweisen: Damit eine solche veränderliche Größe in einer mathematischen Betrachtung verwertbar sei, muß streng genommen das «Gebiet» ihrer Veränderlichkeit durch eine Definition vorher bekannt sein; dieses «Gebiet» kann aber nicht selbst wieder etwas Veränderliches sein, da sonst jede feste Unterlage der Betrachtung fehlen würde; also ist dieses «Gebiet» eine bestimmte aktual-unendliche Wertmenge. So setzt jedes potentiale Unendliche, soll es streng mathematisch verwendbar sein, ein Aktual-Unendliches voraus.» [28, p. 410–411].

Diesen Gedanken verwendet CANTOR auch in seiner Polemik gegen die Vertreter der HERBARTschen Philosophie. Von Geist und Ironie sprühend, wahrhaft literarisch, mögen diese Sätze zur Ergötzung des Lesers hier Platz finden:

> «Ist es den Herren gänzlich aus der Erinnerung gekommen, daß, von den Reisen abgesehen, die in der Phantasie oder im Traume ausgeführt zu werden pflegen, daß, sage ich, zum sichern Wandeln oder Wandern *fester Grund und Boden* sowie ein *geebneter Weg* unbedingt erforderlich sind, ein Weg, der nirgends abbricht, sondern überall, wohin die Reise führt, gangbar sein und bleiben muß? Ist denn die Mahnung, welche HEINRICH HOFFMANN in seinem ‹Struwelpeter› (...) mit dem ‹Hans Guck in die Luft› so deutlich uns allen zu Gemüte geführt

hat, nur an den Herren Herbartianern ohne jeden Eindruck geblieben? Die weite Reise, welche HERBART seiner ‹*wandelbaren Grenze*› vorschreibt, ist *eingestandenermaßen nicht* auf einen endlichen Weg beschränkt, so muß denn ihr *Weg* ein *unendlicher*, und zwar, weil er *seinerseits nichts Wandelndes*, sondern überall fest ist, ein *aktual-unendlicher Weg sein*. Es fordert also *jedes potentiale Unendliche* (die wandelnde Grenze) ein *Transfinitum* (den sichern Weg zum Wandeln) und *kann ohne letzteres nicht gedacht werden* (...). Da wir uns aber durch unsre Arbeiten der breiten Heerstraße des Transfiniten versichert, sie wohl fundiert und sorgsam gepflastert haben, so öffnen wir sie dem Verkehr und stellen sie als eiserne Grundlage, nutzbar allen Freunden des potentialen Unendlichen, im besondern aber der wanderlustigen HERBARTschen ‹Grenze› bereitwilligst zur Verfügung; gern und ruhig überlassen wir die rastlose der Eintönigkeit ihres durchaus nicht beneidenswerten Geschicks; wandle sie nur immer weiter, es wird ihr von nun an nie mehr der Boden unter den Füßen schwinden. Glück auf die Reise!» [28, p. 392–393].

Gelegentlich versuchte CANTOR sogar, das philosophische Leben in Deutschland durch direktes persönliches Engagement zu beeinflussen. So forderte er seinen Briefpartner A. BOLLIGER auf, Artikel für die *Zeitschrift für Philosophie und philosophische Kritik* zu schreiben; zur Begründung heißt es:

«Es ist, im Vertrauen gesagt, mein Wunsch, die vielen pessimistisch-hartmannianischen und sonstigen schlechten Elaborate, welche seit dem Eintritt des schwärmerisch-schwachen kritiklosen KROHN in die Redaction darin Zutritt gefunden haben, so weit als mir möglich, durch gesünderes Material zu verdrängen.» [3, Nr. 16, p. 123].

Als ZELLERS *Archiv für Geschichte der Philosophie* gegründet werden sollte, schien CANTOR durch die vorgesehene Besetzung der Redaktion mit STEIN, FREUDENTHAL, DILTHEY und ERDMANN die christliche Philosophie nicht genügend berücksichtigt und er regte an, ein *Archiv für Geschichte der christlichen Philosophie* zu gründen. [3, Nr. 16, p. 121–122]. Mehrfach bemühte sich CANTOR – wenn auch ohne Erfolg – für E. HUSSERL eine Berufung in ein freigewordenes Ordinariat für Philosophie in Freiburg i. Br. zu erwirken. In diesem Zusammenhang äußerte er sich über HUSSERL und über eine Reihe weiterer Philosophen, die man in Freiburg ins Auge gefaßt hatte (Dokumente Nr. 29, 30).

Das Bild CANTORS wäre unvollständig, fänden seine Beziehungen zur Theologie keine Erwähnung. CANTOR hatte in seiner Bibliothek zahlreiche, z. T. sehr alte und sehr wertvolle theologische Schriften. Er war mit theologischen Argumentationen, insbesondere zum Problem des Unendlichen, wohl vertraut, kannte die Lehren der Kirchenväter und insbesondere die der scholastischen Denker. Er war auch in der zeitgenössischen theologischen Literatur bewandert und korrespondierte freundschaftlich mit einer Reihe katholischer

Theologen, z.B. mit dem Kardinal FRANZELIN und einigen namhaften Jesuiten, darunter auch solchen, die während des «Kulturkampfes» aus Deutschland ausgewiesen worden waren.

CANTOR hatte ohne Zweifel einen starken Hang zum Thomismus. Er verehrte THOMAS VON AQUIN und bezeichnete dessen Philosophie des öfteren als die *philosophia perennis* (immerwährende Philosophie). Die Enzyklika *Aeterni patris* LEOS XIII. [289], welche den Thomismus wieder beleben sollte, hat er mehrfach lobend erwähnt. Das Hauptanliegen dieser Enzyklika, den katholischen Glauben mit der modernen Wissenschaft in Einklang zu bringen, genauer gesagt, die moderne Wissenschaft zur Begründung der Glaubenslehren heranzuziehen, unterstützte CANTOR voll und ganz. Er wollte «eine Harmonie zwischen Glauben und Wissen erstreben» [27, p. 370]. Zu diesem Zwecke wollte er dem Klerus seine Theorie erläutern, um diesen insbesondere im Hinblick auf das Unendliche vor Irrtümern zu bewahren. In einem Brief an HERMITE vom 21.1.1894 erklärte CANTOR:

> «Erstens wirke ich nach Kräften auf die Geistlichkeit mit der ich innigst befreundet bin und zwar handle ich da nach den Worten: «Ihr seid meine Lehrer in der Religion und Theologie, ich Euer dankbarer Sohn und Schüler. Von Euch und Eurem guten Willen hängt es allein ab, ob ich Euer Lehrer werde in den weltlichen Wissenschaften und so eine goldene Brücke schlage von Euch zu uns, von uns zu Euch.» Zweitens wende ich mich an den Kreis der gebildeten Laien, ohne Zelotismus und frei von Ostentation, mit der nöthigen Auswahl, Vorsicht und Klugheit, um sie von den grassierenden Verirrungen des Skeptizismus, Atheismus, Materialismus, Positivismus, Pantheismus etc. abzubringen und sie allmählich dem allein vernunftgemäßen Theismus wieder zuzuführen ...» [328, S. 125].

Aus dem letztgenannten Bestreben erklärt sich auch CANTORS heftige Polemik gegen ERNST HAECKEL und überhaupt eine Haltung zur modernen Naturwissenschaft, die für einen Gelehrten in der zweiten Hälfte des 19. Jahrhunderts eine absolute Ausnahme war (besonders aufschlußreich in dieser Beziehung ist CANTORS Brief an Prof. C. A. VALSON in Lyon, Dokument Nr. 31).

Ein Grund für CANTORS Affinität zur Theologie bestand neben seiner religiösen Überzeugung darin, daß insbesondere die scholastische Philosophie und Theologie Ansatzpunkte zu einer tieferen Diskussion der Unendlichkeitsproblematik liefern. FELIX KLEIN hat darauf hingewiesen, daß «... die scholastischen Spekulationen ... sich häufig als die korrektesten Ansätze dessen erweisen, was wir heute als Mengenlehre bezeichnen» [265, p. 52]. Insbesondere fand CANTOR in dem Kirchenvater AUGUSTINUS (*De civitate Dei*,

Buch XII, Kap. 19), in dem Franziskaner E. Maignan (17. Jh.) und in dem Jesuiten Roderigo de Arriaga (17. Jh.) Vorkämpfer für die Anerkennung des Aktual-Unendlichen. Hauptsächlich drei Problemkreise verbinden die Unendlichkeitsproblematik mit der scholastischen Philosophie: Anfang und Ewigkeit der Welt, Spekulationen über den Tod und vor allem die Fragen nach den Eigenschaften Gottes. So nahm die Scholastik z. B. eine Idee des Neuplatonikers Plotin auf, der ein System von Unendlichkeiten postulierte, an der Spitze die absolute Transzendenz des (unendlichen) Gottes, am Ende die Endlichkeit. Die Verbindung zwischen beiden Endstufen bilden eine ganze Reihe vermittelnder Stufen. Plotins Nachfolger vermehrten nun ständig die Anzahl der Zwischenstufen, um die Kluft zwischen dem Höchsten und der Erscheinungswelt zu überbrücken [101]. In ganz ähnlicher Weise wollte Cantor die Folge seiner Alephs interpretiert wissen. So berichtet Kowalewski:

> «Diese Mächtigkeiten, die Cantorschen Alephs, waren für Cantor etwas Heiliges, gewissermaßen die Stufen, die zum Throne der Unendlichkeit, zum Throne Gottes emporführen.» [271, p. 201].

Wohl am deutlichsten wird Cantors Standpunkt zum Katholizismus und zur katholischen Philosophie aus einem Brief an F. Heman in Basel vom 28. 7. 1887. Dort heißt es:

> «Ich bin nicht Katholik, beurtheile aber die heillose Zerfahrenheit innerhalb des Protestantismus ganz ähnlich wie Adeodatus und stehe als positiver Christ innerlich und, wenn nöthig, auch nach Außen hin, freundschaftlich zum Katholicismus, dessen jetziges Oberhaupt ich verehre und hochachte, und ich theile daher nicht mit der Mehrzahl der Protestanten die grundsätzliche Feindschaft gegen alles zum Katholicismus gehörige. ... Im Besonderen glaube ich, daß der katholischen Wissenschaft und Philosophie gegenüber ein kritisch-wohlwollendes Verhältnis gestattet sein dürfte. In diesem Sinne werden Sie mich beispielsweise in der Ihnen zugesandten ersten Abh. des Aufsatzes *Mitth. z. Lehre vom Transfiniten* nicht als Anhänger, sondern sogar als Gegner (aber als wohlmeinender Gegner) der in jenen Kreisen, namentlich in dem Orden S. J. allgemein acceptirten Lehre vom Unendlichen erkennen.» [3, Nr. 16, p. 128].

In den letzten Sätzen spielt Cantor vor allem auf die Differenzen mit den Jesuitenpatres J. Hontheim und T. Pesch an (cf. Dokument Nr. 32). Diese und andere Autoren, wie Moigno, Cauchy, Tongiorgi, waren von der These ausgegangen, daß es unendliche Zahlen nicht geben könne. Daraus hatten sie dann geschlußfolgert, daß die Anzahl der seit dem Weltanfang vergangenen Zeiteinheiten eine endliche sein müsse und folglich der Weltanfang in der Zeit bewiesen sei. Cantor hat sich mit dieser Problematik des öfteren auseinandergesetzt und dabei immer wieder hervorgehoben, daß THOMAS VON AQUIN selbst bei seinen Beweisführungen das falsche Argument, daß es unendliche Zahlen nicht gebe, sorgsam vermieden habe. In [27] heißt es z.B. dazu:

«Ich stehe durchaus nicht in prinzipiellem Gegensatz zu diesen Autoren, sofern sie eine Harmonie zwischen Glauben und Wissen erstreben, halte aber das Mittel, dessen sie sich hier dazu bedienen, für ein gänzlich verfehltes. Wenn die Glaubenssätze zu ihrer Stütze eines so *grundfalschen* Satzes, wie derjenige von der Unmöglichkeit aktual unendlicher Zahlen ... bedürften, so wäre es mit ihnen sehr schlecht bestellt und es scheint mir höchst bemerkenswert, daß der heil. THOMAS VON AQUINO in I p, q. 2, a. 3 seiner *Summa theologica*, wo er mit fünf Argumenten die Existenz Gottes beweist, von diesem fehlerhaften Satze *keinen* Gebrauch macht, obwohl er im übrigen kein Gegner desselben ist; ...» [27, p. 370–371].

CANTOR behauptete sogar in einem Brief an A. SCHMID (Dokument Nr. 33), gerade mit Hilfe der *transfiniten Zahlen* den Weltanfang beweisen zu können; allerdings hat er nirgends gesagt, wie er sich einen solchen Beweis vorstellte. Man braucht heute kaum noch zu betonen, daß die theologischen Bestrebungen CANTORS wissenschaftlich unfruchtbar waren.

Was den konfessionellen Standpunkt betrifft, so war CANTOR doch ein wenig Opportunist. Korrespondierte er mit katholischen Theologen, so findet man eine Reihe sehr freundlicher Äußerungen über den Katholizismus, so daß z.B. Kardinal FRANZELIN in seinem Antwortschreiben vom 26.1.1886 auf einen Brief CANTORS diesem doch recht unverhüllt einen Übertritt zum Katholizismus nahelegte:

«Was Sie mir über Ihre Stellung zum Katholizismus schreiben, war mir einestheils sehr erfreulich, besonders wenn ich bedenke in welcher Umgebung Sie sich befinden; aber auf der anderen Seite kann ich Ihnen nicht verhehlen, wie schmerzlich es mir ist, daß Sie außer dem Mutterhause sich zu befinden das Unglück haben. Für Männer von Ihrer Stellung ist das Nachdenken über die wichtigste und für die Ewigkeit entscheidende Angelegenheit der Religion nothwendig, aber noch viel nothwendiger das demüthige Gebet um Erleuchtung und Kraft von Oben.» [3, Nr. 16, p. 42–43].

Korrespondierte CANTOR mit der Engländerin C. POTT, so finden sich in Briefen vom März 1896 Passagen folgender Art:

«In religiösen Fragen und Beziehungen ist mein Standpunct *kein confessioneller*, da ich *keiner der bestehenden organisirten Kirchen* angehöre. Meine Religion ist die vom dreieinigen, einen und einzigen Gott selbst Geoffenbarte und meine Theologie gründet sich auf Gottes Wort und Werk, wobei ich außerdem als meine Lehrer *hauptsächlich* die apostolischen Väter, die Kirchenväter und die angesehendsten Kirchenlehrer der *ersten* 15 *Jahrhunderte* unserer Zeitrechnung verehre ...» [3, Nr. 18, p. 175] ... «Ihre Briefe sind *nur an mich* geschrieben und ich gehöre *keiner Verbindung, geheimen Gesellschaft oder Kirche an, in welcher ein Erdgeborener über mir stünde oder mir etwas zu befehlen hätte.* Ich bin *nur vor Gott* verantwortlich.» [3, Nr. 18, p. 178].

CANTOR ist allerdings bis zu seinem Tode Mitglied der evangelischen Kirche gewesen und ist auch von einem evangelischen Pfarrer beerdigt worden [55].

In einer kleinen, 1905 als Privatdruck unter dem Titel *EX ORIENTE LUX* ... herausgegebenen Schrift [36] kam CANTORS Unabhängigkeit von der Schultheologie beider Konfessionen deutlich zum Ausdruck. Die Hauptthese, die CANTOR in *EX ORIENTE LUX* ... zu beweisen versuchte, ist die, daß JOSEPH VON ARIMATHIA der leibliche Vater JESU gewesen sei. Das Dogma von der Jungfrauengeburt lehnte er ab. Aus der Bibel ist JOSEPH VON ARIMATHIA als der vornehme jüdische Bürger bekannt, der den Leib CHRISTI von PILATUS zur Beisetzung erhielt. Als Quellen für seine Meinung nahm CANTOR neben der Bibel «verschiedene, mit den kanonischen Evangelien gleichzeitige und gleichwertige Geschichtsquellen, unter anderem auch [den] Talmud» [36, p. 10]. Ähnlich wie bei der BACON-SHAKESPEARE-Theorie ist man zunächst geneigt, eine derartig ungewöhnliche Auffassung als Privatmeinung CANTORS abzutun. Bei genauerem Studium stellt man jedoch auch hier fest, daß die «Legende» von JOSEPH VON ARIMATHIA eine lange Geschichte hat. Am stärksten verbreitet und ausgeschmückt haben diese Legende wohl BAHRDT und besonders VENTURINI in seinem überaus erfolgreichen romanhaften Buch *Natürliche Geschichte des großen Propheten von Nazareth* [463]. Hier tauchte JOSEPH VON ARIMATHIA als Führer der Sekte der Essäer auf. JESUS erschien bei VENTURINI gewissermaßen als Werkzeug der Essäer zur Erringung der politischen Macht in Palästina. Im historischen Zusammenhang ist CANTORS Arbeit nur ein winziger Teil der von 1835 bis 1914 überaus verbreiteten «Leben-Jesu-Forschung» (vgl. [53], [418]) oder besser der seit dem 13. Jahrhundert blühenden «Leben-Jesu-Literatur». Zur fast unglaublichen Verbreitung solcher Art von Literatur sei nur an ERNEST RENANS *Das Leben Jesu* erinnert, dessen erste französische Auflage 1863 erschien, dessen 100. deutsche Auflage bereits für 1908 angekündigt war. [455, p. 204]. Selbstverständlich widersprach CANTORS Auffassung jeder offiziellen Kirchenmeinung, und er wußte das auch:

> «Mit unsrer Auffassung treffen wir, wie mit einem wuchtigen Hiebe alle theologischen Richtungen der Gegenwart und erschüttern auf's Tiefste die bestehenden, sich gegenseitig anfeindenden kirchlichen Organisationen ... Es bleibt aber bis zum Ende der Tage ... die unsichtbare Kirche ... bestehen. Er (Christo) ist ihr Oberhaupt, das keinen Statthalter auf Erden braucht.» [36, p. 11–12].

«Das Wesen der Mathematik liegt in ihrer Freiheit»

Diesem Satz maß CANTOR – wie bereits erwähnt – neben seiner philosophisch-methodologischen Bedeutung auch eine ganz praktische Bedeutung bei: er war CANTORS Absage an jedes «Papsttum» in der Wissenschaft, welches aus wirklicher oder angemaßter Autorität heraus andere wissenschaftliche Meinungen unterdrückt. CANTORS praktische Schlußfolgerung war sein hartnäckiges Bemühen, eine Vereinigung deutscher Mathematiker ins Leben zu rufen, in der ein unter dem Vorzeichen der Gleichberechtigung stehender wissenschaftlicher Meinungsstreit ohne das Dominieren etwa der Berliner Mathematiker stattfinden sollte.

Im Jahre 1822 wurde durch LORENZ OKEN die *Gesellschaft deutscher Naturforscher und Ärzte* gegründet. Die Mathematiker Deutschlands tagten in einer Sektion dieser Gesellschaft. Naturgemäß kamen dabei tieferliegende Probleme der Entwicklung der Mathematik nur am Rande zur Sprache.

Auf der Versammlung dieser Gesellschaft 1867 in Frankfurt/Main befürwortete besonders ALFRED CLEBSCH die Schaffung einer Vereinigung der deutschen Mathematiker. Bereits 1868, auf einer zweitägigen Wanderung an der Bergstraße, an der wiederum CLEBSCH, aber u.a. auch FELIX KLEIN und CARL NEUMANN beteiligt waren, wurde der Gedanke weiter verfolgt. Einziges konkretes Ergebnis der «Wanderung» war jedoch «nur» die Gründung der *Mathematischen Annalen*.

Eine zweite Gruppe von Mathematikern war ebenfalls stark an einer Vereinigung der deutschen Mathematiker interessiert, die Gruppe, die an der Herausgabe des *Jahrbuchs für die Fortschritte der Mathematik* beteiligt war. Dazu gehörten u.a. BRUNS, HENOCH, LAMPE und WANGERIN.

1872 wurde der Versuch unternommen, beide «Quellen» zu vereinigen; in Berlin fand eine Zusammenkunft der hauptsächlich interessierten Mathematiker statt. Durch den völlig unerwarteten Tod von CLEBSCH, der die Seele der Unternehmung war, kam der ganze Plan ins Stocken. Zwar fand 1873 noch eine Tagung des Vorbereitungskomitees statt, und es wurde festgelegt, in zwei Jahren in Würzburg eine weitere Veranstaltung zu organisieren, aber es blieb doch weiterhin bei Versammlungen der Mathematiker im Rahmen der Naturforscher-Versammlungen. Für die teilnehmenden Mathematiker waren diese Veranstaltungen aber meist recht unbefriedigend.

Den entscheidenden Durchbruch zur Schaffung der *Deutschen Mathematiker-Vereinigung* erzielte CANTOR. Auf der Heidelberger Naturforscher-Versammlung wurde unter seinem maßgeblichen Einfluß eine von KÖNIGSBERGER vorgeschlagene These einstimmig angenommen: «Es ist wünschenswert, daß eine engere Vereinigung als bisher zwischen den deutschen Mathematikern gegründet werde.» [194, p. 4]. KÖNIGSBERGER, CANTOR und DYCK wurden mit der Abfassung eines «Zirkulars» beauftragt. CANTOR übernahm dessen Versendung. In dem «Zirkular» [194, p. 26] wurden alle Mathematiker Deutschlands aufgefordert, sich «möglichst zahlreich» an der Bremer Naturforscher-Versammlung von 1890 zu beteiligen.

Auf der Bremer Versammlung kam es dann zur Gründung der *Deutschen Mathematiker-Vereinigung*. Es wurde nämlich beschlossen: «Es soll der Plan einer Vereinigung der deutschen Mathematiker im Anschluß an die Organisation der *Gesellschaft Deutscher Naturforscher und Ärzte* zur Verwirklichung gebracht werden.» [194, p. 27]. Diese «Bremer Beschlüsse» wurden allen bekannten deutschen Mathematikern zugesandt. Zu den Begründern der Vereinigung in Bremen gehörten neben CANTOR u.a. noch DYCK, HEINRICH WEBER, KLEIN, HILBERT, MINKOWSKI und RUNGE. Insgesamt wurde die Gründung durch 26 Mathematiker vorgenommen. Vorsitzender der *Deutschen Mathematiker-Vereinigung* wurde CANTOR, Schriftführer DYCK.

Einen Eindruck davon, wie mühevoll die Vorbereitung der Bremer Versammlung war und welch hohen persönlichen Anteil CANTOR am Erfolg in Bremen hatte, vermitteln uns einige Briefe W. DYCKS an F. KLEIN (Dokument Nr. 34). Sie zeigen auch die inhaltlichen Differenzen zwischen CANTOR und anderen Vorstandsmitgliedern. Die weitere Entwicklung hat bewiesen, daß CANTOR mit seinen «etwas zu großartig aussehenden Plänen» (Dokument 34) durchaus den objektiven Erfordernissen der damaligen Wissenschaft nach eigenständigen disziplinären Organisationen entsprochen hat. In CANTORS Nachlaß findet sich zur Vorbereitung der Bremer Versammlung nichts, da das erste vorhandene Briefbuch [3, Nr. 16] im

Sommer 1888 endet, das zweite der vorhandenen Bücher [3, Nr. 17] im September 1890 beginnt.

Am 24.9.1890 berichtete CANTOR an Mrs. POTT über den Erfolg seiner Bemühungen:

«In Bremen ist die von mir intendirt gewesene Vereinigung deutscher Mathematiker glücklich und zu meiner Zufriedenheit constituirt worden; für das nächste Jahr (Sept. 1891) ist Halle a. d. Saale als Versammlungsort der Gesellschaft deutscher Naturforscher und Aerzte gewählt worden.» [3, Nr. 17, p. 7].

A. GUTZMER hat in seiner *Geschichte der Deutschen Mathematikervereinigung* CANTORS Verdienste um deren Gründung mit folgenden Worten gewürdigt:

«... er hat den Plan der *Deutschen Mathematiker-Vereinigung* ... mündlich und brieflich aufs allereifrigste erörtert und gefördert ...; seinen unablässigen Bemühungen ist es gelungen, auch die Widerstrebenden von dem Nutzen einer Organisation der Fachgenossen zu überzeugen und in alle Kreise die Erkenntniss zu tragen, daß es eine Fülle von Fragen gibt, die nur in gemeinschaftlicher Betätigung erledigt werden können.» [194, p. 3].

Die Hallenser Naturforscherversammlung, für die ja CANTOR – zumindest was den mathematischen Teil betraf – Gastgeber war, wurde von ihm mit Ideenreichtum und zahlreichen Initiativen vorbereitet. Viel Kleinarbeit war (ohne Assistenten und ohne Sekretärin) zu erledigen; einen Eindruck davon geben CANTORS Brief an K. HENSEL (Dokument Nr. 35) und seine Bemühungen um die *DMV-Berichte* (Dokument Nr. 36).

Um eine gewisse Isolierung der Mathematik von den übrigen Wissenschaften, die sich Ende des vorigen Jahrhunderts deutlich zeigte, zu überwinden, wollte CANTOR in das Programm einen Vortrag einbauen, der Ziele, Methoden und wichtige Resultate der Mathematik einem breiteren Publikum vorstellen sollte. Das geht jedenfalls aus einem Brief DYCKS an F. KLEIN vom 12.10.1890 deutlich hervor (Dokument Nr. 37). Allerdings ist ein solcher allgemeiner Vortrag nicht zustande gekommen.

Den Eröffnungsvortrag trug CANTOR KRONECKER an; warum, läßt sich nicht mehr genau rekonstruieren. Es könnten taktische Erwägungen gewesen sein, denn es war natürlich sehr wichtig, einen so einflußreichen Mann wie KRONECKER an das neue Unternehmen zu binden. Andererseits scheint sich CANTOR von diesem Schritt auch erhofft zu haben, daß KRONECKER sich dadurch veranlaßt fühlen könnte, seine Angriffe gegen die Mengenlehre einzustellen. Doch in dieser Hoffnung sah sich CANTOR getäuscht, was ihn außerordentlich erbitterte (s. Dokument Nr. 38).

Auf der Versammlung in Halle wurden die Statuten und die Geschäftsordnung der *Deutschen Mathematiker-Vereinigung* beschlossen. Als Zweck der Vereinigung wurde in den Statuten bestimmt:

«Die *Deutsche Mathematiker-Vereinigung* stellt sich die Aufgabe, in gemeinsamer Arbeit die Wissenschaft nach allen Richtungen zu fördern und auszubauen, ihre verschiedenen Teile und zerstreuten Organe in lebensvolle Verbindung und Wechselwirkung zu setzen, ihre Stellung im geistigen Leben der Nation nach Gebühr zu heben, ihren Vertretern und Jüngern Gelegenheit zu ungezwungenem kollegialischen Verkehr und zum Austausch von Ideen, Erfahrungen und Wünschen zu bieten.» [441, p. 12].

CANTOR wurde erneut zum Vorsitzenden der *DMV* gewählt; im Vorstand waren weiter DYCK, LAMPE, SCHUBERT und KRONECKER.

KRONECKER hatte den Eröffnungsvortrag wegen des Todes seiner Frau abgesagt. In einem Brief an CANTOR, der von diesem in der Eröffnungssitzung verlesen wurde, legte er jedoch dar, was er von der *Deutschen Mathematiker-Vereinigung* erwartete:

«Während andere Disciplinen mancherlei Arbeiten erfordern, die den Bearbeitern «aufgegeben» werden können, und auch solche, die geradezu von vereinten Kräften geleistet werden müssen, ..., während es also in fast allen anderen naturwissenschaftlichen Disciplinen vorkommt, dass, «wenn die Könige bauen, die Kärrner zu thun haben», muss bei uns jeder Forscher König und Kärrner zugleich sein. Darum geben wir Mathematiker eigentlich das Beispiel einer echten Gelehrtenrepublik, in welcher jeder einzelne seine volle Forscherselbständigkeit bewahrt ... Ich sehe den Hauptzweck der «Vereinigung deutscher Mathematiker» darin, dass sie ... persönlichen wissenschaftlichen Verkehr ermöglicht.» [46, p. 23, 24–25].

Auf der Versammlung in Halle sprachen u.a. KLEIN, BOLTZMANN, HILBERT, MINKOWSKI und CANTOR. In seinem Vortrag mit dem Titel *Über eine elementare Frage der Mannigfaltigkeitslehre* legte CANTOR das berühmte nach ihm benannte Diagonalverfahren dar, mittels dessen man heute üblicherweise die Überabzählbarkeit der reellen Zahlen und allgemeiner die Ungleichung $2^{\boldsymbol{m}} > \boldsymbol{m}$ beweist. CANTOR betrachtete die Menge M aller $E = (x_1, x_2, x_3, \ldots)$, welche von unendlich vielen Koordinaten $x_1, x_2, x_3 \ldots$ abhängen, wo jede dieser Koordinaten entweder 0 oder 1 ist und zeigte, daß sie nicht abzählbar sein kann. Angenommen, M wäre abzählbar, so wäre $M = \{E_1, E_2, E_3, \ldots\}$; M ließe sich also als Folge anordnen. Notiert man die Koordinaten, so wäre M in folgendem Schema anzuordnen:

$$\begin{aligned} E_1 &= (a_{11}, a_{12}, a_{13}, \ldots) \\ E_2 &= (a_{21}, a_{22}, a_{23}, \ldots) \\ E_3 &= (a_{31}, a_{32}, a_{33}, \ldots), \\ &\vdots \qquad \vdots \end{aligned} \tag{11}$$

wobei a_{ik} gleich Null oder Eins ist. Es wird nun $E_0 = (b_1, b_2, b_3, \ldots)$ folgendermaßen konstruiert: Ist $a_{kk} = 0$, so setze man $b_k = 1$, ist $a_{kk} = 1$, so setze man $b_k = 0$. E_0 kann einerseits in dem Schema (11) und damit in der Menge M nicht vorkommen, denn $E_0 \neq E_n$ für jedes n, weil sich nach Konstruktion E_0 und E_n mindestens in der n-ten Koordinate (im Diagonalelement des Schemas) unterscheiden. Andererseits hat E unendlich viele Koordinaten mit Werten 0 oder 1 und gehört somit zu M. Der Widerspruch zeigt, daß die Voraussetzung, M sei abzählbar, falsch sein muß.

CANTOR zeigte auch durch eine Verallgemeinerung dieses Beweises, daß man zu jeder Menge N eine Menge M von höherer Mächtigkeit konstruieren kann: Man nehme als M die Menge aller Funktionen mit Definitionsbereich N, welche die Werte 0 oder 1 annehmen können. Auch hier wird der Beweis indirekt geführt: Wäre M gleichmächtig mit N, so gehörte in eineindeutiger Weise zu jedem $y \in N$ eine Funktion $\varphi_y(x) \in M$, d.h. die Funktionen ließen sich mit den Elementen von N indizieren: $M = \{\varphi_y(x)\}_{y \in N}$. Man konstruiert nun eine Funktion $\bar{\varphi}$ folgendermaßen:

$$\bar{\varphi}(x_0) = \begin{cases} 0, \text{ falls die Funktion } \varphi_{x_0} \text{ an der Stelle } x_0 \text{ gleich 1 ist} \\ 1, \text{ falls die Funktion } \varphi_{x_0} \text{ an der Stelle } x_0 \text{ gleich 0 ist} \end{cases}.$$

$\bar{\varphi}$ kann einerseits unter den φ_y nicht vorkommen, denn mindestens in der «Diagonale» unterscheidet sich jedes φ_y von $\bar{\varphi}$, d.h. $\bar{\varphi}(x) \neq \varphi_y(x)$ mindestens an der Stelle $x = y$. Andererseits ist $\bar{\varphi}$ eine Funktion auf N mit Werten 0 oder 1, kommt also in M vor. Das ist ein Widerspruch, also kann man die Funktionen von M nicht durch Elemente von N indizieren. Daß die Mächtigkeit von M nicht kleiner als die von N sein kann, ist trivial.

Die in Rede stehende Menge M von Funktionen ist nichts anderes als die Menge der charakteristischen Funktionen aller möglichen Teilmengen von N. Da Teilmengen und charakteristische Funktionen sich aufeinander eineindeutig beziehen lassen, sieht man hieraus, daß die Menge aller Teilmengen einer vorgegebenen Menge N stets eine höhere Mächtigkeit als N hat. Im obigen Spezialfall ist

N die Menge der natürlichen Zahlen; die Funktionen auf N mit Wertevorrat $\{0, 1\}$ sind dann nichts anderes als die Folgen $E = (x_1, x_2, x_3, \ldots)$ mit $x_i = 0$ oder 1.

Im Jahre 1892 fand keine Versammlung der *Deutschen Mathematiker-Vereinigung* statt – im vorgesehenen Konferenzort Nürnberg herrschte Choleragefahr. Auf der Tagung 1893 in München wurde CANTOR durch REYE vertreten. In einem Schreiben an den Vorstand der *DMV* erklärte CANTOR seinen Rücktritt als Vorsitzender der *DMV*. In einer Danksagung durch GORDAN wurde betont, «wie es speciell G. CANTOR gewesen, der den ersten Anstoss zur Gründung der Vereinigung gegeben und durch sein lebhaftes und thatkräftiges Eingreifen für diesen Plan die Verwirklichung desselben herbeigeführt hat.» [165, p. 8].

Die Hintergründe für CANTORS Rücktritt waren wahrscheinlich Spannungen im Vorstand, insbesondere mit DYCK, hinter dem KLEIN mit seinen ganzen Einfluß und mit seinem großen Engagement für die Sache stand. Da CANTOR als Vorsitzender sich natürlich in erster Linie verantwortlich fühlte und sich auch stark engagierte, blieben bei unterschiedlichen Meinungen Reibereien nicht aus. Solche Spannungen deuteten sich bereits im Vorfeld der Hallenser Tagung an. So heißt es in einem Brief von DYCK an KLEIN vom 11.6.1891:

> «Man wird ja jedenfalls im nächsten Jahr die Wahl des Ausschusses noch etwas eingehender behandeln müssen wie im vergangenen – wo es sich wesentlich um einen geschäftlichen Ausschuß handelte. Ob wol G. C. in der Folge gerade der geeignete Mann ist? Ich möchte es ein wenig bezweifeln.» [4, VIII, Nr. 709].

CANTOR seinerseits schrieb am 21.9.1891 an THOMÉ:

> «Die Begründung Deines Nichtkommens nach Halle (Abneigung gegen die KLEINsche Mache) leuchtet mir nicht ein. Denn es kann Dir nicht unbekannt sein, daß *meine* Aversion gegen die KLEINsche Art der deinigen nicht nachsteht; ich müßte also, wenn Du Recht hättest, aus demselben Grunde streiken.» [3, Nr. 17, p. 74].

Die Differenzen traten offen zutage bei der Frage, ob man die Nürnberger Versammlung wegen der Cholera und des Ausfalls der Naturforscher-Versammlung absagen oder nur verschieben solle. CANTOR war der Meinung, man könne die Versammlung zu einem späteren Zeitpunkt in München durchführen, DYCK hatte – wohl etwas voreilig – die Veranstaltung bereits abgesagt. Die Diskussion um die ganze Geschichte und CANTORS nachhaltige Verärgerung werden aus seinem Brief vom 7.9.1892 an DYCK deutlich (Dokument Nr. 39).

Nachfolger im Vorsitz der Vereinigung wurde 1894 in Wien PAUL GORDAN. Noch einmal hatte CANTOR eine offizielle Funktion in der *DMV*: 1897/98–1899/1900 war er mit HERMANN GRASSMANN d. J. für die Kassenrevision verantwortlich.

In offizieller Form wurden die Verdienste CANTORS um die *Deutsche Mathematiker-Vereinigung* 1915 gewürdigt, als die Vereinigung durch GUTZMER zu CANTORS 70. Geburtstag eine Glückwunschadresse überreichen ließ [167].

CANTOR war auch stark an einer internationalen Zusammenarbeit der Mathematiker interessiert. In einem Brief an einen nicht genannten Mathematiker in Paris hatte er 1888 geschrieben:

> «Sollte es nicht möglich sein, an einem neutralen Ort, z. B. in Belgien oder der Schweiz oder in Holland eine Versammlung von französischen und deutschen Mathematikern in der nächsten Zukunft zu veranstalten? Ich erinnere daran, daß gerade in viel schwierigeren Zeiten, in den siebziger Jahren, die herzliche Freundschaft zwischen Herrn HERMITE und dem verewigten Herrn BORCHARDT als ein festes Bündnis vortrefflich zur Aufrechterhaltung der wissenschaftlichen Kommunikation über den Kampf der Nationen hinweg diente. Dieses ausgezeichnete Beispiel sollte nicht aus den Augen verloren werden.» [260, p. 69] (cf. auch [106, p. 339]).

Bereits im Zusammenhang mit der Gründung der *DMV* muß CANTOR auch die Idee internationaler Kongresse vertreten haben; in einem Brief von DYCK an KLEIN vom 28. 8. 1890 heißt es nämlich:

> «G. CANTOR schrieb mir in letzter Zeit über sehr hochfliegende Pläne betr. *internationaler* Mathematikercongresse. Ich weiß wirklich nicht, ob das ein wirkliches Bedürfnis ist.» [4, VIII, Nr. 685].

CANTOR hat in zahlreichen Briefen an ausländische und deutsche Kollegen diese Ideen zu fördern gesucht. So korrespondierte er mit C. JORDAN, KLEIN, LAISANT, LEMOINE, POINCARE, VASSILIEF und anderen über die «Congreßidee». Einen Eindruck von dieser Korrespondenz geben die im Dokumentenanhang unter Nr. 40 abgedruckten Auszüge aus Briefen CANTORS. CANTOR hatte auch vor, sich selbst aktiv einzuschalten. Im Januar 1896 stellte er den Antrag auf eine Reiseunterstützung, damit er die von ihm «ursprünglich ausgegangene Idee» der Schaffung einer *Internationalen Mathematikervereinigung* persönlich in Frankreich und Italien weiter fördern könne (Dokument Nr. 41). Sein Hinweis auf die friedensfördernde Funktion einer solchen Vereinigung verdient besondere Beachtung und Wertschätzung. CANTORS Antrag wurde abgelehnt (Dokument Nr. 42, Schluß). Die Stellungnahme der Universität zu diesem Antrag ist ein Beispiel für die kaum noch zu überbietende Fehleinschätzung der wahren Bedeutung CANTORS durch das Ministerium (Ordensverleihung) und durch die Universität Halle (Dokument Nr. 42).

Die zum Erfolg führenden Initiativen zur Durchführung internationaler Mathematikerkongresse gingen dann von FELIX KLEIN und HEINRICH WEBER auf deutscher, von LAISANT und LEMOINE auf französischer Seite aus. Der erste konstituierende Kongreß fand 1897 in Zürich statt. Hier wurde der Beschluß gefaßt, solche Kongresse in regelmäßigen Abständen zu veranstalten. Der erste *Internationale Mathematikerkongreß* fand schließlich im Sommer des Jahres 1900 in Paris statt.

Anerkennung der Mengenlehre

Nach der ersten Attacke seiner Krankheit im Frühsommer 1884 hat CANTOR – wie schon erwähnt – sehr bald die mathematische Arbeit wieder aufgenommen. Mit dem Kontinuumproblem war er zwar nicht weitergekommen, aber er hatte bereits im Herbst 1884 weitreichende und tiefliegende neue Ergebnisse erzielt, und zwar eine komplette Theorie der Ordnungstypen und auch neue Resultate über Punktmengen. Diese Arbeiten sind jedoch zu CANTORS Lebzeiten nicht veröffentlicht worden. GRATTAN-GUINNESS hat sie wiederentdeckt und 1970 erstmalig publiziert, 86 Jahre nach ihrer Entstehung [175]. Den mathematischen Inhalt hat CANTOR in seine letzten großen mengentheoretischen Arbeiten der Jahre 1895/97 einfließen lassen. Durch die Umstände, die seinerzeit die Publikation verhindert haben, fühlte er sich schwer getroffen. Diese haben zwar sein persönliches Verhältnis zu MITTAG-LEFFLER – wie CANTOR später selbst betonte – nicht getrübt, allerdings hat sich der vertraute Ton der Briefe von 1883/84 zwischen beiden Gelehrten nicht wieder eingestellt. Die entsprechenden Dokumente zu dieser Affäre hat GRATTAN-GUINESS ebenfalls in [175] veröffentlicht; danach ergibt sich folgendes Bild: CANTOR hatte die ersten 6 Paragraphen der Arbeit am 6.11.1884, den Rest am 21.2.1885 nach Stockholm geschickt. Der erste Teil war schon gesetzt, und CANTOR hatte die Korrekturbogen bereits wieder retourniert, als er zu seiner größten Überraschung Anfang März 1885 einen Brief MITTAG-LEFFLERS erhielt, in dem u.a. folgendes stand:

«... Sprechen wir dann zuerst einige Worte über Ihre Abhandlung über Typentheorie, die ich jetzt, leider nur flüchtig, durchgelesen habe. Ich finde die neue Grundidee die Sie darin entwickeln sehr schön und ich glaube wohl dass Sie von dieser Gesichtspunkt aus sehr viel erreichen können. Aber ich will Ihnen nicht verhehlen dass es scheint mir es wäre Euer selbst wegen besser gewesen diese Untersuchungen nicht früher zu publicieren, als Sie neue sehr positive Resultate Ihrer neuen Betrachtungsweise darlegen können. Wäre es Ihnen z.B. gelungen durch die Typentheorie die Frage zu entscheiden ob das Linearcontinuum dieselbe Mächtigkeit hat oder nicht wie die zweite Zahlenclasse, dann würde gewiss Ihre neue Theorie den grössten Erfolg bei den Mathematikern haben. Wie es jetzt ist, fürchte ich dass die meisten sich sehr erschrecken werden wegen ihre neue Terminologie und Ihre sehr allgemeine philosophische Ausdrucksweise. ... Ich weiss wohl, dies ist Ihnen im Grunde einerlei. Aber wenn Ihre Theorie einmal auf diese Weise in Misscredit kommen, wird es sehr lange dauern bis sie wieder die Aufmerksamkeit der mathematischen Welt an sich ziehen. Ja es kann wohl sein dass man Ihnen und Ihre Theorien nie in unserer Lebenszeit Gerechtigkeit zu Theil kommen lässt. So werden die Theorien wieder einmal nach 100 Jahren oder mehr von Jemand entdeckt und dann findet man wohl nachträglich aus, dass Sie doch schon das alles hatten und dann thut man Ihnen zuletzt Gerechtigkeit, aber auf diese Weise werden Sie keinen bedeutenden Einfluss auf die Entwicklung unserer Wissenschaft ausgeübt haben. Und einen solchen Einfluss auszuüben das wünschen Sie natürlich wie jeder Anderer der die Wissenschaft treibt. Ich glaube also, es wird der Sache und es wird Ihnen selbst am meisten nützen wenn Sie mit der Veröffentlichung der Typentheorie noch einige Zeit bis Sie Anwendungen davon geben können aufzuschieben. ... Lesen Sie in Scherings Gedächtnisrede über Gauss wie Gauss sich fürchtete seine Arbeiten über die nicht Euklidische Geometrie zu veröffentlichen; und Ihre Arbeiten sind gewiss nicht weniger revolutionär als diejenigen von Gauss ...» [175, p. 101–102].

Cantor zog daraufhin ohne jede Diskussion seine Arbeit zurück. 11 Jahre später äußerte er sich in einem Brief vom 11. 1. 1896 an Gerbaldi über die ganze Angelegenheit:

«... Die Theorie der Ordnungstypen war bereits vor *elf* Jahren ... fertig, ... Über den *eigentlichen Grund*, warum der Druck damals sistirt wurde, bin ich heute nicht unterrichtet, er ist mir ein *Räthsel*!

Ich bekam plötzlich von Herrn M. L. einen Brief, worin er mir zu meinem grössten Erstaunen schreibt, er halte nach reiflicher Überlegung diese Publication für «*um hundert Jahre verfrüht*». Nach den Intentionen von Herrn M. L. hätte ich also noch bis zum Jahre 1984 damit warten sollen, was mir doch eine zu starke Zumuthung zu sein schien!

Da mir hierdurch, wie Sie begreifen werden, die mathematischen Journale *verleidet* wurden, so fing ich an meine Zeilen in der *Zeitschrift für Philosophie und philosophische Kritik* zu publiciren.» [175, p. 104].

In einem Brief an Poincaré vom 22. 1. 1896 macht Cantor die «Berliner Machthaber Weierstrass, Kummer, Borchardt, Kronecker» für den Sinneswandel Mittag-Lefflers verantwortlich.

Cantor hat in den Jahren 1886 bis 1895 in der Tat in mathematischen Journalen nichts wesentliches veröffentlicht außer einer kleinen, wenn auch hochbedeutsamen Note im Band I der *Jahresberichte der Deutschen Mathematiker-Vereinigung* von 1892, die den Inhalt des bereits erwähnten Hallenser Vortrages enthält, also den Beweis von $2^m > m$ mittels des Diagnonalverfahrens.

Der Inhalt der nicht veröffentlichten Arbeit zur Typentheorie ist in mehrfacher Hinsicht bemerkenswert. In den einleitenden Paragraphen vertritt Cantor die Auffassung, daß Mathematik und Mengenlehre identisch seien – eine Auffassung, die man gewöhnlich erst auf Autoren unserer Tage zurückführt (z. B. [263]). Er schreibt:

«Die allgemeine *Typentheorie* scheint mir nach allen Richtungen einen grossen Nutzen zu versprechen. Sie bildet einen wichtigen und grossen Theil der *reinen* Mengenlehre (...), also auch der *reinen Mathematik*, denn letztere ist nach meiner Auffassung nichts Anderes als *reine Mengenlehre.*» [175, p. 84].

Ferner behauptet CANTOR, daß die Typentheorie zahlreiche Anwendungen in den Naturwissenschaften bis hin zur Chemie und Biologie besitze. Leider gibt es nirgends einen Hinweis darauf, in welcher Richtung er sich diese Anwendungen vorstellte.

Im mathematischen Teil der Abhandlung wird zunächst der Begriff der geordneten Menge eingeführt. Zwei solche Mengen heißen ähnlich, wenn sie sich eineindeutig unter Erhaltung der Ordnungsrelation aufeinander abbilden lassen. Unter einem Ordnungstypus versteht CANTOR «denjenigen Allgemeinbegriff, unter welchem sämmtliche der gegebenen geordn. Menge ähnliche geordnete Mengen, und nur diese, (folglich auch die gegebene geordnete Menge selbst) fallen.» [175, p. 87]. CANTOR führt dann die Ordnungstypen ω der natürlichen Zahlen in der üblichen Anordnung, η der rationalen Zahlen $\in (0, 1)$ und ϑ der Menge (0, 1) (jeweils in der natürlichen Anordnung) ein. Es folgt der wichtige Satz, der den Ordnungstypus η ohne Rückgriff auf die rationalen Zahlen rein mengentheoretisch charakterisiert: *Jede geordnete dichte abzählbare Menge ohne Randpunkte hat den Ordnungstypus* η. Nach Einführung des entgegengesetzten Ordnungstypus α_* zu α (Umkehrung der Anordnung) führt CANTOR die Zahlen auf den neuen Begriff des Ordnungstypus zurück: Die Ordnungstypen wohlgeordneter Mengen heißen reale ganze Zahlen, «und zwar die *Ordnungstypen endlicher wohlgeordneter* Mengen ... *endliche* oder *finite* Zahlen, dagegen die Ordnungstypen *unendlicher wohlgeordneter* Mengen *unendliche, überendliche* oder *transfinite* Zahlen ...» [175, p. 89]. Für die Endlichkeitsdefinition benutzt CANTOR den Begriff des entgegengesetzten Ordnungstypus: Eine Zahl α heißt endlich, falls $\alpha = \alpha_*$ ist, während bei transfiniten Zahlen diese Gleichung nie stattfinden kann. (Bei transfiniten Ordnungstypen, die keine Zahlen sind, kann natürlich $\alpha = \alpha_*$ vorkommen; z. B. ist $\eta = \eta_*$.) Es folgen dann die Definition von Summe und Produkt von Ordnungstypen und die Herleitung der dafür geltenden Rechenregeln. Mit diesen Ideen – das sei ausdrücklich hervorgehoben – ist CANTOR, zeitgleich mit FREGE [153], einer der ersten, der eine strenge Begründung der Theorie der natürlichen Zahlen skizzierte. Die Versuche DEDEKINDS und PEANOS sind also zeitlich *nach* CANTOR einzuordnen. Die weiteren Ausführungen CANTORS über n-fach geordnete Mengen und entsprechende n-fache Ordnungstypen haben bisher in der Mengenlehre keine Bedeutung erlangt.

Ab Mitte der Achtzigerjahre haben zunehmend auch andere Forscher in die Entwicklung der Mengenlehre tatkräftig eingegriffen. Wir werden einige dieser Beiträge nennen, ohne daß es in diesem Rahmen möglich sein wird, eine Geschichte der Entwicklung der Mengenlehre zu liefern. Bezüglich einer solchen Gesamtdarstellung sei auf [311], [217] verwiesen.

Bereits 1885 versuchte der Hallenser Gymnasiallehrer FRIEDRICH MEYER in seinem Buch *Elemente der Arithmetik und Algebra* [339], den Schulunterricht auf mengentheoretische Betrachtungen zu gründen. Diese mengentheoretische Durchdringung ist heute ein Kennzeichen eines modernen Mathematikunterrichtes, wenn man sie auch in einigen Ländern zeitweise überspitzt und übertrieben hat. Um 1885 freilich war ein solcher Versuch aufs Ganze gesehen zum Scheitern verurteilt, obwohl MEYER als ein guter und erfolgreicher Pädagoge galt, der in seiner eigenen Schule mit seinem Vorgehen sicher Erfolge erzielt hat. Was CANTOR selbst von MEYERS Buch hielt, ersehen wir aus einem Brief an BENDIXSON vom 11.11.1886; darin heißt es:

> «Da Sie mir erzählten, dass Sie für die pädagogische Seite der Mathematik ein besonderes Interesse haben, so schicke ich Ihnen in diesen Tagen unter Kreuzband die *Elemente der Arithmetik und Algebra* meines Freundes FRIEDRICH MEYER, worin Sie einen Versuch, die Grundlagen zu vervollkommnen erblicken und mit Nachsicht beurtheilen wollen. Der Verfasser ist ein vorzüglicher Pädagoge; doch glaube ich, daß das Buch noch mancher Verbesserung, namentlich in den Beweisen bedarf, was hoffentlich eine spätere Auflage nachholen wird.» [3, Nr. 16, p. 89].

Einen weitreichenden Einfluß sowohl auf die späteren Grundlagenuntersuchungen der Mathematik als auch auf die Theorie der reellen Funktionen, deren Entwicklung eng mit der Mengenlehre zusammenhängt, hatten die Arbeiten von GIUSEPPE PEANO. In seinem Buch *Applicazioni geometriche del calcolo infinitesimale* (Geometrische Anwendungen des Infinitesimalkalküls) [365] begründete er die Inhaltstheorie der Punktmengen. Ist z. B. eine beschränkte Punktmenge A der Ebene gegeben, so betrachtet PEANO geradlinig begrenzte Bereiche, die A enthalten bzw. die in A enthalten sind. Die untere Grenze aller Flächeninhalte «umbeschriebener» Polygonbereiche heißt äußerer Inhalt, entsprechend die obere Grenze aller «einbeschriebenen» Polygonbereiche innerer Inhalt. Sind äußerer und innerer Inhalt gleich, so heißt diese Zahl der Inhalt der Punktmenge. Eine Punktmenge hat genau dann einen Inhalt, wenn sich die Menge ihrer Randpunkte in ein polygonales Gebiet beliebig kleiner Fläche einschließen läßt. PEANOS Inhalt ist eine additive Mengenfunktion. Die späteren Arbeiten von JORDAN [247], [248] gehen im wesentlichen nicht über PEANO hinaus.

Von besonderem Interesse sind PEANOS Ausführungen über Mengenfunktionen. Seine Definition der Mengenfunktion umfaßt nicht nur reellwertige, sondern auch komplexwertige und vektorielle Mengenfunktionen. Er definiert u.a. die Ableitung $\frac{d\psi}{d\varphi}(P)$ einer Mengenfunktion nach einer anderen, womit er die Idee der RADON-NIKODYM-Ableitung antizipiert. PEANO hat auch einen sehr allgemeinen Integralbegriff: Ist $f(P)$ eine Punktfunktion, $\varphi(A)$ eine Mengenfunktion, so wird definiert

$$\int_A f\,d\varphi = \inf \sum_{i=1}^{n} \varrho_i' \varphi(A_i) = \sup \sum_{i=1}^{n} \varrho_i'' \varphi(A_i).$$

Die A_i bilden eine endliche disjunkte Zerlegung von A; $\varrho_i' > f(P)$ für alle $P \in A_i$, $\varrho_i'' < f(P)$ für all $P \in A_i$. Das Infimum bzw. Supremum wird über alle möglichen Zerlegungen $A = \sum_{i=1}^{n} A_i$ und alle möglichen Wahlen der ϱ_i', ϱ_i'' erstreckt. Wählt man z.B. für $\varphi(A)$ das LEBESGUE-Maß, so erhält man das LEBESGUE-Integral. Dieses Beispiel kommt bei PEANO allerdings noch nicht vor.

In seinem Buch *Calcolo geometrico secondo l'Ausdehnungslehre di H. GRASSMANN* ... (Geometrischer Kalkül nach der Ausdehnungslehre von H. GRASSMANN ...) von 1888 führte PEANO eine Reihe mengentheoretischer Bezeichnungen ein, die später Allgemeingut der Mathematiker geworden sind, wie z.B. die Zeichen für Durchschnitt und Vereinigung. PEANOS Arbeiten zur Begründung der natürlichen Zahlen berühren sich stark mit DEDEKINDS Untersuchungen; das Axiomensystem, welches PEANO 1892 veröffentlichte und das heute nach ihm benannt wird, findet sich schon 1888 bei DEDEKIND. PEANOS Wirken ab Ende der achtziger Jahre war von besonderer Bedeutung für die Entwicklung der mathematischen Logik; er gilt als einer der Stammväter des Logizismus.

Ein im Grunde ähnliches Anliegen wie CANTOR verfolgte GOTTLOB FREGE, nämlich eine kritische Analyse der Grundbegriffe der Mathematik. Während CANTOR aber mit der naiven Form der

Logik arbeitete, bezog FREGE diese in seine kritische Analyse ein. Mit seiner *Begriffsschrift* von 1879 wurde FREGE einer der Begründer der mathematischen Logik. Als Anwendung seines neuen Standpunktes versuchte er mit dem Buch *Die Grundlagen der Arithmetik* von 1884 die Theorie der natürlichen Zahlen exakt zu begründen. Damit berührten sich FREGES und CANTORS Interesse an diesem Gegenstand, denn CANTOR hatte ja 1884 seine Begründung über die Ordnungstypen versucht. CANTOR hat 1885 in der *Deutschen Literaturzeitung* FREGES Buch rezensiert. Er lobte das Anliegen und insbesondere FREGES scharfe Absage an jegliche Heranziehung anschaulicher oder psychologischer Elemente bei der Begründung der Theorie. FREGES Weg allerdings hielt er für verfehlt:

> «Der Verf. kommt nämlich auf den unglücklichen Gedanken ... dasjenige, was in der Schullogik der «Umfang eines Begriffes» genannt wird, zur Grundlage des Zahlbegriffs zu nehmen; er übersieht ganz, daß der «Umfang eines Begriffs» quantitativ im allgemeinen etwas völlig Unbestimmtes ist; ... Für eine ... quantitative Bestimmung des «Umfangs eines Begriff» müssen aber die Begriffe «Zahl» und «Mächtigkeit» vorher von anderer Seite her bereits gegeben sein, und es ist eine *Verkehrung des Richtigen*, wenn man es unternimmt, die letzteren Begriffe auf den Begriff «Umfang eines Begriffs» zu gründen. ... Ich halte es daher auch nicht für zutreffend, wenn der Verf. in § 85 die Meinung ausspricht, dasjenige, was ich «Mächtigkeit» nenne, stimme mit dem überein, was er «Anzahl» nennt.» [26, p. 440/441].

CANTOR wurde mit dieser Rezension der Bedeutung von FREGES Arbeit nicht gerecht. Der «Umfang des Begriffes: gleichzahlig mit dem Begriff *F*» bei FREGE ist identisch mit der Klasse der zu *F* äquivalenten Mengen bei CANTOR. Somit ist FREGES «Anzahl» identisch mit CANTORS «Kardinalzahl»; die unglückliche Wahl der Bezeichnungen mag das Mißverständnis gefördert haben. FREGE hatte noch mehr unter fehlender Anerkennung zu leiden als CANTOR. Er ist in Jena zeit seines Lebens nicht einmal Ordinarius geworden. ZERMELO bemerkte zum Verhältnis von FREGE und CANTOR:

> «Uns Heutigen kann es nur auffallend und bedauerlich erscheinen, daß die beiden Zeitgenossen, der große Mathematiker und der verdienstvolle Logiker, wie diese Rezension beweist, sich untereinander so wenig verstanden haben.» [26, p. 442].

Dem kann man nur zustimmen, hat doch FREGE sehr Wichtiges zur Abgrenzung des CANTORschen Mengenbegriffs und der Element-Menge-Beziehung von dem anschaulichen Begriff der «Anhäufung von Dingen» und der Teil-Ganzes-Beziehung gesagt. FREGES Argumentation ist etwa folgende:

GEORG CANTOR im Jahre 1906 (Grattan-Guinness [177])

1. Die Teil-Ganzes-Beziehung ist transitiv, während es die Element-Menge-Beziehung nicht ist.
2. Ein einzelnes Ding kann als Anhäufung betrachtet werden, während die Einermenge $\{a\}$ sorgfältig von dem Element a zu unterscheiden ist.
3. Es gibt keine leere Anhäufung von Dingen, es gibt aber sehr wohl eine leere Menge, die als gleichberechtigt mit den anderen Mengen zu behandeln ist.

Auch für die heutige Auffassung der Mengenlehre, die hier und da, vor allem in manchen für Schüler bestimmten Büchern, eine vulgärmaterialistische Interpretation des Mengenbegriffs immer noch nicht überwunden hat, halten wir diese Hinweise FREGES für außerordentlich bedeutsam.

Wichtige Beiträge zur Mengenlehre und Grundlagenforschung leistete DEDEKIND in seiner kleinen Schrift *Was sind und was sollen die Zahlen?* aus dem Jahre 1888. FREGE nannte 1893 die Schrift von DEDEKIND «das Gründlichste, was mir in der letzten Zeit über die Grundlegung der Arithmetik zu Gesicht gekommen ist.» [154, p. VII F]. Es geht DEDEKIND um einen rein mengentheoretischen Aufbau der Theorie der natürlichen Zahlen, d. h. um ihre Zurückführung auf so grundlegende Begriffe wie Menge und Abbildung. Dies geschieht in folgender Weise: Er betrachtet eine Menge S und eine Abbildung φ von S in sich. Eine Teilmenge K von S heißt (bezüglich φ) eine Kette, wenn $\varphi(K) \subseteqq K$. Ist beispielsweise S gleich der Menge der natürlichen Zahlen, $\varphi(n) = n + 1$ die Nachfolgerbeziehung, so ist $K = \{n_0, n_0 + 1, n_0 + 2, \ldots\}$ eine Kette. Ist A eine beliebige Teilmenge von S, so bezeichnet DEDEKIND mit A_0 den Durchschnitt aller Ketten, die A enthalten:

$$A_0 = \bigcap_{\substack{K \text{ Kette} \\ A \subseteqq K}} K$$

DEDEKIND definiert nun: Ein System N heißt einfach unendlich, wenn es eine eineindeutige Abbildung φ von N in sich und ein Element $e \in N$ mit den Eigenschaften gibt:

1. $\varphi(N) \subseteqq N$;
2. e nicht enthalten in $\varphi(N)$;
3. $\{e\}_0 = N$.

Jedes solche einfach unendliche System hat den Ordnungstyp ω. Es kann nach Dedekind als das System der natürlichen Zahlen aufgefaßt werden.

Dedekinds Theorie stützt sich auf die Existenz unendlicher Mengen. Er hat versucht, einen Existenzbeweis für unendliche Mengen zu geben, der sich auf die Menge alles Denkbaren und damit auf eine – wie sich später herausstellte – antinomische Menge gründet. Auf diesen Punkt bezieht sich auch die Kritik Hilberts an Dedekind. In der heutigen Mengenlehre wird die Existenz unendlicher Mengen durch geeignete Axiome gefordert.

In einer zeitgenössischen Rezension von Friedrich Meyer heißt es zu Dedekinds Schrift

> «Die Grundlagen reichen, wie dem Referenten scheint, auch hin, um auch weit höhere Mannigfaltigkeiten, als die der Zahlen, geeignet zu ordnen.» [240, Bd. 20 (1888), p. 49–52].

Das waren wahrhaft prophetische Worte. Dedekinds Begriff der Kette und seine damit zusammenhängenden Schlußweisen haben grundlegende Bedeutung für den Zermeloschen Beweis des Wohlordnungssatzes gehabt (s. u.). Überhaupt hat die moderne Mengenlehre aus Dedekinds Schrift zahlreiche Ideen und Methoden geschöpft, die in verallgemeinerter Form heute zu ihrem klassischen Bestand gehören (cf. [120], Vorwort). So sind die Zermeloschen Axiome der Mengenlehre (s. Kapitel «Ausblick») z. T. direkte Nachbildungen der «Erklärungen» Dedekinds im § 1 seines Werkes. Im § 5, überschrieben mit *Das Endliche und das Unendliche*, bringt Dedekind seine berühmte *Unendlichkeitsdefinition*:

> «Ein System heißt unendlich, wenn es einem echten Teile seiner selbst ähnlich ist; im entgegengesetzten Falle heißt *S* ein endliches System.» [120, p. 13].

«Ähnlich» bedeutet hier dasselbe wie «äquivalent» in der Cantorschen Terminologie. Es ist bemerkenswert, daß die Eigenschaft unendlicher Mengen, die Galilei noch als paradox empfand, die Bolzano dann in seinen *Paradoxien des Unendlichen* als durchaus normal nachzuweisen suchte, nun direkt zur Definition unendlicher Mengen eingesetzt wird. Auf diesen Unendlichkeitsbegriff gründet Dedekind strenge Beweise für die einfachsten Sätze über endliche und unendliche Mengen. In den §§ 11 und 12 führt Dedekind die Rechenoperationen für die natürlichen Zahlen ein und leitet ihre wichtigsten Eigenschaften ab. Er hat damit den Weg für das Verfahren vorgezeichnet, mit dem man heute üblicherweise das Rechnen mit beliebigen Ordinalzahlen begründet. Schließlich hat Dedekind die Notwendigkeit erkannt, induktive Definitionen zu rechtfertigen. Er formulierte und bewies einen Rechtfertigungssatz, der später von JOHN VON NEUMANN auf die transfinite Induktion erweitert worden ist.

CANTOR selbst hat in dem langen Zeitraum, in dem er fast nichts Mathematisches publizierte, nicht aufgehört, unablässig über die Probleme der Mengenlehre nachzudenken. So schreibt er in einem Brief an I. JEILER von Pfingsten 1888:

> «Ich hege keinerlei Zweifel an der Wahrheit des Transfinitum, das ich mit Gottes Hilfe erkannt habe und nach seiner Mannigfaltigkeit und Einheit seit mehr als zwanzig Jahren studire; jedes Jahr und fast jeder Tag bringt mich in dieser Wissenschaft weiter.» [3, Nr. 16, p. 169].

Mitte der Neunzigerjahre hat CANTOR noch einmal bestimmend in die Entwicklung der Mengenlehre eingegriffen. In den Jahren 1895 und 1897 erschien in den *Mathematischen Annalen* seine 70 Seiten lange zweiteilige Arbeit *Beiträge zur Begründung der transfiniten Mengenlehre.* ZERMELO charakterisierte in den Anmerkungen zum Wiederabdruck dieser Arbeit in CANTORS *Gesammelten Abhandlungen* ihren Platz in dessen Gesamtwerk so:

> «Die vorstehende ... Abhandlung, die letzte Veröffentlichung CANTORS über die Mengenlehre, bildet den eigentlichen Abschluß seines Lebenswerkes. Hier erhalten die Grundbegriffe und Ideen, nachdem sie sich im Laufe von Jahrzehnten allmählich entwickelt haben, ihre endgültige Fassung, und viele Hauptsätze der «allgemeinen» Mengenlehre finden erst hier ihre klassische Begründung.» [30, p. 351].

CANTOR beginnt mit seiner berühmt gewordenen und oft zitierten Mengendefinition, auf die wir im Zusammenhang mit den Antinomien der Mengenlehre eingehend zu sprechen kommen. Nach Einführung der Begriffe Vereinigung und Teilmenge definiert er dann die *Kardinalzahl* oder *Mächtigkeit* einer Menge M:

> «Mächtigkeit oder Kardinalzahl von M nennen wir den Allgemeinbegriff, welcher mit Hilfe unseres aktiven Denkvermögens dadurch aus der Menge M hervorgeht, daß von der Beschaffenheit ihrer verschiedenen Elemente m und von der Ordnung ihres Gegebenseins abstrahiert wird.» [30, p. 282].

Bei dieser Definition erscheint die Tatsache, daß zwei Mengen genau dann gleiche Mächtigkeit haben, wenn sie äquivalent sind, als Satz. Nach der Erklärung der Größenbeziehung zwischen Kardinalzahlen stößt CANTOR auf eine charakteristische Schwierigkeit, nämlich auf das Problem, ob zwei Kardinalzahlen $\boldsymbol{a}, \boldsymbol{b}$ stets vergleichbar sind, d.h. ob stets eine der drei Beziehungen $\boldsymbol{a} = \boldsymbol{b}$, $\boldsymbol{a} < \boldsymbol{b}$, $\boldsymbol{a} > \boldsymbol{b}$

wirklich stattfindet. Im Gegensatz zu vorhergehenden Arbeiten spricht CANTOR diese Schwierigkeit hier deutlich an:

> «Dagegen versteht es sich keineswegs von selbst und dürfte an dieser Stelle unseres Gedankenganges kaum zu beweisen sein, daß bei irgend zwei Kardinalzahlen $\mathfrak{a}$ und $\mathfrak{b}$ eine von jenen drei Beziehungen notwendig realisiert sein müsse.» [30, p. 285].

Ein Beweis werde sich – so CANTOR – später ergeben, wenn ein Überblick über die Folge der aufsteigenden Kardinalzahlen (die Folge der *Alephs*) vorliege. Man benötigt zum Beweis jedoch den Wohlordnungssatz, so daß bei CANTOR diese Frage offen bleiben mußte. HARTOGS [208] hat 1915 zeigen können, daß der Vergleichbarkeitssatz dem Auswahlaxiom (s. u.) äquivalent ist.

Den sogenannten Äquivalenzsatz, daß nämlich aus $M \sim N_1 \subseteqq N$ und $N \sim M_1 \subseteqq M$ folgt $M \sim N$, formulierte CANTOR als Folgerung aus dem Vergleichbarkeitssatz. Da ersterer von ihm nicht bewiesen wurde, war damit der Äquivalenzsatz auch noch offen. FELIX BERNSTEIN, ein Schüler CANTORS, fand im Winter 1896/97 einen vom Wohlordnungssatz unabhängigen Beweis des Äquivalenzsatzes, den er im CANTORschen Seminar 1897 vortrug. Der Äquivalenzsatz wird heute nach BERNSTEIN benannt.

Nach der Definition von Summe und Produkt von Kardinalzahlen und der Herleitung der dafür geltenden Rechenregeln wendet sich CANTOR der Definition der Potenz zu. Zu diesem Zweck definiert er den Begriff der Belegung einer Menge N mit Elementen einer Menge M; eine Belegung ist eine Funktion auf N mit Werten in M. In einer solch allgemeinen Form ist der Funktionsbegriff hier wohl erstmalig verwendet worden; er zählt heute in dieser Allgemeinheit zu den Grundbegriffen der modernen Mathematik. Die Menge (N/M) aller Belegungen von N mit M dient CANTOR als Grundlage für die Definition der Potenz: Ist $\mathfrak{a}$ die Kardinalzahl von M und $\mathfrak{b}$ diejenige von N, so ist $\mathfrak{a}^{\mathfrak{b}}$ die Kardinalzahl von (N/M). CANTOR kann zeigen, daß die üblichen Potenzgesetze gelten. Ist z. B. N die Menge der natürlichen Zahlen, M die Menge $\{0, 1\}$, so besteht (N/M) aus allen Folgen $(x_1, x_2, \ldots)$, in denen die x_i gleich Null oder Eins sein können. Man kann zeigen, daß (N/M) in diesem Falle die Mächtigkeit $\mathfrak{c}$ hat (Dualbruchdarstellung der reellen Zahlen). Als Folgerung daraus ist der Beweis für die Äquivalenz eines n-dimensionalen und eines eindimensionalen Kontinuums mittels der Potenzgesetze auf einer Zeile zu führen: $\mathfrak{c} = 2^{\aleph_0} = 2^{\aleph_0 \cdot n} = (2^{\aleph_0})^n = \mathfrak{c}^n$, worauf CANTOR mit berechtigtem Stolz hinweist:

«Es wird also *der ganze Inhalt* der Arbeit im 84ten Bande des *Crelleschen Journals*, S. 242 [18 – W. P.] *mit diesen wenigen Strichen* aus den *Grundformeln des Rechnens mit Mächtigkeiten* rein algebraisch abgeleitet.» [30, p. 289].

CANTOR führt im weiteren die natürlichen Zahlen als endliche Kardinalzahlen ein. Der Mangel dieser Betrachtungen besteht im Fehlen einer strengen Definition des Begriffs «endliche Menge». Die mit der Relation $\alpha = \alpha_*$ arbeitende Endlichkeitsdefinition (cf. p. 131) bezog sich ja nur auf Ordnungszahlen, d.h. auf *wohlgeordnete* Mengen. Für eine beliebige Menge war damit keine Endlichkeitsdefinition gewonnen, wie schon das Beispiel $\eta = \eta_*$ zeigt.

Unter den dann folgenden Sätzen über abzählbare Mengen kommt auch der Satz vor, daß jede transfinite Menge eine abzählbare Teilmenge enthält. Beim Beweis benutzt CANTOR stillschweigend das Auswahlprinzip, jenes Prinzip bzw. Axiom, das nach 1904 zeitweilig im Mittelpunkt der mathematischen Grundlagenforschung stand (s. u.).

Der dann folgende Abschnitt über Ordnungstypen ist eine sorgfältige Darstellung der Theorie, die CANTOR schon 1884/85 in der bereits erwähnten nicht veröffentlichten Arbeit für die *Acta mathematica* skizziert hatte. Neu ist die mengentheoretische Charakterisierung des Ordnungstypus ϑ: Eine geordnete Menge hat den Ordnungstypus ϑ, wenn sie 1. perfekt ist und 2. eine abzählbare dichte Teilmenge enthält.

Den Abschluß von [30] bildet die Theorie der wohlgeordneten Mengen und der Ordnungszahlen, die von CANTOR in früheren Arbeiten schon mehrfach mehr oder weniger ausführlich dargestellt worden war. Hier erscheint sie als eine systematische streng mathematische Theorie ohne jegliche philosophische oder andere Reflexionen. Eine Ordnungszahl oder Ordinalzahl ist definiert als der Ordnungstypus einer wohlgeordneten Menge. Wichtig für die Theorie der Ordnungszahlen sind die Begriffe *Abschnitt* und *Rest* bei wohlgeordneten Mengen. Ist M eine wohlgeordnete Menge und f ein vom Anfangselement verschiedenes Element von M, so heißt die Menge aller Elemente von M, die in der gegebenen Ordnung vor f stehen, der durch f bestimmte Abschnitt A von M. $M - A = R$ heißt der zugehörige Rest. Nachdem CANTOR eine Reihe einfacher Sätze über Abschnitte bewiesen hat, kann er daraus folgendes herleiten: Bei zwei wohlgeordneten Mengen F und G tritt genau einer der drei einander ausschließenden Fälle ein:

1. F und G sind ähnlich;
2. F ist einem Abschnitt von G ähnlich;
3. G ist einem Abschnitt von F ähnlich.

Sind α und β die Ordnungszahlen von F und G, so ist im ersten Fall $\alpha = \beta$, im zweiten sagt man $\alpha < \beta$ und im dritten $\alpha > \beta$. Die Betrachtung zeigt, daß mit der so definierten Größer-Beziehung die Ordnungszahlen selbst geordnet werden können; CANTOR merkt an, daß diese Ordnung sogar eine Wohlordnung ist. Nach der Definition von Summe und Produkt von Ordnungszahlen folgt eine eingehende Untersuchung der Zahlen der zweiten Zahlklasse. Die zweite Zahlklasse $Z(\aleph_0)$ definiert CANTOR hier nicht mit dem Hemmungsprinzip, sondern als die «Gesamtheit $\{\alpha\}$ aller Ordnungstypen α wohlgeordneter Mengen von der Kardinalzahl $\aleph_0$.» [30, p. 325]. Er beweist dann folgende grundlegenden Sätze:

1. Ist $\alpha \in Z(\aleph_0)$, so bildet $\{\alpha', \alpha' < \alpha\}$, wenn die α' der Größe nach geordnet werden, eine wohlgeordnete Menge mit der Ordnungszahl α. (Der Satz, der eine Art kanonische Repräsentation der Ordnungszahlen liefert, ist übrigens nicht auf die zweite Zahlklasse beschränkt, sondern gilt für jede Ordnungszahl α).

2. Jede Zahl $\alpha \in Z(\aleph_0)$ hat entweder einen unmittelbaren Vorgänger α_1, aus dem sie durch Hinzufügen von 1 hervorgeht ($\alpha = \alpha_1 + 1$), oder es existiert eine Fundamentalfolge $\{\alpha_\nu\}$ von Ordnungszahlen (eine wachsende Folge ohne größtes Element), so daß α die auf alle α_ν folgende nächstgrößere Zahl ist (man schreibt dann $\alpha = \lim_\nu \alpha_\nu$ und nennt α eine Limeszahl).

CANTOR erwähnt, daß im Satz 2 die beiden Weisen des Hervorgehens größerer Zahlen aus kleineren enthalten sind, welche er in [21] als die Erzeugungsprinzipien an die Spitze gestellt hatte.

Als nächstes wird gezeigt, daß die Kardinalzahl $\aleph_1$ von $Z(\aleph_0)$ die auf $\aleph_0$ der Größe nach unmittelbar folgende Kardinalzahl ist. Eine detaillierte Betrachtung widmet CANTOR den Zahlen der zweiten Zahlklasse, welche sich als Polynome endlichen Grades in ω schreiben lassen. Durch transfinite Induktion führt er dann die allgemeine Potenz γ^α für Zahlen γ, α aus der ersten oder zweiten Zahlklasse ein und zeigt, daß $\gamma^{\alpha+\beta} = \gamma^\alpha\gamma^\beta$, $\gamma^{\alpha\beta} = (\gamma^\alpha)^\beta$ und $\gamma^\alpha \geqq \alpha$ gilt.

Inhaltlich völlig neu gegenüber früheren Arbeiten ist der letzte Paragraph über die ε-Zahlen der zweiten Zahlklasse. Das sind Zahlen, die der Gleichung $\omega^\alpha = \alpha$ genügen. CANTOR hat solche Zahlen bereits in einem Brief vom 11. 10. 1886 an F. GOLDSCHEIDER erwähnt und einige ihrer Eigenschaften angegeben. Er nannte sie in diesem Brief «Giganten» (cf. [106], p. 304–306). Die ε-Zahlen waren der Ausgangspunkt für die spätere Theorie der Normalfunktionen, die von HESSENBERG und HAUSDORFF entwickelt wurde; sie sind gerade die kritischen Zahlen der Normalfunktion $f(\alpha) = \omega^\alpha$ (cf. [209], p. 114ff.).

Im letzten Jahrzehnt des vorigen Jahrhunderts trat die Bedeutung der Mengenlehre für die gesamte Mathematik immer deutlicher zutage. Es begannen mit der mengentheoretischen Durchdringung der Mathematik und mit deren Hinwendung zum strukturellen Denken Entwicklungsprozesse dominant zu werden, die zur sogenannten modernen Mathematik führten, zu einer Mathematik, die als Theorie axiomatisch begründeter, in einer gewissen hierarchischen Ordnung stehender Strukturen angesehen wurde. Die französische Mathematikergruppe «BOURBAKI» hat diese Auffassung von Mathematik am konsequentesten vertreten und ab 1939 versucht, eine Gesamtdarstellung der Mathematik auf dieser Grundlage zu geben. Wenn auch heute eine Abkehr vom BOURBAKI-Standpunkt und eine stärkere Hinwendung der Mathematik zu konkreten Problemen – verbunden mit einer umfangreichen Nutzung der modernen Rechentechnik – unverkennbar ist, so sind doch die mengentheoretische Durchdringung und das strukturelle Denken unverzichtbare Errungenschaften, auf denen das neue Problembewußtsein und die höhere Qualität der Verbindungen der Mathematik zu anderen Wissenschaften fußen.

Die Anerkennung der Mengenlehre als ein Fundament der Mathematik wurde um die Jahrhundertwende durch die Entwicklung einiger mathematischer Disziplinen besonders gefördert. Solche Disziplinen waren die Theorie der reellen Funktionen, die Topologie, die Algebra und die neu entstehende Funktionalanalysis. Führende Mathematiker der jüngeren Generation wie HURWITZ, HADAMARD, MINKOWSKI und HILBERT machten sich die mengentheoretischen Begriffsbildungen und Schlußweisen zu eigen, arbeiteten erfolgreich damit und wirkten für ihre Verbreitung und Anerkennung. So schrieb MINKOWSKI schon 1895 in einem Brief an HILBERT:

> «Das Aktual-Unendliche ist ein Wort, das ich aus einem Aufsatz von CANTOR habe, und ich habe in meinem Vortrage auch grösstentheils Sätze von CANTOR gebracht, die allgemeines Interesse fanden; nur wollten einige nicht recht daran glauben. ... Bei dieser Gelegenheit habe ich von Neuem wahrgenommen, dass CANTOR doch einer der geistvollsten lebenden Mathematiker ist. Seine rein abstracte Definition der Mächtigkeit der Punkte einer Strecke mit Hülfe der sogenannten transfiniten Zahlen ist wirklich bewundernswerth.» [341, p. 68].

August Gutzmer, langjähriger Kollege Cantors in Halle
(Archiv Teubner Verlag)

Daß die Mengenlehre auch eine klassische Disziplin wie die Funktionentheorie immer stärker durchdrang und befruchtete, zeigte HURWITZ in seinem viel beachteten Hauptvortrag *Über die Entwicklung der allgemeinen Theorie der analytischen Funktionen in neuerer Zeit* auf dem internationalen Mathematikerkongreß 1897 in Zürich. CANTOR erlebte als Teilnehmer dieses Kongresses die Genugtuung, daß seine Theorien in den Mittelpunkt der Aufmerksamkeit der internationalen Mathematikergemeinschaft gerückt wurden. HURWITZ ging es u. a. um eine Klassifizierung der eindeutigen analytischen Funktionen nach dem Charakter der Menge ihrer singulären Stellen. Er führte aus:

> «Die Grundlage der ganzen Untersuchung bilden hier die allgemeinen Sätze von Herrn CANTOR über Punktmengen, welche in Rücksicht auf ihre Anwendung in der Funktionentheorie von den Herren BENDIXSON und PHRAGMEN in mehreren Punkten ergänzt worden sind. Bei diesen Sätzen spielen die transfiniten Zahlen CANTOR's eine wichtige Rolle.» [236, p. 94–95].

HURWITZ gab dann einen gedrängten Überblick über die CANTORsche Theorie der Ordinalzahlen und ihre Anwendung auf die Klassifizierung von Punktmengen. Diese Tatsache macht deutlich, daß CANTORS Theorien, obwohl seit vielen Jahren publiziert, im Jahre 1897 immer noch nicht zum Allgemeingut der Mathematiker gerechnet wurden. Für die eindeutigen analytischen Funktionen ergibt sich dann, daß sie entsprechend dem Charakter der (stets abgeschlossenen) Menge ihrer singulären Punkte in zwei Klassen zerfallen: Die eine Klasse umfaßt die Funktionen, deren singuläre Punkte eine höchstens abzählbare Menge bilden, die andere Klasse diejenigen Funktionen mit einer überabzählbaren Menge singulärer Punkte. Für die erste Klasse hat man nach dem Satz von MITTAG-LEFFLER eine Darstellung als Summe endlich oder unendlich vieler Partialbrüche. Bei einer Funktion der zweiten Klasse bleibt jeweils nach Subtraktion einer geeigneten solchen Summe eine Funktion übrig, deren Singularitäten eine perfekte Menge bilden.

Von großer Bedeutung für die Anwendung und Verbreitung der Mengenlehre waren die Arbeiten der französischen Schule der Theorie der reellen Funktionen, welche vor allem durch BOREL, BAIRE, FRÉCHET und LEBESGUE repräsentiert wurde (cf. [317]). BORELS *Vorlesungen zur Funktionentheorie* von 1898 [73] waren nach W. H. YOUNG ein Ausgangspunkt für die Mehrzahl der Pioniere der Mengenlehre in unserem Jahrhundert. In Deutschland schrieb SCHOENFLIES für die *Enzyklopädie der Mathematischen Wissenschaf-*

ten 1899 ein Kapitel über Mengenlehre, und 1900 erstattete er im Auftrage der *Deutschen Mathematikervereinigung* einen 250 Seiten langen Bericht über die Entwicklung der Punktmengenlehre [413].

Von besonderer Bedeutung war das Auftreten HILBERTS auf dem *I. Internationalen Mathematikerkongreß* in Paris. Der Glanzpunkt dieses Kongresses war HILBERTS Vortrag *Mathematische Probleme*, in dem er 23 Probleme formulierte, deren Lösung er für die zukünftige mathematische Forschung für wesentlich erachtete. Die HILBERTschen Probleme haben eine bedeutende Rolle in der Entwicklung der Mathematik gespielt (vgl. [84], [122]). An die Spitze seiner Probleme stellte HILBERT das Kontinuumproblem. Dann erwähnte er noch CANTORS Behauptung über die Möglichkeit der Wohlordnung jeder Menge und fuhr fort: «Es scheint mir höchst wünschenswert, einen direkten Beweis dieser merkwürdigen Behauptung von CANTOR zu gewinnen,...» [122, p. 36]. Dieser demonstrative Hinweis HILBERTS auf die zentralen noch offenen Probleme der Mengenlehre hat – bei der uneingeschränkten Autorität, die HILBERT damals schon genoß – zweifellos zu intensiverer Forschung auf mengentheoretischem Gebiet beigetragen.

Die Mengenlehre wurde innerhalb kurzer Zeit zu einer selbständigen mathematischen Disziplin. Hatte man im *Jahrbuch über die Fortschritte der Mathematik* die mengentheoretischen Arbeiten bis 1904 noch unter allen möglichen Rubriken, vor allem unter dem Stichwort *Philosophie* referiert, so erhielt sie ab Bd. 36 (1905) einen eigenen Abschnitt im Kapitel 2 *Philosophie, Mengenlehre und Pädagogik*. 1905 wurden bereits 33 Arbeiten zur Mengenlehre registriert. Ab Bd. 46 (1916) erhielt die Mengenlehre ein eigenständiges Hauptkapitel, gleichrangig mit solchen großen Gebieten wie Analysis, Geometrie, Algebra und Arithmetik.

Bald nach der Jahrhundertwende erschienen auch erste monographische Darstellungen und Lehrbücher. Für das Bekanntwerden der Mengenlehre in breiten Kreisen von Mathematikern des englischen Sprachraums sorgte das Buch *The theory of sets of points* des Ehepaares WILLIAM HENRY and GRACE CHISHOLM YOUNG (1906) [486]. In Deutschland erschienen 1906 die *Grundbegriffe der Mengenlehre* von HESSENBERG [218]. Die vermutlich erste Vorlesung über Mengenlehre hielt F. HAUSDORFF 1901 an der Universität Leipzig vor 3 Zuhörern [6a, Bl. 12]. Ein breit angelegtes systematisches Kolleg über Mengenlehre las 1909 der polnische Mathematiker W. SIERPIŃSKI; sein 1912 erschienener Abriß der Mengenlehre war für die Herausbildung der polnischen mengentheoretischen Schule, die in den zwanziger und dreißiger Jahren Weltgeltung erlangte, von großer Bedeutung. Ein Markstein in der Entwicklung war HAUSDORFFS Buch *Grundzüge der Mengenlehre* von 1914 [209]. Dieses Werk war das erste systematische Lehrbuch der Mengenlehre, durch das zahlreiche Mathematiker Zugang zu diesem Gebiet fanden.

Die Antinomien
Cantors letzte Jahre

Mitten in ihrem eben begonnenen Siegeszug türmten sich vor der Mengenlehre neue, scheinbar unüberwindliche Schwierigkeiten auf. In ihr wurden nämlich Antinomien, d. h. logische Widersprüche, entdeckt. Ein logischer Widerspruch in einer mathematischen Theorie hat katastrophale Folgen: Läßt man unter den Sätzen einer Theorie eine Aussage A und ihre Negation zu, so ist in dieser Theorie jede Aussage beweisbar. Durch die Entdeckung der Antinomien schien, wie FRAENKEL zwei Jahrzehnte danach schrieb, «der Siegesflug des Unendlichgroßen ... durch einen jähen Absturz beendet.» [143, p. 210].

Die erste mengentheoretische Antinomie wurde 1897 von BURALI-FORTI publiziert [87]. BURALI-FORTI bewies in enger Anlehnung an CANTORS *Annalen*-Arbeit [30] zunächst, daß für zwei beliebige Ordinalzahlen a, b genau eine der drei Beziehungen

$$a = b, \qquad a < b, \qquad a > b$$

gelten muß (prop. 21, 22 bei BURALI-FORTI). Er bezeichnet dann mit Ω die Ordinalzahl der ihrer Größe nach geordneten (und damit wohlgeordneten) Menge *aller* Ordinalzahlen. Seine entscheidende Schlußfolgerung lautet:

$$\Omega + 1 > \Omega, \qquad \Omega + 1 \leq \Omega,$$

«che, per le prop. 21, 22, risultano contradittorie» [87, p. 164]. Obwohl BURALI-FORTI nicht davon spricht, daß er eine Antinomie entdeckt hat, so war doch klar, daß die Bildung von Ω auf einen Widerspruch führt.

CANTOR hat auf BURALI-FORTIS Veröffentlichung nicht reagiert – weder in seinen Publikationen noch in seinem Nachlaß wird sie erwähnt. Da seine Arbeit von 1895 (Teil 1 von [30]) von VIVANTI ins Italienische übersetzt worden war und CANTOR gute Kontakte zu italienischen Mathematikern hatte, insbesondere zu VIVANTI, ist es durchaus möglich, daß er auf die Arbeit BURALI-FORTIS aufmerksam

Marmorbüste CANTORS, die der Bildhauer WALTHER LOBACH im Auftrage der DMV anläßlich der Feiern zu CANTORS 70. Geburtstag geschaffen hat. (Universität Halle, Hauptgebäude)

gemacht worden ist. Ihr Inhalt war ihm allerdings – wie sich zeigen wird – längst bekannt.

Auch andere Grundlagenforscher wie DEDEKIND oder FREGE haben auf BURALI-FORTIS Arbeit nicht reagiert; wahrscheinlich ist sie ihnen zunächst entgangen.

Ein nächster Schritt auf dem Wege, Antinomien in der Mengenlehre öffentlich bekannt zu machen, war die Publikation von RUSSELLS *Antinomie der Menge aller Mengen, die sich nicht selbst als Element enthalten*, im Jahre 1903 [400]. Auch RUSSELL fand seine Antinomie in unmittelbarer Auseinandersetzung mit CANTORS Arbeiten. Er schrieb darüber später:

> «I was led to this contradiction by considering CANTOR's proof that there is no greatest cardinal number. I thought, in my innocence, that the number of all things there are in the world must be the greatest possible number, and I applied his proof to this number to see what would happen.» [402, p. 75].

Bereits am 16. 6. 1902 hatte RUSSELL die von ihm entdeckte Antinomie in einem Brief FREGE mitgeteilt [156, p. 211]. Dieser reagierte sichtlich betroffen; er schrieb am 22. 6. 1902 an RUSSELL u. a.:

> «Ihre Entdeckung des Widerspruchs hat mich aufs Höchste überrascht und, fast möchte ich sagen bestürzt, weil dadurch der Grund, auf dem ich die Arithmetik sich aufzubauen dachte, in's Wanken geräth. Es scheint danach, dass die Umwandlung der Allgemeinheit einer Gleichung in eine Werthverlaufsgleichheit (§ 9 meiner *Grundgesetze*) nicht immer erlaubt ist, dass mein Gesetz (V) (§ 20, p. 36) falsch ist ...» [156, p. 213].

FREGE nahm dann auch bald öffentlich zu der Frage Stellung: Dem 1902 fertiggestellten Band 2 seiner *Grundgesetze der Arithmetik* fügte er ein Nachwort bei, in welchem es heißt:

> «Einem wissenschaftlichen Schriftsteller kann kaum etwas Unerwünschteres begegnen, als dass ihm nach Vollendung einer Arbeit eine der Grundlagen seines Baues erschüttert wird.
>
> In diese Lage wurde ich durch einen Brief des Herrn BERTRAND RUSSELL versetzt, als der Druck dieses Bandes sich seinem Ende näherte. Es handelt sich um mein Grundgesetz (V).» [155, p. 253].

FREGE bemerkte in diesem Nachwort auch, daß in derselben Weise von RUSSELLS Paradoxie «das System des Herrn DEDEKIND» betroffen sei. [155, p. 253]. In der Tat hatte DEDEKIND in *Was sind und was sollen die Zahlen*? den «Beweis» für die Existenz unendlicher Mengen auf die antinomische Menge «aller Dinge, welche Gegenstand meines Denkens sein können» gegründet [120, p. 14]. DEDEKIND seinerseits dürfte erstmals durch Briefe CANTORS vom Spätsommer 1899 [7, p. 443 ff.] auf gewisse mengentheoretische Antinomien aufmerksam gemacht worden sein. CANTOR teilte dort z.B. mit, daß der «Inbegriff alles Denkbaren» [7, p. 443], ferner das System aller Ordinalzahlen und das System aller Kardinalzahlen «inkonsistente Vielheiten» sind (näheres dazu s.u.). Auch DEDEKIND zog Konsequenzen: Als er 1903 aufgefordert wurde, eine dritte Auflage von *Was sind und was sollen die Zahlen*? zu veranstalten, stimmte er dem nicht zu, «weil inzwischen sich Zweifel an der Sicherheit wichtiger Grundlagen meiner Auffassung geltend gemacht hatten». [120, p. XI]. Erst 1911 ließ er eine dritte Auflage erscheinen.

Ganz im Gegensatz zu FREGE und DEDEKIND hat sich CANTOR nie überrascht oder verunsichert zum Bekanntwerden von Antinomien in der Mengenlehre geäußert. Die Ursachen dieser Gleichmütigkeit liegen darin begründet, daß CANTOR die Existenz von Antinomien schon viele Jahre vor den Veröffentlichungen von BURALI-FORTI und RUSSELL bekannt war. Das geht aus einigen seiner Briefe an D. HILBERT hervor, die sich in dessen Nachlaß befinden [5, Nr. 54]. Die Briefe erlauben auch eine modifizierte Interpretation früherer Arbeiten und Briefe CANTORS. Bereits der erste Brief an HILBERT, datiert vom 26. Sept. 1897, gibt die entscheidenden Aufschlüsse; die für unser Thema wichtigsten Passagen dieses Briefes lauten:

> «Die Totalität aller Alefs ist nämlich eine solche, welche nicht als eine bestimmte, wohldefinierte *fertige* Menge aufgefaßt werden kann. Wäre dies der Fall, so würde auf diese Totalität ein *bestimmtes Alef* der Größe nach *folgen*, welches daher sowohl zu dieser Totalität (als Element) *gehören*, wie auch *nicht gehören* würde, was ein Widerspruch wäre.» [5, Nr. 54, Bl. 2] ... «Totalitäten die nicht als «Mengen» von uns gefaßt werden können (wovon ein Beispiel die Totalität aller Alefs ist, wie oben bewiesen wurde) habe ich schon vor vielen Jahren «absolut unendliche» Totalitäten genannt und sie von den *transfiniten Mengen* scharf unterschieden.» [5, Nr. 54, Bl. 3] (Dokument 43 gibt einen ausführlichen Auszug aus diesem Brief wieder).

In der Literatur ist die Existenz eines Briefes von CANTOR an HILBERT, der die Antinomienproblematik zum Inhalt hat, erstmals von PH. JOURDAIN 1904 erwähnt worden [249, p. 70]. Darauf nehmen dann alle weiteren Autoren (BERNSTEIN [63, p. 187], FRAENKEL [143, p. 261], MESCHKOWSKI [328, p. 144] Bezug. JOURDAIN stützte sich auf die Aussage eines Briefes von CANTOR an ihn vom 4. 11. 1903. Dort heißt es:

> «Den unzweifelhaft richtigen Satz, daß es außer den Alephs keine anderen transfiniten Cardinalzahlen giebt, habe ich vor über 20 Jahren (bei der Entdeckung der Alephs selbst) intuitiv erkannt. Später habe ich mir einen dem Ihrigen conformen Beweis dafür gebildet. Schon vor etwa 7 Jahren machte ich Herrn HILBERT, vor 4 Jahren Herrn DEDEKIND darauf bezügliche briefliche Mit-

theilungen, im Wesentlichen desselben Inhalts, wie es mir aus Ihrem Schreiben entgegentritt.» [179, p. 116].

Der Beweis, von dem CANTOR hier spricht, macht – wie der oben zitierte Brief an HILBERT zeigt (Dokument 43) – von der Tatsache Gebrauch, daß man das System aller Alephs nicht als Menge auffassen kann. JOURDAIN hatte einen ähnlichen Beweis für den Wohlordnungssatz vorgeschlagen. Bezüglich der Angabe des Datums seiner Mitteilung an HILBERT hatte sich CANTOR hier um ein Jahr geirrt; dieser Fehler ist von hier über JOURDAIN dann in die Literatur eingegangen.

Die beiden oben zitierten Passagen aus dem Brief an HILBERT zeigen ganz klar, daß CANTOR der antinomische Charakter des Systems aller Kardinalzahlen bzw. des Systems aller Ordinalzahlen schon viele Jahre vor 1897 bekannt war. Im Lichte dieser Briefstelle sollen nun zunächst einschlägige Arbeiten bzw. Äußerungen CANTORS vor 1897 im Hinblick auf die Antinomienfrage analysiert werden.

Aus der Art, wie CANTOR in Teil 5 von [21] die transfiniten Ordnungszahlen über die beiden Erzeugungsprinzipien (cf. p. 63/64) einführte, sind zwei Tatsachen sofort erkennbar:

1. Zu jeder Menge von Ordnungszahlen gibt es eine größere Ordnungszahl.
2. Die Größerbeziehung bestimmt eine Wohlordnung der Ordnungszahlen.

Faßt man die Gesamtheit aller Ordnungszahlen als Menge auf, so muß man sie als wohlgeordnete Menge auch durch eine Zahl «abzählen» können. Diese Zahl wäre dann die größte Ordnungszahl, was den Erzeugungsprinzipien, *die kein Maximum zulassen*, widerspricht. Es ist kaum vorstellbar, daß CANTOR, der zu diesem Zeitpunkt (1883) bereits mehr als zehn Jahre lang über diese Dinge nachgedacht hatte, eine so einfache Schlußfolgerung entgangen sein sollte. In der Tat hat CANTOR in den Anmerkungen zu Teil 5 von [21] Bemerkungen im Hinblick auf die Gesamtheit aller Ordnungszahlen gemacht. Es heißt dort:

«Daß wir auf diesem Wege [gemeint ist die Bildung der Ordnungszahlen und ihrer Zahlklassen – W. P.] immer weiter, niemals an eine unübersteigbare Grenze, aber auch zu keinem auch nur angenäherten Erfassen des Absoluten gelangen werden, unterliegt für mich keinem Zweifel. Das Absolute kann nur anerkannt, aber nie erkannt, auch nicht annähernd erkannt werden.... Die absolut unendliche Zahlenfolge [die Folge aller Ordnungszahlen – W. P.] erscheint mir daher in gewissem Sine als ein geeignetes Symbol des Absoluten; wogegen die Unendlichkeit der ersten Zahlenklasse (I), welche bisher dazu allein gedient hat, mir, eben weil ich sie für eine faßbare Idee (nicht Vorstellung) halte, wie ein ganz verschwindendes Nichts im Vergleich mit Jener vorkommt.» [21, p. 205, Anm. zu § 4].

Die Kategorie des Absoluten übernimmt CANTOR von Philosophen wie LEIBNIZ oder SPINOZA, die damit die Unendlichkeit Gottes zum Ausdruck brachten. Bei SPINOZA z.B. heißt es:

«Unter *Gott* verstehe ich das absolut unendliche Wesen, d.h. die Substanz, welche aus unendlichen Attributen besteht, von denen ein jedes ewiges und unendliches Sein ausdrückt. ... Ich sage *absolut* unendlich, im Gegensatz zu: unendlich in seiner Art. Denn was nur in seiner Art unendlich ist, dem können wir unendliche Attribute absprechen. Was dagegen absolut unendlich ist, zu dessen Wesen gehört alles, was Sein ausdrückt und keine Verneinung in sich schließt.» [440, p. 23/24].

CANTOR stimmt mit den genannten Philosophen darin überein, daß das Absolute keiner Determination fähig ist [21, p. 175–176]. Es ist natürlich insbesondere keiner mathematischen Determination fähig [27, p. 375]. Da für CANTOR das entscheidende Kriterium mathematischer Existenz die Widerspruchsfreiheit ist [21, § 8 und Anmerkung 7], bedeutet «keiner mathematischen Determination fähig» nichts anderes als: Jede mathematische Entität, die das Absolute beschreibt, ist ein Widerspruch in sich. Vergleicht man das mit CANTORS oben zitierten Aussagen zur Folge der Ordnungszahlen, so zeigt sich, daß CANTOR hier etwas verborgen folgendes zum Ausdruck bringt: Jeder Versuch, das System aller Ordnungszahlen als ein mathematisches Objekt zu betrachten, mit dem weitere mathematische Operationen durchgeführt werden, ist nicht zulässig, da er zu Widersprüchen führt. Es erhebt sich die Frage, ob hier nicht doch etwas vage Andeutungen überinterpretiert werden. In der Tat hätte man mit einer solchen Auslegung vielleicht vorsichtiger sein müssen, hätte nicht CANTOR selbst in einem Brief an HILBERT vom 15. November 1899 in deutlicher Weise zu seinen oben zitierten Schlußnoten (Anmerkungen) Stellung genommen.

Um diesen Brief an HILBERT richtig einordnen zu können, müssen wir zunächst kurz auf CANTORS Briefe an DEDEKIND vom Spätsommer 1899 eingehen. Diese Briefe sind in Auszügen schon in den Gesammelten Abhandlungen publiziert und also seit langem wohlbekannt [7]. Im ersten dieser Briefe heißt es:

«Gehen wir von dem Begriff einer bestimmten Vielheit (eines Systems, eines Inbegriffs) von Dingen aus, so hat sich mir die Notwendigkeit herausgestellt, zweierlei Vielheiten (ich meine immer *bestimmte* Vielheiten) zu unterscheiden.

Eine Vielheit kann nämlich so beschaffen sein, daß die Annahme eines «Zusammenseins» *aller* ihrer Elemente auf einen Widerspruch führt, so daß es unmöglich ist, die Vielheit als eine Einheit, als ein «fertiges Ding» aufzufassen. Solche Vielheiten nenne ich *absolut unendliche* oder *inkonsistente Vielheiten.*

Wie man sich leicht überzeugt, ist z.B. der «Inbegriff alles Denkbaren» eine solche Vielheit; später werden sich noch andere Beispiele darbieten.

Wenn hingegen die Gesamtheit der Elemente einer Vielheit ohne Widerspruch als «zusammenseiend» gedacht werden kann, so daß ihr Zusammengefaßtwerden zu «*einem* Ding» möglich ist, nenne ich sie eine *konsistente Vielheit* oder eine «Menge».» [7, p. 443].

An weiteren Beispielen inkonsistenter Vielheiten nennt CANTOR das System aller Alephs, das System aller Ordnungszahlen und das System aller denkbaren Klassen nichtäquivalenter Mengen. Auf die Tatsache, daß das System aller Ordnungszahlen und das aller Alephs inkonsistent sind, versucht CANTOR einen Beweis des Wohlordnungssatzes zu gründen. Dieser sollte – wie aus dem ersten Brief an HILBERT und auch aus dem im nachfolgenden zitierten Brief an HILBERT deutlich wird – der Inhalt des dritten Teiles seiner Aufsatzfolge «*Beiträge zur Begründung der transfiniten Mengenlehre*» [30] sein. (Zur Kritik dieses Beweisversuchs s. die Anmerkung ZERMELOS in [7, p. 451].)

Die Unterscheidung von Mengen und inkonsistenten Vielheiten erscheint in den zwanziger Jahren in der VON NEUMANNschen Axiomatik der Mengenlehre wieder. In ihr wird der allgemeinere Begriff der Klasse dem Begriff der Menge übergeordnet. Klassen, die keine Mengen sind, entsprechen den CANTORschen inkonsistenten Vielheiten. Inkonsistente Vielheiten dürfen nicht Elemente von Mengen sein. Man muß sie aus der CANTORschen Mengenlehre ausgliedern, um die Schwierigkeiten der Antinomien zu überwinden. Aber können nicht in der dann übrigbleibenden Mengenlehre auch noch Widersprüche versteckt sein? CANTOR erkannte diese Frage als ein allgemeines Problem, ein Problem nicht nur der Mengenlehre, sondern der gesamten Mathematik, das Problem der Widerspruchsfreiheit nämlich, welches die Grundlagenforscher unseres Jahrhunderts dann so nachhaltig beschäftigt hat. Er schrieb an DEDEKIND am 28.8.1899:

«Man muß die Frage aufwerfen, woher ich denn wisse, daß die wohlgeordneten Vielheiten oder Folgen, denen ich die Kardinalzahlen $\aleph_0, \aleph_1, \ldots, \aleph_{\omega_0}, \ldots, \aleph_{\omega_1}, \ldots$ zuschreibe, auch wirklich «Mengen» in dem erklärten Sinne des Wortes, d.h. «konsistente Vielheiten» seien. Wäre es nicht denkbar, daß schon *diese* Vielheiten «inkonsistent» seien, und daß der Widerspruch der Annahme eines «Zusammenseins aller ihrer Elemente» sich *nur noch nicht bemerkbar* gemacht hätte? Meine Antwort hierauf ist, daß diese Frage auf *endliche Vielheiten ebenfalls auszudehnen* ist und daß eine genaue Erwägung zu dem Resultate führt: sogar für endliche Vielheiten ist ein «Beweis» für ihre «Konsistenz» *nicht* zu führen. Mit anderen Worten: Die Tatsache der «Konsistenz» endlicher Vielheiten ist eine einfache unbeweisbare Wahrheit, es ist «*Das Axiom* der Arithmetik» (im alten Sinne des Wortes). Und ebenso ist die «Konsistenz» der Vielheiten, denen ich die Alephs als Kardinalzahlen zuspreche «das Axiom der erweiterten transfiniten Arithmetik». [7, p. 447/448].

CANTOR hielt demnach die Widerspruchsfreiheit der Mengenlehre für nicht stärker zweifelhaft als die der gewöhnlichen Arithmetik.

Wir können nun auf den Brief CANTORS an HILBERT vom 15. Nov. 1899 zurückkommen. Dort heißt es:

«Lieber Freund und College HILBERT! Vielen Dank für Ihren liebenswürdigen Brief von gestern. Ich würde Ihnen schon längst die versprochene Nummer III der laufenden Annalenarbeit *Beiträge zur Begründung der transfiniten Mengenlehre* (welche Nummer ja bis auf unwesentliche kleine Theile fix und fertig ist) geschickt haben, wenn ich von Herrn DEDEKIND eine Antwort auf die 3–4 ihm in den Monaten Aug. u. Sept. dieses Jahres geschriebenen Briefe erhalten haben würde.

Sie begreifen, welchen Werth ich auf seine Gegenaeusserung legen muß!

Denn aus Ihrem werthen Schreiben ersehe ich zu meiner Freude, daß Sie die Bedeutung erkennen, *welche gerade für ihn*, den Verfasser der Schrift *Was sind und was sollen die Zahlen*? die offene Publication des Fundaments meiner Mengenforschung (welches Fundament Sie in den anno 1883 publicirten *Grundlagen*, u. zwar *in den Schlußnoten*, zwar auch schon ganz deutlich, aber doch absichtlich *etwas versteckt* finden können) haben muß.

Steht doch dieses mein Fundament in *diametralem Gegensatz* zu dem Kernpunct seiner Untersuchungen, der in der naiven Voraussetzung zu sehen ist, *daß alle wohldefinirten Inbegriffe resp. Systeme* auch immer «*consistente Systeme*» seien.

Sie haben sich also auch überzeugt, daß diese DEDEKIND*sche Voraussetzung* eine *irrige* ist, was ich natürlich *sofort nach Erscheinen* der ersten Auflage seiner oben genannten Schrift, anno 1887, gesehen habe. Ich wollte nun aber begreiflicherweise gegen einen um die Zahlentheorie und Algebra so hochverdienten Mann nicht auftreten, wartete vielmehr nur auf eine Gelegenheit, ihm selbst die Sache auseinanderzusetzen, *damit er selbst die nothwendige Correctur an seinen Untersuchungen vornehme und publicire*!

Die Gelegenheit erhielt ich von ihm *erst in diesem Herbst*, da er mir aus *mir unbekannten Gründen* jahrelang gezürnt und die alte Correspondenz von 1871 *seit* 1874 *circa abgebrochen hatte*.» [5, Nr. 54, Bl. 25–26].

Mit diesen Dokumenten dürfte hinreichend wahrscheinlich gemacht worden sein, daß CANTOR mit der Ausarbeitung der Theorie der transfiniten Ordinal- und Kardinalzahlen (also spätestens 1883) auch klar geworden war, daß das System aller Ordinalzahlen oder das aller Kardinalzahlen keine Mengen sind in dem Sinne, daß man sie als mathematische Entitäten benutzen (etwa als Element weiterer

Mengenbildungsprozesse) oder ihnen eine Kardinal- oder Ordinalzahl zuschreiben könne. In den Anmerkungen zu [21], Teil 5, gibt es allerdings auch eine Passage, die dem zu widersprechen scheint. Es heißt dort:

«... wie man innerhalb der ersten Zahlenklasse (I) bei jeder noch so großen endlichen Zahl immer dieselbe Mächtigkeit der ihr größeren endlichen Zahlen vor sich hat, ebenso folgt auf jede noch so große überendliche Zahl irgendeiner der höheren Zahlenklassen (II) oder (III) usw. ein Inbegriff von Zahlen und Zahlenklassen, der an Mächtigkeit nicht das mindeste eingebüßt hat gegen das Ganze des von 1 anfangenden absolut unendlichen Zahleninbegriffs.» [21, p. 205].

U. E. ist hier das Wort Mächtigkeit im naiven Sinne einer Größenvorstellung gebraucht, denn wenig später stellt CANTOR ganz zutreffend fest, daß «auch die verschiedenen Mächtigkeiten eine absolut-unendliche Folge» bilden [21, p. 205]. Solche sprachlichen Inkonsequenzen kommen bei CANTOR öfters vor. So spricht er in der Arbeit von 1891 [29] davon, «daß der Inbegriff aller Mächtigkeiten, wenn wir letztere ihrer Größe nach geordnet denken, eine «wohlgeordnete Menge» bildet, ...» [29, p. 280]. Aber gerade in dieser Arbeit hatte ja CANTOR $2^{\boldsymbol{m}} > \boldsymbol{m}$ für beliebige Kardinalzahl $\boldsymbol{m}$ bewiesen, woraus folgt, «daß die Mächtigkeiten kein Maximum haben ...», daß «... auf jede ohne Ende steigende Menge von Mächtigkeiten eine ... größere folgt.» [29, p. 280]. Faßt man also das System aller Kardinalzahlen als eine Menge auf, der man wieder eine Kardinalzahl zuschreiben könnte, so ist der Widerspruch offensichtlich. Es ist geradezu ausgeschlossen, daß ein so tiefdringender Denker wie CANTOR diese einfache Schlußfolgerung übersehen haben sollte, zumal er 1883 auf anderem Wege schon die «absolute Unendlichkeit» der Alephfolge festgestellt hatte.

In Briefen an verschiedene Adressaten aus den Jahren 1885 und 1886, die CANTOR in Auszügen publiziert hat [27], [28], hat er mehrfach den Unterschied zwischen dem Transfiniten, welches in Gestalt der transfiniten Zahlen oder der Ordnungstypen Gegenstand der Mengenlehre ist, und dem Absoluten, welches der Mathematik nicht zugänglich ist, hervorgehoben. (Zur Diskussion des Absoluten vgl. man auch die Ausführungen von M. HALLETT in seinem interessanten Buch [201]). So heißt es in der Einleitung zur Publikation [28]:

«Es wurde das A.-U. [Aktual-Unendliche – W. P.] nach *drei* Beziehungen unterschieden: *erstens* sofern es in der höchsten Vollkommenheit, im völlig unabhängigen, außerweltlichen Sein, *in Deo* realisiert ist, wo ich es *Absolutunendliches* oder kurzweg *Absolutes* nenne; *zweitens* sofern es in der abhängigen, kreatürlichen Welt vertreten ist; *drittens* sofern es als mathematische Größe, Zahl oder

Ordnungstypus vom Denken *in abstracto* aufgefaßt werden kann. In den *beiden* letzten Beziehungen, wo es offenbar als beschränktes, noch weiterer Vermehrung fähiges und *insofern dem Endlichen verwandtes* A.-U. sich darstellt, nenne ich es *Transfinitum* und setze es dem *Absoluten* strengstens entgegen.» [28, p. 378].

In einem Brief an EULENBURG vom 28. Februar 1886 schrieb CANTOR:

«Das *Transfinite* mit seiner Fülle von Gestaltungen und Gestalten weist mit Notwendigkeit auf ein *Absolutes* hin, auf das «wahrhaft Unendliche», an dessen Größe keinerlei Hinzufügung oder Abnahme statthaben kann und welches daher quantitativ als *absolutes* Maximum anzusehen ist. Letzteres übersteigt gewissermaßen die menschliche Fassungskraft und entzieht sich namentlich mathematischer Determination; ...» [28, p. 405].

Man könnte sich fragen, warum CANTOR der antinomische Charakter etwa des Systems aller Alephs in keiner Weise beunruhigt hat. Die Antwort dürfte in seiner platonistisch-ontologischen Begründung der Mathematik liegen. Für CANTOR war die transfinite Mengenlehre eine mathematische Repräsentation der göttlichen Idee unendlicher Zahlen bzw. eine Theorie des in *natura naturata* (in der geschaffenen Natur) aufgrund dieser Idee existierenden Unendlichen. Sie konnte für ihn nicht eine Theorie des Nichtendlichen im logischen Sinne sein, weil das Unendliche *in Deo* seiner Überzeugung nach nicht durch den Verstand erfaßt werden kann. Dieser ontologischen Begründung, der der Logizismus DEDEKINDS und FREGES völlig fern lag, war die Tatsache, daß etwa die Folge aller Ordinalzahlen, die ja *per definitionem* alle Unendlichkeiten enthalten müßte, ein widersprüchlicher Begriff war, gewissermaßen eine Bestätigung dafür, daß alle Unendlichkeiten nicht Gegenstand des menschlichen Forschens und damit auch nicht der Mathematik sein können. Für CANTOR wäre es im Gegenteil beunruhigend gewesen, wenn sich das System aller Ordinalzahlen als konsistent herausgestellt hätte. Das Transfinite, d.h. das der Mathematik zugängliche Unendliche, war für CANTOR aus der Sicht des Absoluten sozusagen ein Nichts; das Absolute «überblickt» jedes Transfinite. Hierin sah CANTOR eines der stärksten Argumente für die Existenz aktual unendlicher (transfiniter) Mengen. Einen ähnlichen Gedankengang hatte nämlich schon AUGUSTINUS in *De civitate Dei*, Buch XII, Kap. 19, anläßlich der Diskussion der Frage geäußert, ob Gott alle Zahlen kennen könne; es heißt dort u.a.:

«*Infinitas itaque numeri, quamvis infinitorum numerorum nullus sit numerus, non est tamen incomprehensibilis ei, cujus intelligentiae non est numerus. Quapropter si, quidquid scienta comprehenditur, scientis comprehensione finitur: profecto et omnis infinitas quodam ineffabili modo Deo finita est, quia scientiae ipsius incomprehensibilis non est.»* [44, p. 542]. (Die Unendlichkeit der Zahl ist also, obwohl die unendlichen Zahlen keine Zahl haben, nicht unerfaßbar dem, von dessen Erkenntnis es heißt, daß ihrer keine Zahl ist. Wenn daher alles, was durch Wissen umfaßt wird, durch das Erfassen des Wissenden begrenzt wird, so ist sofort auch alle Unbegrenztheit auf eine unaussprechliche Weise für Gott begrenzt, weil sie seinem Wissen nicht unerfaßbar ist.)

Diese Passage kommentierte CANTOR mit den Worten:

> «Energischer als dies hier von S. Augustin geschieht, kann das *Transfinitum* nicht verlangt, vollkommener nicht begründet und verteidigt werden.» [28, p. 402].

Was den Mengenbegriff selbst betrifft, so hat CANTOR in seinen ersten mengentheoretischen Arbeiten [17], [18] die Ausdrücke «Inbegriff» und «Mannigfaltigkeit» verwendet; definiert hat er diese Begriffe nicht. Er spricht jedoch bei der Einführung der Äquivalenz oder Gleichmächtigkeit von «wohldefinierten Mannigfaltigkeiten» [18, p. 119]. In [21, Teil 1] nimmt CANTOR darauf Bezug und betont, daß die Mannigfaltigkeiten aus einem «geometrischen, arithmetischen oder irgend einem andern, scharf ausgebildeten Begriffsgebiete» genommen werden sollen (cf. das vollständige Zitat auf p. 59). Es läßt sich an dieser Stelle jedoch nicht entscheiden, ob diese Bemerkung dic Abgrenzung der Theorie von nichtmathematischen Bereichen bezwecken sollte oder ob sie ein Hinweis darauf war, «uferlose» Mengenbildungen zu vermeiden. In [21, Teil 3] sagt CANTOR – nachdem er festgestellt hat, daß jeder wohldefinierten Mannigfaltigkeit eine Mächtigkeit zukommt – genauer, was er unter dem Ausdruck «wohldefiniert» versteht:

> «Eine Mannigfaltigkeit (ein Inbegriff, eine Menge) von Elementen, die irgendwelcher Begriffssphäre angehören, nenne ich *wohldefiniert*, wenn auf Grund ihrer Definition und infolge des logischen Prinzips vom ausgeschlossenen Dritten es als *intern bestimmt* angesehen werden muß, *sowohl* ob irgendein derselben Begriffssphäre angehöriges Objekt zu der gedachten Mannigfaltigkeit als Element gehört oder nicht, *wie auch*, ob zwei zur Menge gehörige Objekte, trotz formaler Unterschiede in der Art des Gegebenseins einander gleich sind oder nicht.» [21, p. 150].

Eine explizite Definition, was eine Mannigfaltigkeit ist, finden wir erstmals in den Anmerkungen zu Teil 5 von [21]:

> «Unter einer «Mannigfaltigkeit» oder «Menge» verstehe ich ... allgemein jedes Viele, welches sich als Eines denken läßt, d. h. jeden Inbegriff bestimmter Elemente, welcher durch ein Gesetz zu einem Ganzen verbunden werden kann, ...» [21, p. 204].

Diese Betonung der Zusammenfassung *zu einem Ganzen*, die uns in der Mengendefinition von 1895 wiederbegegnen wird, zielt –

wie wir gleich sehen werden – auf die Abgrenzung der Mathematik von den antinomischen Systemen (den inkonsistenten Vielheiten) ab.

Die auf p. 138ff. besprochene Arbeit [30] von 1895/97 beginnt mit der berühmten Definition des Begriffs «Menge»:

> «Unter einer «Menge» verstehen wir jede Zusammenfassung *M* von bestimmten wohlunterschiedenen Objekten *m* unserer Anschauung oder unseres Denkens (welche die «Elemente» von *M* genannt werden) zu einem Ganzen.» [30, p. 282].

Diese Definition wurde in zahlreichen Veröffentlichungen (cf. z. B. [256], [328]) als die Grundlage der sogenannten naiven Mengenlehre dafür verantwortlich gemacht, daß Antinomien auftreten. Das ist – streng genommen – ganz berechtigt, aber andererseits zeigt es, wie rasch man später über CANTORS philosophischen Hintergrund hinweggegangen ist und seine eigentlichen Absichten so nicht richtig gewürdigt hat. CANTOR hat nämlich diese Definition eigens deshalb an die Spitze seiner Betrachtungen gestellt, um die Mengen (im modernen – etwa VON NEUMANNschen – Sinne) von den Unmengen (den inkonsistenten Systemen) zu unterscheiden und seine Mathematik nur auf die Mengen zu konzentrieren. Das glaubte er mit der Betonung der Zusammenfassung *zu einem Ganzen* gesichert zu haben. Der Beweis dieser zugegebenermaßen sehr überraschenden Behauptung ergibt sich aus einem weiteren Brief CANTORS an HILBERT, der am 2. Oktober 1897 geschrieben wurde (s. Dokument Nr. 44) und der die Antwort CANTORS auf einen (leider nicht mehr vorhandenen) Gegenbrief HILBERTS zu CANTORS Schreiben vom 26. Sept. 1897 war. In diesem ersten Brief vom 26. Sept. hatte CANTOR mehrfach den Terminus «fertige Menge» benutzt (s. Dokument Nr. 43). Das Wort «fertig» hat er jedoch *an allen Stellen* nachträglich eingefügt, offenbar um HILBERT einen gewissen Gesichtspunkt seiner Auffassung von «Menge» deutlicher zu machen. Darauf geht er im Brief vom 2. Oktober 1897 im Detail ein; es heißt dort u. a.:

> «Die Totalität aller Alefs läßt sich nicht als bestimmte wohldefinirte und *zugleich fertige* Menge auffassen. – ... Ich sage von einer Menge, daß sie als *fertig* gedacht werden kann, und nenne solche Menge, wenn sie unendlich viele Elemente enthält, «transfinit» oder «überendlich», wenn es ohne Widerspruch möglich ist (wie dies bei den endlichen Mengen der Fall), *alle ihre Elemente als zusammenseiend*, die Menge selbst daher als *ein zusammengesetztes Ding für sich* zu denken; oder auch, (in anderen Worten) wenn es *möglich* ist, sich die Menge mit der Totalität ihrer Elemente als *actuell existirend* zu *denken.*» [5, Nr. 54, Bl. 6] ... «Darum habe ich auch das Wort «Menge» (wenn sie finit oder transfinit ist) im Französischen mit «ensemble», im Italienischen mit «insieme» übersetzt. Darum definire ich auch im ersten Artikel der Arbeit *Beiträge zur Begründung der*

transfiniten Mengenlehre gleich im Anfang die «Menge» (ich meine dabei nur die finite oder transfinite) als eine «Zusammenfassung». Eine Zusammenfassung ist aber nur möglich, wenn ein «*Zusammensein*» *möglich* ist.

Unendliche Mengen dagegen, bei denen die Totalität ihrer Elemente nicht als «zusammenseiend», als «ein Ding für sich» ... gedacht werden kann, die daher auch *in dieser Totalität* gar nicht Gegenstand weiterer *mathematischer* Betrachtung sind, nenne ich «*absolut unendliche* Mengen» und zu ihnen gehört die «Menge aller Alefs».» [5, Nr. 54, Bl. 7].

Obwohl die Terminologie bei CANTOR häufig schwankt und sehr inkonsequent gehandhabt wird, sind doch seine Absichten und Ansichten klar erkennbar. Insbesondere ist seine Stellungnahme zum Zweck seiner Mengendefinition am Beginn der Arbeit [30] völlig eindeutig. Man darf deshalb sicher mit Recht sagen, daß es kaum eine mathematische Begriffsbildung von grundsätzlicher Bedeutung gibt, die so abweichend von den Intentionen ihres Schöpfers beurteilt worden ist wie CANTORS Mengenbegriff.

Auch der Titel von [30] «*Beiträge zur Begründung der transfiniten* [Hervorhebung – W. P.] *Mengenlehre*» dürfte von CANTOR mit Bedacht gewählt worden sein. Ist es ihm tatsächlich gelungen, «absolute Vielheiten» darin zu vermeiden? An einer Stelle könnte man das bezweifeln. Es heißt nämlich in [30, p. 295]:

«Es soll gezeigt werden, daß die transfiniten Kardinalzahlen sich nach ihrer Größe ordnen lassen und in dieser Ordnung wie die endlichen, jedoch in einem erweiterten Sinne eine «*wohlgeordnete Menge*» bilden.»

Auf diese Stelle bezieht sich CANTOR in einem Brief an HILBERT vom 8. August 1906, in dem es um Arbeiten von KÖNIG und POINCARÉ geht. In einem *post scriptum* zu diesem Brief schreibt CANTOR:

«Daran, daß die Gesammtheit aller Ordnungszahlen und ebenso die Gesammtheit aller Alefs inconsistente Vielheiten sind (denen daher keine Zahlen zukommen) nimmt Herr POINCARÉ großen Anstoß.

Ich bin an der Thatsache, die mir, wie Sie wissen, längst bekannt ist, unschuldig. Solche Vielheiten nenne ich *nicht* Mengen. Leider ist mir in der vorletzten Annalenabhandlung [[30], Teil 1 – W. P.] der *lapsus linguae* passirt, an einer Stelle von der «Menge aller Alefs» zu sprechen.» [5, Nr. 54, Bl. 55].

Man kann sagen, daß das Auftreten der Antinomien die Mengenlehre nicht ernsthaft gefährdet hat. Die Bedeutung der Mengenlehre hatte sich schon viel zu klar erwiesen, als daß es möglich gewesen wäre, sie wieder aus der Mathematik zu verbannen. Ebensowenig wie an der Wende vom 17. zum 18. Jahrhundert die Kritik an den logischen Widersprüchen der damals noch unzureichend begründeten Infinitesimalrechnung die Begeisterung für dieses neue und außerordentlich fruchtbare mathematische Werkzeug dämpfen konnte, ebensowenig haben die mengentheoretischen Antinomien die vorwärtsdrängenden Forscher der jüngeren Generation davon abhalten können, die fruchtbaren Potenzen der Mengenlehre immer tiefer auszuloten. Die Antinomien haben im Gegenteil zahlreiche grundlagentheoretische Arbeiten stimuliert.

Die Autoren der ersten Monographien und Lehrbücher der Mengenlehre vertraten noch den sogenannten *naiven Standpunkt*, d.h. sie vermieden die Antinomien, indem sie einfach die Bildung solcher «uferloser» Mengen wie der Menge aller Kardinalzahlen oder der Menge aller Mengen durch Verbote ausschlossen. Das tat dem mathematischen Kern der Mengenlehre keinen Abbruch, erwiesen sich doch alle «vernünftigen» Mengen, die man «wirklich brauchte», als nicht antinomisch. Der Erkenntnisoptimismus, wie CANTOR ihn stets vertreten hatte, gewann die Oberhand über die Skeptiker. So schrieb z. B. HESSENBERG 1908 in bezug auf die Antinomien:

> «Mit ihnen [den Antinomien – W. P.] wird die produktive Mengenlehre so gut fertig werden, wie die Durchbildung des Stetigkeitsbegriffes mit den alten Sophismen über die Unmöglichkeit der Bewegung aufgeräumt hat. Und man kann ihr, im Hinblick auf diesen Präzedenzfall, sogar einige Jahrtausende Zeit dazu lassen. Ich stimme also in Herrn SCHOENFLIES' Schlachtruf: «Wider alle Resignation und wider alle Scholastik» freudig ein und glaube, daß das Schwinden der Skepsis bereits deutliche Anzeichen in der Literatur gezeitigt hat.» [219, p. 145].

Auf die Dauer allerdings hat der naive, lediglich das produktive Arbeiten mit der Mengenlehre betonende Standpunkt die Mathematiker nicht befriedigt (s. Kapitel «Ausblick»).

Ohne selbst noch etwas zu publizieren, verfolgte CANTOR, soweit er nicht durch seine Krankheit verhindert war, die Entwicklung auf dem Gebiet der Mengenlehre mit großer Aufmerksamkeit, wie z.B. sein Briefwechsel mit PHILIP JOURDAIN zeigt. Besonders aufregend für CANTOR war der *II. Internationale Mathematikerkongreß* in Heidelberg im Jahre 1904, an dem er persönlich teilnahm (beim Pariser Kongreß war CANTOR nicht anwesend). Auf dem Heidelberger Kongreß gab es einen Vortrag von JULIUS KÖNIG, eines als scharfsinnig und zuverlässig bekannten Mathematikers aus Budapest. KÖNIG «bewies» mittels eines Satzes von BERNSTEIN, daß die Mächtigkeit des Kontinuums in der Reihe der Alephs überhaupt nicht vorkommt. Dieser Vortrag wirkte sensationell, erschütterte er doch die mittlerweile allgemein bekannten Grundvorstellungen CANTORS über das Kontinuum und über die Möglichkeit der Wohlordnung einer jeden Menge. Sogar der Großherzog von Baden ließ sich von FELIX KLEIN über das Ereignis berichten. Die Reaktion CANTORS wird von Teilnehmern des Kongresses ganz verschieden geschildert. Während SCHOENFLIES mitteilt [415, p. 100], daß CANTOR das KÖNIGsche Resultat von vornherein für falsch hielt, berichtet KOWALEWSKI, CANTOR habe Gott gedankt, daß er ihm vergönnt habe, die Widerlegung seiner Irrtümer zu erleben [271, p. 202]. Wie dem auch gewesen sein mag, jedenfalls zeigte es sich schon einen Tag nach diesem Vortrag, daß KÖNIG sich geirrt hatte, weil er BERNSTEINS Resultat in unzulässig verallgemeinerter Weise benutzt hatte. Es war ZERMELO, der diese wichtige Feststellung traf.

ZERMELO war es auch, der im Jahre 1904 den in der Folgezeit wohl am meisten diskutierten und umstrittenen Beitrag zur Mengenlehre lieferte. Durch Unterhaltungen mit ERHARD SCHMIDT angeregt, fand er einen Beweis dafür, daß jede Menge, «für welche die Gesamtheit der Teilmengen ... einen Sinn hat» [488, p. 516], wohlgeordnet werden kann, ihre Mächtigkeit also eins der Alephs ist. Damit war eine ganz erhebliche Lücke in CANTORS Theorie geschlossen, denn erst nun war die Vergleichbarkeit zweier beliebiger Kardinalzahlen gesichert und der Weg der Einführung der Kardinalzahlen über die Ordinalzahlen als lückenlos gangbar erkannt. Diese Arbeit, die ZERMELO mit einem Schlag berühmt machte, nimmt in den *Mathematischen Annalen* ganze drei Seiten in Anspruch. Entscheidend für den Beweis war die Benutzung des Auswahlprinzips (Auswahlaxioms). Es besagt folgendes: Ist $(M_k)_{k \in K}$ ein System von paarweise disjunkten nichtleeren Mengen (K ist eine beliebige endliche oder unendliche Indexmenge), so existiert eine Teilmenge von $S = \bigcup_{k \in K} M_k$, die mit jedem M_k genau ein Element m_k gemeinsam hat, m. a. W., es gibt eine «Auswahlfunktion», die aus jedem M_k ein Element m_k «auswählt». Während vor ZERMELO zahlreiche Mathematiker das Auswahlprinzip stillschweigend benutzt haben, wies ZERMELO ganz ausdrücklich auf dieses Prinzip als Grundlage des Beweises hin und legte ihm den Charakter eines Axioms bei:

> «Der vorliegende Beweis beruht ... auf dem Prinzip, daß es auch für eine unendliche Gesamtheit von Mengen immer Zuordnungen gibt, bei denen jeder Menge eines ihrer Elemente entspricht, ... Dieses logische Prinzip läßt sich zwar nicht auf ein noch einfacheres zurückführen, wird aber in der mathematischen Deduktion überall unbedenklich angewendet.» [488, p. 516].

Neben den Antinomien haben das ZERMELOsche Resultat und insbesondere die Benutzung des Auswahlaxioms zu vielen Diskussionen und Auseinandersetzungen geführt, (cf. z. B. [196]). Forciert wurden diese Auseinandersetzungen durch die Entdeckung von Folgerungen aus dem Auswahlaxiom, die zunächst paradox erschienen, z. B. die Existenz nicht meßbarer Punktmengen oder die Existenz von unstetigen Lösungen der CAUCHYschen Funktionalgleichung $f(x+y)=f(x)+f(y)$. Mit der Zeit entdeckte man jedoch, daß eine Reihe von Aussagen, auf die man in der Mathematik wegen ihrer zahlreichen Anwendungen schwerlich verzichten kann, zum Auswahlaxiom äquivalent sind, wie das ZORNsche Lemma, der HAUSDORFFsche Maximalkettensatz, der TUKEYsche Maximalmengensatz, der Wohlordnungssatz und andere Sätze. Überraschend war auch, daß gewisse grundlegende Sätze der Kardinalzahlarithmetik zum Auswahlaxiom äquivalent sind. Bezüglich weiterer Informationen über diese spannende Episode in der Geschichte der Mengenlehre sei auf zwei in jüngster Zeit erschienene vorzügliche Monographien verwiesen: MOORE [348] und MEDVEDEV [320].

Ein Triumph des mengentheoretischen Denkens in der Algebra war STEINITZ' Arbeit *Algebraische Theorie der Körper* von 1910 [443]. STEINITZ gelang hier die vollständige Klassifikation der Körper. Für den Beweis seines berühmten Satzes, daß es zu jedem Körper K bis auf Äquivalenz eindeutig genau einen algebraisch abgeschlossenen algebraischen Erweiterungskörper Ω gibt, brauchte er den Wohlordnungssatz. Zu den Zweifeln am Auswahlaxiom hatte STEINITZ einen durchaus pragmatischen Standpunkt, wenn er in der Einleitung schrieb:

> «Noch stehen viele Mathematiker dem Auswahlprinzip ablehnend gegenüber. Mit der zunehmenden Erkenntnis, *daß es Fragen in der Mathematik gibt, die ohne dieses Prinzip nicht entschieden werden können*, dürfte der Widerstand gegen dasselbe mehr und mehr schwinden.» [443, p. 8].

Mit der zunehmenden Anerkennung der Mengenlehre wurden auch CANTOR eine Reihe persönlicher Ehrungen zuteil. 1901 wurde er Ehrenmitglied der *London Mathematical Society*, 1902 Ehrendoktor der Universität Oslo. 1904 erhielt er die höchste Auszeichnung der *Royal Society* auf mathematischem Gebiet, die SYLVESTER-Medaille. Im Jahre 1912 ernannte die schottische Universität St. Andrews CANTOR zum Ehrendoktor, und das *R. Istituto Veneto de Scienze, Lettere ed Arti* berief ihn zum korrespondierenden Mitglied. Auch eine verspätete staatliche Anerkennung setzte ein: 1908 ernannte man CANTOR zum Geheimen Regierungsrat, und 1913 wurde ihm der Königliche Kronen-Orden 3. Klasse verliehen. In die *Berliner Akademie* jedoch ist CANTOR zeitlebens nicht gewählt worden.

Die Animosität war wechselseitig. Als POINCARÉ zum korrespondierenden Mitglied der *Berliner Akademie* ernannt wurde, kommentierte das CANTOR in einem Brief an LEMOINE vom 17. 3. 1896 mit den Worten Gretchens aus GOETHES Faust:

> «Es thut mir lang schon weh,
> Daß ich Dich in der Gesellschaft seh» [327, p. 516].

Auch in seinen späteren Jahren scheint CANTORS Verhältnis zur Universität Halle gespannt gewesen zu sein. Als fast Sechzigjähriger wünschte er sich immer noch einen Wechsel seines Wirkungskreises. So schrieb er beispielsweise am 2. 12. 1904 an HILBERT:

> «Ich gedenke sogar bei dem Minister anzutragen, daß ich nach *Königsberg* versetzt werde (durch Tausch mit FRANZ MEYER oder SCHOENFLIES). In Halle *will ich nicht länger bleiben.* Dies wird mir *kein Mensch* verdenken, der weiß, *was ich in* 35 1/2 *Jahren hier durchgemacht habe.*» [5, Nr. 54, Bl. 50].

Allerdings ist dieser Brief in einer Krankheitsphase geschrieben worden, und es läßt sich schwer abschätzen, inwieweit CANTORS Erregung ihm mit die Feder führte.

Ein Beispiel dafür, wie genau CANTOR die Arbeiten und Diskussionen in der Mengenlehre verfolgte, ist sein Brief an HILBERT vom 8. 8. 1907 (Dokument Nr. 45), in dem es um HAUSDORFFS Arbeiten zur Typentheorie geht, die CANTOR – diesem Brief zufolge – angeregt hatte. Auch auf dem *Internationalen Mathematikerkongreß* 1908 in Rom spielten die Mengenlehre und die durch die Antinomien verursachten Grundlagenschwierigkeiten eine nicht geringe Rolle. POINCARÉ als führender Vertreter der später so genannten französischen Halbintuitionisten hatte einen Vortrag verlesen lassen, in dem er von der Notwendigkeit der Überwindung des «Cantorismus» sprach. CANTOR war nicht in Rom anwesend, erfuhr jedoch bald vom Inhalt des POINCARÉschen Vortrags. Seiner Verärgerung darüber ließ er in einem Brief an HILBERT vom 24. 6. 1908 freien Lauf (Dokument Nr. 46).

Auch in den Jahren nach 1900 hat CANTOR immer wieder einmal von bevorstehenden Veröffentlichungen gesprochen. So kündigt er in einem Brief an HILBERT vom 20. 9. 1912 weitgesteckte Arbeiten für die *Annalen* an (Dokument Nr. 47). In einem Brief an SCHWARZ vom 22. 1. 1913 stehen sogar die Worte:

> «Die *wichtigsten Teile* meiner betreffenden Arbeiten habe ich, durch eigenartig-widrige Verhältniße, bisher nicht publiciren können. Ich hoffe, daß mir dies bald vergönnt sein wird.» [328, p. 269].

CANTOR wenige Monate vor seinem Tode
(Grattan-Guinness [177])

Im vorhandenen Nachlaß sind weiterreichende Ansätze als die publizierten nicht zu finden, allerdings müssen erhebliche Teile des Nachlasses als verloren gelten [176].

Als akademischer Lehrer wirkte CANTOR bis zum Januar 1911. In [1, Bd. III, Bl. 245/246] findet sich in einem Bericht des Kurators der Universität Halle ein Verzeichnis der angekündigten und gehaltenen mathematischen Vorlesungen von 1905–1917, welches das in [262] veröffentlichte Verzeichnis etwas modifiziert. Daraus geht hervor, daß CANTOR in den Wintersemestern 1905/06, 1907/08, 1908/09 wegen Krankheit beurlaubt war. Seine letzte Vorlesung im WS 1910/11 hatte die analytische Mechanik zum Thema. Vom Sommersemester 1911 bis Wintersemester 1912/13 war CANTOR wieder beurlaubt, im Sommer 1913 wurde er emeritiert. Am Fakultätsleben nahm er weiterhin teil; man findet seine Unterschrift noch des öfteren auf offiziellen Dokumenten der Fakultät, letztmalig am 16. 5. 1914 [1, Bd. II, Bl. 206]. Auch als über Siebzigjähriger plante er noch Vorlesungen, die allerdings nicht mehr zustande kamen. So findet sich im Nachlaß folgende Vorlesungsankündigung vom 3. 5. 1917: «In diesem Sommersemester beabsichtige ich zu lesen *privatim Aristotelische Logik für alle vier Facultäten*, Mittwochs und Sonnabends von 9–10 Uhr.» [3, Nr. 15].

Zu CANTORS 70. Geburtstag im Jahre 1915 hatte man eine große internationale Würdigung ins Auge gefaßt. Ein Komitee, bestehend aus F. BERNSTEIN, A. GUTZMER, D. HILBERT und W. LOREY hatte im Juli 1914 einen Aufruf erlassen, in dem u. a. um Spenden für eine Marmorbüste CANTORS gebeten wurde, die ihm zum 70. Geburtstag überreicht werden sollte (Faksimile des Aufrufs: Dokument Nr. 48). Es war vorgesehen, diesen Aufruf in vier Sprachen im Oktober 1914 in alle Welt zu versenden [3, Nr. 41]. Das unterblieb aber infolge des Ausbruchs des 1. Weltkrieges, und man mußte sich auf eine Feier im nationalen Rahmen beschränken, die am 3. März 1915 im CANTORschen Hause in Halle stattfand. Es sprachen u. a. GUTZMER als Rektor der Universität, HILBERT im Auftrag der *Göttinger Gesellschaft der Wissenschaften* (Faksimile der Grußadresse der Göttinger Mathematiker: Dokument Nr. 49), LOREY und BERNSTEIN im Namen der Schüler. Die von WALTHER LOBACH geschaffene Marmorbüste wurde überreicht, und die *Deutsche Mathematikervereinigung* übergab folgende Grußadresse:

«Ihrem Gründungsmitglied und ersten Vorsitzenden
Herrn Geheimen Regierungsrat
Dr. GEORG CANTOR

o. Professor der Mathematik an der Universität Halle a/ Saale, dem Schöpfer der Mengenlehre, der dem Begriff des Unendlichen einen klaren Sinn gegeben und mit neuartigen, tiefen und weitausgreifenden Gedanken alle Gebiete der Mathematik befruchtet hat, gratuliert zum
siebzigsten Geburtstage
mit dem Ausdruck des Dankes und der Verehrung
Die Deutsche Mathematikervereinigung.» [298, p. 271].

CANTORS Rührung und Freude über die ihm zuteil gewordenen Ehrungen spricht aus den Zeilen, die er am 11.3.1915 an HILBERT richtete:

«Nachdem ich nach all den großen Eindrücken einigermaßen zur Ruhe gekommen, drängt es mich vor Allem, Ihnen noch einmal meinen allerherzlichsten Dank auszusprechen für die große Ehre und Freude, die Sie mir mit Ihrem Herkommen erwiesen, wodurch Sie den Tag noch feierlicher gestaltet haben. Es war für mich ein schöner Lohn meiner Arbeit; es waren erhebende Stunden, die mir unvergesslich bleiben werden.» [5, Nr. 54, Bl. 63].

Im Sommer 1917 erkrankte CANTOR wieder und mußte die Universitätsnervenklinik aufsuchen. Dort verstarb er am 6. Januar 1918. Sein plötzlich eintretender Tod steht nicht im Zusammenhang mit seinem psychischen Leiden. In einem Brief an VALLY CANTOR teilte der Direktor der Klinik mit, «daß zwei Stellen am Herzmuskel erweicht und zum plötzlichen Durchbruch gelangt» seien, «so daß sein Tod offenbar kurz und schmerzlos war». [3, Nr. 44].

Den Gefühlen zahlreicher Mathematiker anläßlich des Todes von CANTOR gab EDMUND LANDAU Ausdruck, wenn er in einem Kondolenzbrief an VALLY CANTOR schrieb:

«Mit tiefem Schmerz erfahre ich, daß Ihr Mann gestorben ist. Ihre Trauer teilt die ganze mathematische Welt. Er gehörte zu den größten und genialsten Mathematikern aller Länder und aller Zeiten.» [328, p. 270].

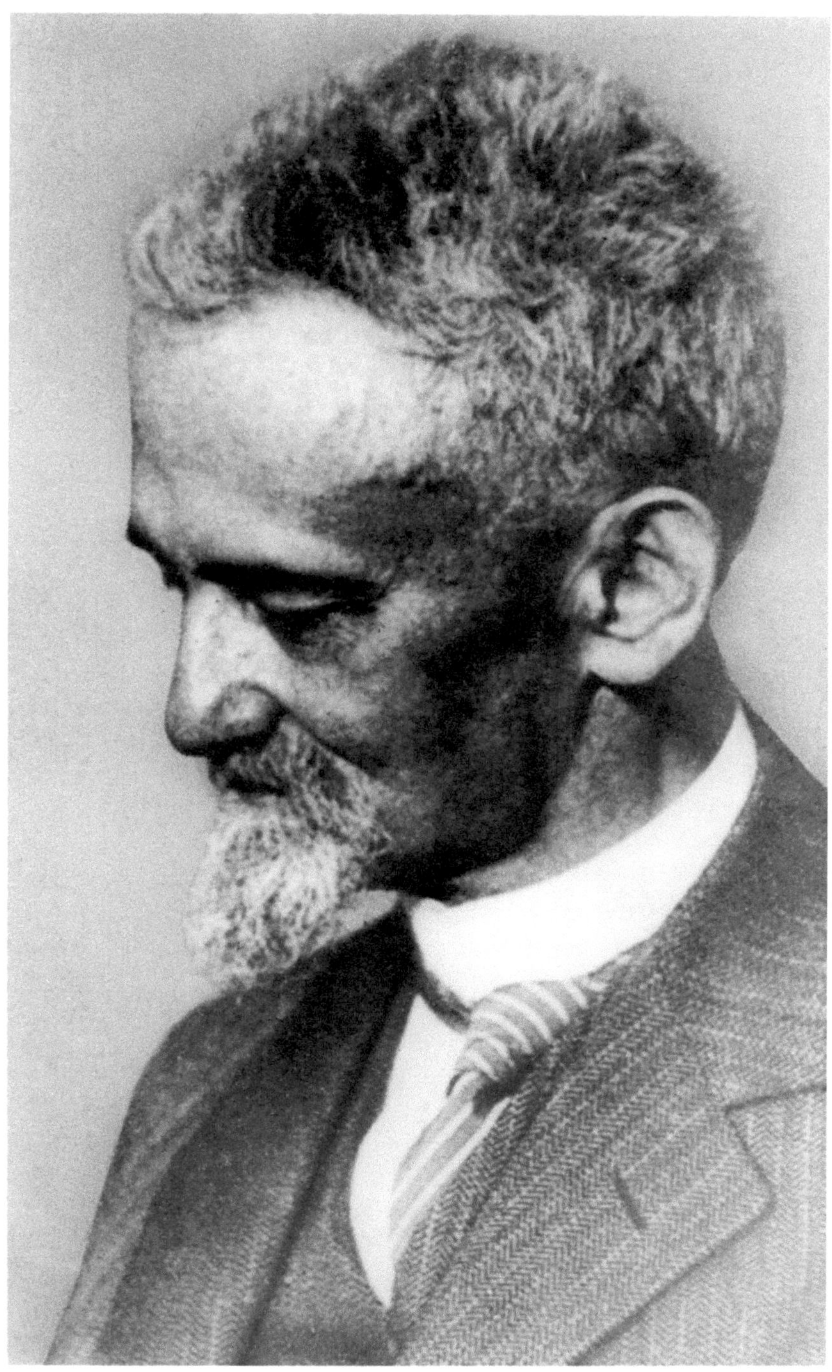

FELIX HAUSDORFF (Universität Greifswald, Sekt. Mathematik)

Ausblick

Die Ursache der mengentheoretischen Antinomien hatte darin gelegen, daß der CANTORsche Mengenbegriff eine uneingeschränkte Mengenbildung erlaubte und damit zu solch schwindelerregend uferlosen Mengen wie der Menge aller Ordnungszahlen oder der Menge aller Mengen führen konnte, die sich als in sich widerspruchsvoll erwiesen hatten. Die Methode, die zur Überwindung dieser Schwierigkeiten geeignet war, konnte nur darin bestehen, auf eine explizite Definition des Begriffs «Menge» zu verzichten und die zulässigen Mengenbildungen durch geeignete Axiome festzulegen, und zwar so, daß einerseits eine hinreichend reichhaltige Mengenlehre entsteht und daß andererseits keine antinomischen Mengen auftreten können.

Im Jahre 1899 hatte HILBERT den Mathematikern in seinem fundamentalen Werk *Grundlagen der Geometrie* das Wesen und die Tragweite der axiomatischen Methode in aller Klarheit vor Augen geführt. Die Grundbegriffe Punkt, Gerade, Ebene werden in diesem axiomatischen System der Euklidischen Geometrie nicht definiert, vielmehr werden die gegenseitigen Beziehungen dieser Grundbegriffe durch die Axiome festgelegt. HILBERT gelang so ein lückenloser Aufbau der Euklidischen Geometrie, deren Widerspruchsfreiheit er unter Voraussetzung der Widerspruchsfreiheit der Arithmetik nachweisen konnte.

Nach diesem methodischen Vorbild unternahm erstmals ZERMELO im Jahre 1908 [489] einen axiomatischen Aufbau der Mengenlehre. ZERMELO ging von einem Bereich $\boldsymbol{B}$ von Objekten aus, die er als «Dinge» bezeichnete. Der undefinierte Grundbegriff ist bei ZERMELO das «Ding», die undefinierte Grundrelation die Elementbeziehung (bezeichnet mit $\in$); der Mengenbegriff wird mittels $\in$-Beziehung eingeführt:

«Zwischen den Dingen des Bereiches bestehen gewisse «*Grundbeziehungen*» der Form $a \in b$. Gilt für zwei Dinge a, b die Beziehung $a \in b$, so sagen wir «a sei *Element* der Menge b» oder «b enthalte a als Element» oder «besitze das

GÖSTA MITTAG-LEFFLER
(Möbius, P. J.: Ueber die Anlage zur Mathematik, Leipzig 1907)

Element a». Ein Ding b, welches ein anderes a als Element enthält, kann immer als eine Menge bezeichnet werden, ...» [489, p. 262].

Sieben Axiome charakterisieren bei Zermelo die Beziehungen zwischen den Dingen und der Relation «∈» und legen die zulässigen Mengenbildungen fest. *Axiom I* besagt, daß jede Menge durch ihre Elemente bestimmt ist, d.h. aus $M \subseteqq N$ und $N \subseteqq M$ folgt $M = N$. *Axiom II* sichert die Existenz gewisser elementarer Mengen, nämlich die der Nullmenge $\emptyset$ (leere Menge) und bei gegebenen Dingen a, b die der Mengen $\{a\}$ und $\{a, b\}$. Das *Axiom IV* fordert bei gegebener Menge M die Existenz der Potenzmenge (Menge aller Teilmengen von M), *Axiom V* die Existenz der Vereinigungsmenge gegebener Mengen. *Axiom VI* ist das Auswahlaxiom. *Axiom VII* fordert die Existenz einer Menge Z, die $\emptyset$ enthält und mit jedem a auch $\{a\}$. Dieses Axiom sichert somit die Existenz wenigstens einer unendlichen Menge mit den Elementen $\emptyset$, $\{\emptyset\}$, $\{\{\emptyset\}\}$, $\{\{\{\emptyset\}\}\}$, ... Das anfechtbarste der Zermeloschen Axiome war ohne Zweifel sein *Axiom III*, welches er als Aussonderungsaxiom bezeichnete. Zermelo nennt eine Aussage $\boldsymbol{E}$ definit, wenn über ihre Wahrheit «die Grundbeziehungen des Bereiches vermöge der Axiome und der allgemeingültigen logischen Gesetze ... entscheiden» [489, p. 263]. Eine Klassenaussage $\boldsymbol{E}(x)$ ist definit, wenn sie für jedes x definit ist. *Axiom III* lautet dann so: «Ist die Klassenaussage $\boldsymbol{E}(x)$ definit für alle Elemente einer Menge M, so besitzt M immer eine Untermenge $M_{\boldsymbol{E}}$, welche alle diejenigen Elemente x von M, für welche $\boldsymbol{E}(x)$ wahr ist, und nur solche als Elemente enthält.» [489, p. 263]. Das System von Zermelo wurde später von Fraenkel und Skolem vervollständigt. Insbesondere wurde das Aussonderungsaxiom mit Hilfe eines nur mittels der ∈-Relation und den übrigen Axiomen definierten Funktionsbegriffs präzisiert (cf. [141]). Später kam ein Schema von Ersetzungsaxiomen und ein Fundierungsaxiom hinzu. Das Aussonderungsaxiom wurde dadurch völlig überflüssig (vgl. [151], [438], [133]). Das Auswahlaxiom wurde wegen seines besonderen Charakters zunächst herausgelassen. Das vervollständigte Zermelo-Fraenkelsche System, oft kurz als *ZF* bezeichnet, ist die Basis vieler moderner Grundlagenuntersuchungen geworden. Nimmt man zu *ZF* das Auswahlaxiom hinzu, so bezeichnet man das entstehende System mit *ZFC*. *ZFC* gestattet den Aufbau einer inhaltlich genügend reichhaltigen Mengenlehre, in der die bekannten mengentheoretischen Antinomien nicht auftreten können. Einen von dem Zermeloschen verschiedenen Aufbau der Mengenlehre gaben 1910 Russell und Whitehead in den *Principia mathematica* [401]. Ihre

ERNST ZERMELO (Moore, G. H.: ZERMELO's Axiom of choice. Berlin-Heidelberg-New York 1982)

David Hilbert
(Reid, C.: Hilbert. Berlin-Heidelberg-New York 1970)

Grundidee ist ein Stufenaufbau der Mengenlehre. Ausgangspunkt ist ein Bereich von Mengen 0-ter Stufe oder Individuen. Eine Menge der Stufe n enthält als Elemente nur Mengen der Stufen $\leqq n - 1$. Die Stufenzählung geht dabei über den Bereich der natürlichen Zahlen hinaus; man kann also Mengen α-ter Stufe bilden, wo α eine beliebige transfinite Ordinalzahl ist.

Ein weiteres vielbenutztes axiomatisches System der Mengenlehre ist der von VON NEUMANN, BERNAYS, GÖDEL [360] stammende Klassenkalkül. Dem Mengenbegriff ist hier der allgemeinere Begriff der Klasse übergeordnet. Mengen sind solche Klassen, die als Elemente anderer Mengen auftreten können. Die antinomischen Gesamtheiten der naiven Mengenlehre erscheinen in diesem System als Klassen, die keine Mengen sind. Die Klasse aller Ordinalzahlen etwa verliert natürlich hier ihren antinomischen Charakter, da ihr selbst keine Ordinalzahl mehr zugeordnet werden kann. Die Grundidee eines solchen Aufbaus finden wir schon in CANTORS Unterscheidung von konsistenten und inkonsistenten Vielheiten (cf. p. 153). Ein modifizierter Klassenkalkül stammt von ACKERMANN [38].

Es gibt zahlreiche weitere axiomatische Systeme der Mengenlehre, z.B. das von KLAUA [264], welches den RUSSELLschen Stufenaufbau mit dem VON NEUMANNschen Klassenkalkül verschmilzt.

Man muß betonen, daß sich die jeweiligen «Mengenlehren» durchaus unterscheiden. Es gibt nicht *die* Mengenlehre, wie sie sich CANTOR im Sinne einer PLATONschen Ontologie als existent vorstellte. Besonders bemerkenswert ist, daß es gerade die konsequente Fortsetzung des mathematischen Lebenswerkes CANTORS war, die jeder platonistischen Ontologie in der Mathematik endgültig den Boden entzogen hat.

Die Kontroverse zwischen KRONECKER und CANTOR um Grundlagenfragen der Mathematik betraf letzten Endes die Frage, was man unter Existenz in der Mathematik zu verstehen habe. Während KRONECKER nur eine Art starken Existenzbegriff (Existenz = Konstruierbarkeit) zulassen wollte, vertrat CANTOR einen schwächeren Existenzbegriff, den HILBERT später präzise durch die Formel «Existenz = Widerspruchsfreiheit» charakterisierte (cf. [122, p. 38]). Hat man die Existenz eines Objekts (etwa die Existenz transzendenter Zahlen) in diesem schwachen Sinne bewiesen, so bedeutet das nur, daß jeder Versuch, die Annahme der Existenz *ad absurdum* zu führen, von vornherein zur Aussichtslosigkeit verurteilt ist. Alle Existenzsätze, die mittels des Auswahlaxioms bewiesen werden, sind z.B. von diesem schwachen Typ. Natürlich wird man für manche solche Existenzsätze auch konstruktive Beweise unter Umgehung des Auswahlaxioms finden können.

Eine Fortsetzung der Auseinandersetzung um die Grundlagen auf einer neuen, viel präziser bestimmten Ebene war der Grundlagenstreit in der Mathematik, der in den ersten Jahrzehnten unseres Jahrhunderts z.T. mit Erbitterung geführt wurde. Einige Autoren sprechen sogar etwas übertrieben von einer Grundlagenkrise der Mathematik. Man unterscheidet in diesem Grundlagenstreit drei philosophisch-mathematische Strömungen: den *Logizismus*, den *Formalismus* und den *Intuitionismus*. (cf. [91], [361], [220]; auch [476], [343]). Es wäre falsch zu behaupten, daß die Antinomien der Mengenlehre und die Auseinandersetzungen um das Auswahlaxiom die letztendliche Ursache für den Grundlagenstreit gewesen seien, obwohl sie ohne Zweifel stark stimulierend auf die Grundlagenforschung gewirkt haben. Die Keime der Kontroversen lagen – wie erwähnt – weit vor der Entdeckung der Antinomien. Es wäre ferner verfehlt, alle an der Grundlagenforschung beteiligten Mathematiker einer dieser Strömungen eindeutig zuordnen zu wollen. Es gab zahlreiche Zwischenstufen und vermittelnde Standpunkte. Im übrigen haben die meisten Mathematiker von den Grundlagendebatten kaum Notiz genommen und sind unangefochten ihrer Forschungsarbeit nachgegangen.

Die Logizisten, an ihrer Spitze Russell und Whitehead mit den *Principia mathematica*, wollten die Mengenlehre und die auf ihr basierende Mathematik auf Logik reduzieren. Vorläufer dieser Strömung waren Dedekind, Peano und Frege. Erkenntnistheoretisch ging der Logizismus von einer Existenz der Mengen und ihrer Beziehungen im objektiv-idealistischen Sinne aus und kam so Cantors Standpunkt noch am nächsten. Allerdings haben nur wenige Mathematiker, unter denen sich auch Cantor nicht befand, eine Reduktion der Mathematik auf die Logik für möglich gehalten. Der positive Beitrag des Logizismus ist sein Anteil am Ausbau der mathematischen Logik zu einer selbständigen mathematischen Disziplin und der große Fortschritt bei der Formalisierung der mathematischen Ausdrucks- und Beweismittel. Der Logizismus brachte auch ohne Zweifel eine echte Tieferlegung der Fundamente, indem er z.B. viele Begriffe auf einige wenige grundlegende wie Menge und Abbildung zurückgeführt hat. Schließlich sollte auch erwähnt werden, daß Forscher wie Frege oder Dedekind für die Grundlagenforschung wichtige neue Arten von Definitionen bekannt machten (Dedekinds Ketten, Freges Hüllenoperationen).

Im Mittelpunkt der Grundlagendebatte stand in den zwanziger Jahren dic Polemik zwischen den von HILBERT angeführten Formalisten und den Intuitionisten mit BROUWER an der Spitze. Nachdem HILBERT um 1900 der axiomatischen Methode zum Durchbruch verholfen und die Widerspruchsfreiheit der Geometrie auf die der Arithmetik zurückgeführt hatte, und nachdem erste Axiomensysteme der Mengenlehre formuliert waren, entstand das Problem, direkte Beweise für die Widerspruchsfreiheit solcher Theorien wie der Mengenlehre und der Arithmetik zu liefern. Diese Bemühungen führten zu HILBERTS Beweistheorie, die jedes inhaltliche Schließen aus der Mathematik verbannte. Die Axiome einer Theorie wurden als gewisse Zeichenreihen aufgefaßt, aus denen nach vorgeschriebenen formalen Regeln neue Zeichenreihen gebildet werden konnten. Die mathematische Theorie selbst stellte dann einen gewissen Bestand an Zeichenreihen dar. Der Beweis der Widerspruchsfreiheit der Arithmetik lief in dieser Auffassung darauf hinaus, einzusehen, daß sich aus den Axiomen der Arithmetik mittels der zugelassenen Schlußregeln niemals die Zeichenreihe $1 = 0$ ergeben kann. HILBERT selbst hat sein Vorgehen sehr instruktiv folgendermaßen beschrieben:

> «Ganz entsprechend wie beim Übergang von der inhaltlichen Zahlenlehre zur formalen Algebra betrachten wir die Zeichen und Operationssymbole des Logikkalküls losgelöst von ihrer inhaltlichen Bedeutung. Dadurch erhalten wir schließlich an Stelle der inhaltlichen mathematischen Wissenschaft, welche durch die gewöhnliche Sprache mitgeteilt wird, nunmehr einen Bestand von Formeln mit mathematischen und logischen Zeichen, welche sich nach bestimmten Regeln aneinander reihen. Den mathematischen Axiomen entsprechen gewisse unter den Formeln und dem inhaltlichen Schließen entsprechen die Regeln, nach denen die Formeln aufeinander folgen: das inhaltliche Schließen wird also durch ein äußeres Handeln nach Regeln ersetzt und es wird damit einerseits für die Axiome selbst, die doch auch ursprünglich naiv als Grundwahrheiten gemeint waren, die aber schon längst in der modernen Axiomatik bloß als Verknüpfungen von Begriffen angesehen wurden, wie ferner auch für den Logikkalkül, der ursprünglich nur eine andere Sprache sein sollte, jetzt der strenge Übergang von naiver zu formaler Behandlung vollzogen.» [226, S. 177].

Man beachte, daß HILBERT durchaus nicht der Meinung war, Mathematik sei ein inhaltsleeres Spiel mit Zeichen. Nur für die streng formale Durchführung der axiomatischen Methode, sozusagen für die Herauspräparierung der logischen Struktur einer Theorie, muß der zugrundeliegende Inhalt zeitweilig «vergessen» werden.

HILBERT glaubte, mit diesem Vorgehen die Schwierigkeiten des Unendlichen endgültig aus dem Wege geräumt zu haben, denn dadurch, daß jede Theorie aus einem endlichen Axiomensystem mittels eines endlichen Satzes von Schlußregeln deduzierbar schien, war das Unendliche auf das beherrschbare Endliche zurückgeführt: «Das Operieren mit dem Unendlichen kann nur durch das Endliche gesichert werden.» [226, p. 190].

HILBERTS Programm der Begründung der Mathematik hat sich als undurchführbar erwiesen. 1931 nämlich publizierte GÖDEL seinen berühmten Unvollständigkeitssatz [168], der besagt, daß es in jeder genügend ausdrucksfähigen axiomatisierten Theorie (wie z. B. der axiomatisierten Mengenlehre) eine weder beweisbare noch widerlegbare Aussage gibt. Eine solche Aussage A oder ihre Negation kann also als ein jeweils neues Axiom zu den vorhandenen hinzugefügt werden usw. Wenn der Formalismus auch als Programm der Begründung der Mathematik gescheitert ist, so hat er doch eine Reihe von methodischen Fortschritten gebracht: die Entwicklung der Beweistheorie und damit die Herausarbeitung des syntaktischen Aspekts der Mathematik, die Durchbildung und Popularisierung der axiomatischen Methode und nicht zuletzt die Verteidigung der klassischen mathematischen Denkweise gegen die einseitigen Versuche der Intuitionisten, großen Teilen der klassischen Mathematik die Existenzberechtigung abzusprechen. Dem Erkenntnisoptimismus HILBERTS können wir auch heute freudig zustimmen:

> «Fruchtbaren Begriffsbildungen und Schlußweisen wollen wir, wo immer nur die geringste Aussicht sich bietet, sorgfältig nachspüren und sie pflegen, stützen und gebrauchsfähig machen. Aus dem Paradies, das CANTOR uns geschaffen, soll uns niemand vertreiben können.» [226, p. 170].

Der Intuitionismus führte die Kritik KRONECKERS an gewissen Schlußweisen der klassischen Mathematik weiter. Er lehnte das Prinzip vom ausgeschlossenen Dritten für unendliche Mengen ab und damit auch den klassischen Existenzbegriff, der auf der Anwendung dieses Prinzips beruht. Von einer subjektiv-idealistischen Grundposition ausgehend verabsolutierten BROUWER und seine Anhänger den konstruktiven Aspekt der Mathematik. Überhaupt war das Verabsolutieren jeweils eines Aspektes der Mathematik charakteristisch für alle drei der genannten philosophisch-mathematischen Strömungen und wirkte sich dementsprechend negativ aus. Etwa ab 1930 wurden diese negativen Tendenzen und damit auch die scharfen Kontroversen unter den Grundlagenforschern zunehmend überwunden, und die berechtigten und fruchtbaren Anliegen jeder dieser Strömungen wurden in den Vordergrund gerückt. Für den Intuitionismus leistete das KOLMOGOROV nach Vorarbeiten von HEYTING durch die Deutung der intuitionistischen Logik als einer Logik der konstruktiven Beweise [268]. Damit mündete der Intuitionismus in die sogenannte konstruktive Mathematik, die den Verfahrensaspekt der Mathematik pflegt und deren Bedeutung durch die Entwicklung der Computerwissenschaft und -technik ständig zunimmt.

Seit CANTOR hat die mathematische Grundlagenforschung zahlreiche fundamentale Resultate erzielt, die unsere Einsicht in die Grundlagen unserer Wissenschaft wesentlich vertieft haben. Einen gedrängten Überblick über die wichtigsten Fortschritte findet man in [217] und [276]. Das wohl weitreichendste Resultat war die Lösung des Kontinuumproblems durch PAUL COHEN im Jahre 1963, 85 Jahre, nachdem es CANTOR erstmalig erwähnt hatte [98], [99]. COHEN zeigte mit einer eigens dafür entwickelten und auch bei weiteren Problemen äußerst fruchtbaren Beweistechnik (forcing), daß unter Voraussetzung der Widerspruchsfreiheit des Systems *ZF* die Kontinuumhypothese in *ZFC* unbeweisbar ist. Bereits 1938 hatte GÖDEL zeigen können, daß die Kontinuumhypothese und das Auswahlaxiom in *ZF* nicht widerlegbar sind, falls *ZF* widerspruchsfrei ist. Die Kontinuumhypothese ist also in *ZFC* unentscheidbar. Dasselbe gilt von der verallgemeinerten Kontinuumhypothese. Wir haben hier in der Mengenlehre (und damit in der darauf basierenden Mathematik) eine ähnliche Situation wie in der Geometrie. Dort ist das Parallelenaxiom in der absoluten Geometrie unentscheidbar; die Geometrie gabelt sich am Parallelenaxiom. Ebenso gabelt sich die Mengenlehre (und damit die Mathematik) an der Kontinuumhypothese. Präziser muß man allerdings sagen, *die Mengenlehre auf Basis ZFC*, denn es ist durchaus denkbar, daß die Kontinuumhypothese in einer Mengenlehre mit zusätzlichen oder anderen Axiomen entscheidbar wird. So gesehen läßt das Kontinuumproblem immer noch Fragen offen. Wenn wir als Grundlage der Mathematik das System *ZFC* akzeptieren, so haben wir folgende Situation: Es gibt eine «absolute» Mathematik, bestehend aus allen von der Kontinuumhypothese unabhängigen Sätzen. Zum Beispiel werden die Sätze über Primzahlen dorthin gehören. Dann gabelt sich die Mathematik an der Kontinuumhypothese. Anschaulich wird die Situation oft mit einer Hose verglichen. Die absolute Mathematik ist der obere Teil, das eine Hosenbein hat als zusätzliches Axiom zu *ZFC* die Kontinuumhypothese, das andere Hosenbein die Negation der Kontinuumhypothese. Dieses andere Hosenbein kann sich weiter aufspalten, da man als zusätzliches Axiom verschiedene Hypothesen wählen kann, die die Negation der Kontinuumhypothese implizieren, mit dieser aber nicht gleichwertig sind.

Es erhebt sich nun die Frage, ob es außerhalb der unmittelbaren Grundlagenforschung mathematische Sätze gibt, etwa aus dem Gebiet der Funktionalanalysis, die in einem der «Hosenbeine» liegen. Das ist in der Tat der Fall, womit der Fakt der Gabelung der Mengenlehre an der Kontinuumhypothese ein grundsätzliches, über die Grundlagenforschung weit hinausgehendes Interesse gewinnt. Wir geben zur Illustration ein Beispiel für solch ein Theorem an [104]:

Sei A eine BANACH-Algebra mit unendlich vielen Charakteren, dann gibt es unter Annahme der Kontinuumhypothese einen unstetigen Algebren-Homomorphismus von A in eine BANACH-Algebra, und es gibt eine unvollständige Algebren-Norm auf A, welche die gegebene Norm majorisiert. Dieser Satz löste ein viele Jahre offenes Problem in der für die Physik wichtigen Theorie der BANACH-Algebren. Mittlerweile konnte auch gezeigt werden, daß der Satz ohne Kontinuumhypothese nicht gilt, womit wirklich gesichert ist, daß er nicht doch im oberen Teil der «Hose» liegt und daß die Hinzunahme der Kontinuumhypothese nicht lediglich ein (überflüssiges) Beweismittel war. Sah es bisher so aus, als ob alle «angewandte» Mathematik völlig unabhängig von solchen Grundlagenfragen wie der Gültigkeit der Kontinuumhypothese ist, so könnten die eben erwähnten Resultate über BANACH-Algebren ein Hinweis darauf sein, daß im Falle der Mengenlehre eine ähnliche Situation wie in der Geometrie vorliegt: Ebenso, wie die Frage, *welche* Geometrie den wirklichen physikalischen Raum adäquat beschreibt, ein physikalisches Problem ist und nicht *a priori* entschieden werden kann, könnte die Frage relevant sein, welche Mengenlehre zur Beschreibung der «wirklichen Welt» angemessen ist, und diese Frage müßte dann ebenfalls durch die Naturforschung entschieden werden.

Das Problem der Gabelung an der Kontinuumhypothese und die offensichtliche Abhängigkeit dieser Tatsache vom zugrundeliegenden Typ von Mengenlehre (d.h. vom gewählten Axiomensystem) macht noch einmal deutlich, daß eine platonistische Auffassung von der unveränderlichen Existenz des Reiches der Mengen mit allen ihren Eigenschaften nicht aufrechterhalten werden kann. CANTOR suchte entsprechend dieser Auffassung auf die Frage nach der Gültigkeit der Kontinuumhypothese eine Antwort vom Typ «Ja – Nein», und es mußte fast ein Jahrhundert vergehen, ehe klar wurde, warum CANTOR trotz Aufbietung aller seiner überragenden Geisteskraft eine solche Antwort nicht hat finden können.

CANTOR war stets der Überzeugung, daß seine Begriffsbildungen auch naturwissenschaftlich relevant seien, woran ziemlich einhellig alle Mathematiker zweifelten. In neuerer Zeit hat man eine Reihe bemerkenswerter Anwendungen der CANTORschen Diskontinua (Cantormengen) in den Naturwissenschaften entdeckt; sie liegen freilich nicht in der Richtung, in der CANTOR Anwendungen seiner Theorie gesucht hat.

ULAM hat seit etwa 1950 verschiedene Bemerkungen dahingehend gemacht, daß Cantormengen in der Theorie des Gravitationsgleichgewichts großer Sternhaufen eine Rolle spielen könnten [461]. 1971 haben RUELLE und TAKENS die mögliche Bedeutung von Cantormengen in der Turbulenztheorie hervorgehoben [395], [396]. HOFSTADTER hat 1976 gezeigt, daß das Spektrum eines gewissen quantenmechanischen Systems eine Cantormenge ist [229]. (Für weitere Fortschritte in dieser Richtung siehe SIMON [431].) In jüngster Zeit ist auch eine mögliche Anwendung der Cantormengen auf ein uraltes Problem erwogen worden. Eine der eindrucksvollsten Entdeckungen der amerikanischen Raumsonde Voyager I war nämlich die Tatsache, daß der Saturnring eine außerordentlich komplexe Struktur hat. Man kann das Problem des Saturnringes theoretisch durch einen fastperiodischen HILLschen Operator modellieren. Es zeigt sich dann, daß das Spektrum eines solchen Operators ein CANTORsches Diskontinuum ist und daß diese Tatsache die außerordentlich komplizierte Struktur des Saturnringes erklären kann [47].

Aus Beispielen der erwähnten Art hat sich als ein zentraler Begriff der 1971 von RUELLE eingeführte Begriff des «seltsamen Attraktors» (strange attractor) eines dynamischen Systems ergeben. Die Erforschung dieser Attraktoren, die man in jüngster Zeit ganz besonders mit leistungsfähigen Computern vorantreibt (cf. [397]–[399]), ist für viele Fragen, angefangen von der Physik über die Chemie, Biologie, Meteorologie bis hin zur Ökonomie von großem Interesse. Die seltsamen Attraktoren hängen mit CANTORS Schöpfungen insofern eng zusammen, als ihre lokale Struktur durch CANTORsche Diskontinua beschrieben wird (cf. z. B. [481], [78]). Es scheint so, als ob die mit der Untersuchung der seltsamen Attraktoren eingeleitete neue Phase in der Theorie der dynamischen Systeme tiefliegende und bisher ungeahnte Zusammenhänge in der Natur, insbesondere im Verhältnis von Ordnung und Chaos, aufdecken wird (cf. die Überblicksdarstellungen [292], [302], [303]).

Die moderne Mathematik ruht auf mengentheoretischer Grundlage. Man stelle sich etwa die moderne Algebra, Funktionalanalysis, Wahrscheinlichkeitstheorie, Topologie oder Grundlagenforschung ohne Mengenlehre vor. Das ist undenkbar. So gesehen stand CANTOR am Beginn einer tiefgreifenden irreversiblen Umgestaltung der Mathematik, welche die Basis jedes weiteren Fortschritts sein wird, auch wenn dieser sich zunehmend an konkreten, z. T. klassischen Problemen der Mathematik selbst und an der verstärkten Anwendung der Mathematik in den verschiedensten gesellschaftlichen Bereichen orientiert. Wenn man aber genauer hinschaut, stellt man fest, daß die Mathematik bisher doch nur einen relativ kleinen Ausschnitt aus CANTORS Werk tatsächlich benutzt hat. CANTOR selbst hat stets die Theorie der transfiniten Zahlen als den Kernpunkt seiner Mengenlehre betrachtet; in einem Brief vom 9.12.1895 an TANNERY heißt es z. B.:

> «... ob Sie mit der in meinen Augen *wichtigsten* und revolutionärsten Neuerung innerhalb meiner Mengenlehre, der Einführung der transfiniten Cardinalzahlen und transfiniten Ordnungstypen, jetzt vielleicht einverstanden sind?» [3, Nr. 18, p. 59].

Aber gerade diese Theorie hat, ausgenommen die Unterscheidung zwischen abzählbaren und nichtabzählbaren Mengen, außerhalb von Grundlagenuntersuchungen bisher kaum eine Rolle gespielt. Jedoch auch hier gibt es in neuerer Zeit Beispiele, daß Fragen, die mit der mengentheoretischen Grundlagenforschung nichts zu tun haben, zu ihrer Lösung die Theorie der transfiniten Zahlen erfordern. Eine solche Frage ist z. B. die nach den zweiseitigen abgeschlossenen Idealen in der C^*-Algebra der beschränkten linearen Operatoren über *nichtseparablen* Hilberträumen H. Die Betrachtung solcher Räume ist keine bloße Verallgemeinerungssucht, weil man sie 1. für die Untersuchung des separablen Falls nicht entbehren kann (CALKIN-Darstellung, [384]) und weil 2. wegen des GELFAND-NEUMARKschen Einbettungssatzes jede C^*-Algebra eine solche Operatorenalgebra über einem (i. a. nichtseparablen) Hilbertraum H ist. Die Lösung des genannten Problems gelang GRAMSCH [174] (cf. auch [299]) mittels des Konzepts der Präkompaktheit vom Grade $\aleph_\tau$ in metrischen bzw. uniformen Räumen. Das Haupttheorem von GRAMSCH besagt, daß es in der C^*-Algebra der stetigen Endomorphismen eines komplexen Hilbertraumes eine eindeutig bestimmte Kompositionsreihe von abgeschlossenen zweiseitigen Idealen gibt. Diese Kompositionsreihe ist durch transfinite Ordinalzahlen indiziert; das kleinste Ideal ist das der vollstetigen Operatoren, das maximale ist das der vom Grad $\aleph_\tau$ kompakten Operatoren. Eine bemerkenswerte Folgerung aus dem Haupttheorem ist folgender Satz: Die Kontinuumhypothese $2^{\aleph_0} = \aleph_1$ ist damit äquivalent, daß es in der BANACHalgebra der stetigen Endomorphismen des von den fastperiodischen Funktionen erzeugten Hilbertraumes *genau zwei* nichttriviale, zweiseitige, abgeschlossene Ideale gibt [174, p. 107].

D. HILBERT, der ja nicht nur einmal bezüglich der Zukunft der Mathematik außerordentlichen Weitblick bewiesen hat, schrieb in einem (leider nicht adressierten und nicht datierten, mit Sicherheit aber nach CANTORS Tod geschriebenen) Brief:

> «Sehr geehrter Herr Kollege! Ihr Schreiben möchte ich ohne Zögern beantworten, da es mir grosse Freude macht, dem Andenken GEORG CANTORS zu dienen, der einer der ersten in der Reihe der Herren unserer Wissenschaft ist. An Originalität und Kühnheit der Gedanken ist er von keinem Mathematiker aller Zeiten – von EUKLID bis EINSTEIN – übertroffen worden; er schuf etwas ganz Neues, wovon vorher noch Nichts vorhanden war, die Mengentheorie, deren Begriffsbildungen und Anwendungen in allen Gebieten der Mathematik schon jetzt Gemeingut aller Mathematiker geworden ist, obwohl ich glaube, dass gerade die tiefsten Gedanken seiner Lehre erst noch in den späteren Jahrzehnten zur vollen Auswirkung gelangen werden.» [5, Nr. 54].

Fast möchte man angesichts der neueren Entwicklungen meinen, daß HILBERT auch mit dieser letzten Bemerkung voll recht behalten wird.

Dokumenten-Anhang

Nr. 1

Prüfungs-Zeugniß für den Schulamts-Candidaten Herrn Dr. GEORG CANTOR

Nachdem der Schulamts-Candidat Herr Dr. GEORG CANTOR, am 3ten März 1845 zu Petersburg geboren, Sohn eines verstorbenen Kaufmannes, evangelischer Confession, von der Großherzoglichen Höhern Gewerbeschule in Darmstadt zu Michaelis 1862 mit dem Zeugnisse der Reife für das Studium der Naturwissenschaften entlassen, auf den Universitäten zu Zürich, Göttingen und Berlin durch das Studium der Mathematik und Physik vorgebildet, nach bestandener Prüfung und Vertheidigung einer Dissertation: *De aequationibus secundi gradus indeterminatis* von der philosophischen Fakultät der Universität zu Berlin zum Doktor der Philosophie promovirt, auf Grund der Ministerial-Verfügung vom 31. Januar 1868 (: U 3212 :) ausnahmsweise zum *Examen pro facultate docendi* zugelassen, von der unterzeichneten Commission vorschriftsmäßig geprüft worden ist, so wird ihm darüber nachstehendes Zeugniß ertheilt.

Die philosophische Arbeit des Candidaten, welche die Frage zu beantworten hatte: *Was versteht SPINOZA in seiner Ethik unter der geometrischen Methode, und wie ist seine Anwendung derselben zu beurtheilen*? ist in ihrem Plane zwar verfehlt; aber sie legt Zeugniß dafür ab, daß sich ihr Verfasser bemüht hat, den ersten Theil der Frage im Sinne SPINOZAS und mit möglichster Genauigkeit und Schärfe zu behandeln. Bei dem mündlichen Examen bewies der Candidat mehr eine praktische als eine theoretische Bekanntschaft mit den logischen Gesetzen, seine Antworten waren oft nicht präcis genug, seine Definitionen nicht selten unzureichend. Neben einer übersichtlichen Kenntniß der Geschichte der Philosophie zeigte er eine eingehende Bekanntschaft mit SPINOZAS Ethik. Mit der Geschichte der Pädagogik hat er sich mit einigem Erfolge beschäftigt; vertrauter ist er mit ROUSSEAU's *Emil*. Den allgemeinen Anforderungen hat er entsprochen.

Was die Mathematik anlangt, so behandelte die Doktor-Dissertation des Candidaten ein Problem aus der Zahlentheorie, mit welcher sich der Candidat hauptsächlich beschäftigt hat. In den übrigen Theilen der höheren Mathematik besitzt er ebenfalls ziemlich umfassende Kenntnisse, wenn er auch nicht immer den Umfang der Anwendungen übersieht, die sich von den Sätzen machen lassen, welche er mehr aus rein wissenschaftlichem Interesse als wegen ihrer praktischen Anwendbarkeit studirt hat. Seine Kenntnis der theoretischen Mechanik ist völlig befriedigend zu nennen, wenn sie sich auch nur selten über das Maaß erhebt, welches gewöhnlich von den Examinanden erreicht wird.

In der Physik sind seine Kenntnisse befriedigend, wenn auch weniger sicher und vollständig, als in der Mathematik.

Die ganze Prüfung ließ übrigens erkennen, daß sich der Candidat mit nicht gewöhnlichen Fähigkeiten dem Studium der Mathematik zugewandt hat und für die Zukunft zu schönen Erwartungen berechtigt.

Es kann ihm nach dem Ausfall dieses Theils der Prüfung der Unterricht in der Mathematik und Physik durch alle Klassen eines Gymnasiums und einer Realschule übertragen werden. In der Chemie und Mineralogie sind die Kenntnisse des Candidaten noch zu unsicher und von so geringem Umfang, daß dieselben als den allgemeinen Anforderungen des Reglements entsprechend nicht wohl bezeichnet werden können.

In der Botanik und Zoologie zeigte der Candidat zwar sehr geringes Wissen, doch war er einigermaßen orientirt und zeigte sich den behandelten Fragen nicht ganz fremd. Seine Kenntnisse mögen daher wohl den allgemeinen Anforderungen des Reglements entsprechen. In der Religion entsprachen die Kenntnisse des Candidaten den Forderungen des Reglements an solche, die für die Ertheilung des Unterrichts nicht vorbereitet sind.

Im Hebräischen hat der Candidat einer Prüfung sich nicht unterzogen.

Im Lateinischen entsprechen seine Kenntnisse den allgemeinen Anforderungen, insofern er einen leichteren Text ohne besondere Nachhülfe, wenn auch ohne Sicherheit zu übersetzen verstand. Ueber die Bedeutung der Terminologie seines wissenschaftlichen Faches vermochte er nur sehr geringe Auskunft zu geben.

In Geschichte und Geographie entsprechen die Kenntnisse des Candidaten den allgemeinen Anforderungen des Reglements.

Im Französischen besitzt der Candidat eine sehr gute Aussprache, aber seine grammatischen Kenntnisse sind zu unsicher, als daß ihm der Unterricht in dieser Sprache übertragen werden könnte.

Nach diesen Ergebnissen der Prüfung wird dem Schulamts-Candidaten Herrn Dr. GEORG CANTOR

ein Zeugniß zweiten Grades

zuerkannt, mit der Befähigung: *Mathematik* und *Physik* durch *alle Klassen* eines Gymnasiums und einer Realschule zu unterrichten, unter dem Hinweis auf seine den allgemeinen Anforderungen nicht entsprechenden Kenntnisse in der Chemie und Mineralogie.

Schließlich wird bemerkt, daß durch die Ertheilung dieses Zeugnisses ein Anspruch auf Verwendung im preußischen Schuldienst nicht erworben ist.

Berlin, den 24. November 1868

Königliche Wissenschaftliche Prüfungs-Commission

SCHELLBACH HERRIG DROYSEN MESSNER HÜBNER
KERN BRAUN SCHNEIDER

Quelle: [3, Nr. 39].

Nr. 2

Auszug aus einem Brief CANTORS an F. KLEIN vom 27. 2. 1882

«Mit Rücksicht auf Ihre freundlichen Andeutungen hinsichtlich Personen, die etwa für die hiesige Stelle noch in Betracht kommen könnten (GORDAN und HARNACK) thut es mir leid, Ihnen mittheilen zu müssen, dass wir wohl gar nicht mehr in die Lage kommen werden neue Vorschläge zu formuliren – denn aus einem Schreiben, welches ich von Herrn KR. aus Berlin erhalten habe, muss ich den Schluss ziehen, dass man bereits in Berlin die ganze Frage ohne Weiteres erledigt hat. Über die Person schreibt er mir nichts, sondern ist noch nicht in der Lage (aus den complicirtesten Gründen) sie mir zu nennen.

Ich vermuthe auf NETTO; er gehört ebenso wie der Astronom BRUNS, den Sie nächstens in Ihren Mauern haben werden und der als *Astronom* doch als *homo novus* betrachtet werden muß, zu den pünctlichsten Trabanten des bewussten Gestirnes. Beide lassen an Sprechfähigkeit, die ja auch zum Metier gehört, nichts zu wünschen übrig.»

Quelle: [4], VIII, Nr. 400.

Nr. 3

Auszug aus einem Brief CANTORS an F. KLEIN vom 6.4.1882

«Beifolgend übersende ich Ihnen für die *Annalen* die längst versprochene Fortsetzung einer schon vor ein paar Jahren begonnenen und bisher in zwei kleinen Nummern erschienenen Abhandlung; da ich auch hiermit den Stoff noch keineswegs erschöpft habe, so erlaubte ich mir auch am Schlusse dieser dritten Nummer auf eine spätere Fortsetzung hinzuweisen.»

Quelle: [4], VIII, Nr. 403.

Nr. 4

Auszug aus einer Postkarte CANTORS an F. KLEIN vom 8.6.1882 vormittags

«LINDEMANNS Beweis soll genau geprüft werden; es wird mich derselbe sehr interessiren; ist derselbe richtig, woran ich *bei flüchtigem Durchsehen nicht zweifle,* so wird es eine grosse Satisfaction für HERMITE sein, daß seine Methoden zu diesem Resultate geführt haben. Ihm war dies entgangen, obgleich ihm das Ziel vorschwebte.»

Quelle: [4], VIII, Nr. 409.

Nr. 5

Brief CANTORS an F. KLEIN vom 8.6.1882, nachmittags

«Lieber College!

Die LINDEMANNsche Arbeit stellt sich mir bei genauerer Einsicht als eine glückliche Fortbildung, Vertiefung und Verwerthung der HERMITEschen Untersuchungen über die Exponentialfunction dar. Ich zweifle nicht an der Richtigkeit seiner Resultate und glaube auch, daß er sie zum Nachweis der Transcendenz von lg x, wenn x algebraisch, gebrauchen kann; oder vielmehr: das letztere ist eine unmittelbare Folge des Haupttheorems, *unterliegt also gleichfalls keinem Zweifel.* –

Jedenfalls sind dies *sehr erfreuliche Leistungen.*

Mit freundlichem Gruß
Ihr ergebenster
G. CANTOR

Die Bedeutung der HERMITEschen Arbeit stellt sich namentlich durch diese von LINDEMANN aus ihr gezogenen Folgerungen als eine sehr große dar.»

Quelle: [4], VIII, Nr. 410.

Nr. 6

Brief CANTORS an F. KLEIN vom 10. 6. 1882

«Lieber College.

Dem Haupttheorem in der LINDEMANNschen Arbeit würde ich an seiner Stelle folgende verschärfte und verallgemeinerte Form ertheilen: Sind $z_0, z_1, \ldots z_n$ *irgend welche unter einander verschiedene algebraische* Irrationalitäten, so kann eine Gleichung der Form

$$N_0 e^{z_0} + N_1 e^{z_1} + \ldots + N_n e^{z_n} = 0$$

in *rationalen* complexen oder reellen Zahlen $N_0, N_1, \ldots N_n$ *nicht* bestehen, es sei denn alle $N_0 = N_1 = \ldots = N_n = 0$. In der That läßt sich dieser allgemeinere Satz auf den dortigen specielleren unmittelbar zurückführen, weil $z_0, z_1, \ldots z_n$ als Wurzeln *einer* Gleichung mit rationalen Coefficienten *immer* betrachtet werden können; die alsdann noch hinzukommenden Wurzeln $z_{n+1}, z_{n+2}, \ldots z_{n+\nu}$ stören offenbar den Satz in keiner Weise.

Auf obige Form läßt sich dann unmittelbar der folgende Satz zurückführen:

Besteht zwischen zwei Zahlen x und y die Gleichung

$$y = e^x,$$

so können x und y *nicht beide* algebraische Zahlen sein mit der *einzigen* Ausnahme $x = 0$, $y = 1$, d.h. ist die eine von ihnen algebraisch, so ist die andere sicher transcendent.

Beweis. Sind x und y beide algebraisch, so besteht für y eine Gleichung

$$N_0 + N_1 y + \ldots + N_n y^n = 0,$$

folglich für x die Gl:

$$N_0 e^{0 \cdot x} + N_1 e^{1 \cdot x} + \ldots + N_n e^{n \cdot x} = 0$$

Die letztere Gleichung ist aber, wenn x nicht $= 0$, unmöglich; denn der Voraussetzung nach ist x algebraisch, folglich sind es auch $z_0 = 0 \cdot x$, $z_1 = 1 \cdot x$, $z_2 = 2 \cdot x, \ldots z_n = n \cdot x$ und alle verschieden. –

In diesem Satze sind nun die Sätze von der Transcendenz sowohl von e, wie von π enthalten, weil $e = e^1$ und $1 = e^{2\pi i}$.

So stellen sich beide als ganz specielle Fälle eines allgemeineren dar, der zu den schönsten und interessantesten der arithmetischen Analysis gezählt werden dürfte und den man wohl mit Recht den HERMITE-LINDEMANNschen nennen kann, weil *beide* einen wesentlichen Antheil an seinem Beweis haben. –

Wenn Sie Herrn LINDEMANN schreiben, so beglückwünschen Sie ihn gefälligst auch in meinem Namen zu dem Resultat seiner Arbeit; ich bin fest überzeugt, daß dieselbe in der Hauptsache richtig ist und etwaige sich noch auffindbare Lücken unschwer zu ergänzen sein werden. Das mir von Ihnen übersandte andere Manuscript wird mich nicht weniger interessiren; ich hoffe in Kurzem die Zeit zu finden, es zu lesen.

Mit herzlichem Gruß
Ihr ergebenster
G. CANTOR»

Quelle: [4], VIII, Nr. 411.

Nr. 7

Brief CANTORS an F. KLEIN vom 13.6.1882

«Lieber College!

Die LINDEMANNsche Arbeit enthält, wie ich mich überzeugt habe, in der That Lücken, die ausgefüllt werden müssen; es sind dies die Stellen, welche LINDEMANN durch Noten unter dem Text zu ergänzen sucht. Meine Überzeugung ist jedoch, wie ich Ihnen schon geschrieben, die, daß sich diese Lücken werden ausfüllen lassen. An Herrn L.'s Stelle würde ich daher, *wenn es noch möglich ist*, am Schlusse des Aufsatzes eine ausführlichere Darstellung des Beweises mit genauem Eingehen auf die schwierigen Stellen in Aussicht stellen und zugleich die verallgemeinerten Sätze in der von mir empfohlenen Form ankündigen. –

Auf eine solche möglichst *eingehendste* und *vollständige* Darstellung seines Beweises würde ich an seiner Stelle *die größte Mühe und Sorgfalt verwenden* und *da er sich die Priorität durch die Publication in den Annalen wird gesichert haben*, so kann er sich *die erforderliche Zeit für diese Arbeit gönnen.* –

Diese Hauptdarstellung würde ich an seiner Stelle an Herrn WEIERSTRASS in Berlin senden, der mir auf das Bereitwilligste erklärt hat, sie in der Akademie zu veröffentlichen. –

WEIERSTRASS schreibt mir wörtlich:

«Falls die Sache, die mich im höchsten Grade interessirt, in Ordnung ist, könnten Sie vielleicht LINDEMANN veranlassen, seine Arbeit *in extenso* oder auch vorläufig nur in den Grundzügen, unserer Akademie einzuschicken; es würde mir die größte Freude sein, sie zum Vortrag und in den Sitzungsberichten, die jetzt regelmäßig 8 Tage nach jeder Sitzung erscheinen, zur Veröffentlichung zu bringen.»

Von diesem WEIERSTRASSschen Anerbieten wird hoffentlich LINDEMANN Gebrauch machen, nachdem er den Gegenstand *gründlich* zur Ausführung gebracht haben wird, wozu er sich Zeit *nehmen muß.*

Sorgen Sie daher möglichst, daß in seinem Annalenaufsatz obiger Hinweis auf spätere gründliche Erweiterungen hinzukomme.

Mit freundlichen Grüßen
Ihr ergebenster
G. CANTOR»

Quelle: [4], VIII, Nr. 412.

Nr. 8

Auszug aus einem Brief CANTORS an F. KLEIN vom 26. 6. 1882

«Ich weiß nicht, ob Sie schon erfahren haben, daß in Kurzem ein neues nordisches Journal für Mathematik unter LEFFLERS Redaction und mit besonderer Protection des Königs von Schweden erscheinen wird. Er scheint sich die Mitarbeiterschaft aller namhaften Mathematiker gesichert zu haben und schreibt mir, daß das Journal hauptsächlich der Functionentheorie dienen soll. –

POINCARÉ wird seine Untersuchungen in 5 größeren Abhandlungen dort veröffentlichen. WEIERSTRASS soll für das erste Heft bereits eine Abhandlung zugesagt haben etc. etc. –

Damit haben die *Annalen* also einen neuen Concurrenten erhalten.»

Quelle: [4], VIII, Nr. 417.

Nr. 9

Postkarte CANTORS an F. KLEIN vom 20.10.1882

«Lieber College. Es kann sein, daß ich Ihnen schon in Kürzerem N° 5 meiner «unendlichen» zusenden werde, die ich wieder auf höchstens einen Bogen zusammendrängen werde. Da wäre es mir lieb von Ihnen zu hören, mit welcher Schnelligkeit so was bei Ihnen gedruckt werden könnte wann *ausnahmsweise einmal* an Schnelligkeit mir sehr gelegen wäre. Warum sind Sie nicht mit LIND. auf einige Stunden zu mir herüber gekommen? Mir war es, wie gesagt, ganz unmöglich, in diesen Tagen von Hause fortzukommen, sonst würde ich gern nach Leipzig gereist sein.»

Quelle: [4], VIII, Nr. 426.

Nr. 10

Auszug aus einem Brief CANTORS an F. KLEIN vom 22.12.1882

«Im Besitze Ihrer gestrigen Karte erlaube ich mir, die Frage an Sie zu richten, ob Sie Ihre Zustimmung dazu geben können, daß die kleine Arbeit, welche Ihrer freundlichen Zusage gemäß, im XXI^{ten} Bande Ihrer Zeitschrift erscheinen und circa drei Bogen füllen wird, außerdem und gleichzeitig als Separatbroschüre bei TEUBNER im Buchhandel erscheine. Nur in dem Falle, daß Ihnen dies Recht sein sollte, würde ich mit TEUBNER darüber zu unterhandeln anfangen.»

Quelle: [4], VIII, Nr. 431.

Nr. 11

Auszug aus einem Brief CANTORS an F. KLEIN vom 7.2.1883

«Sie würden mir einen großen Gefallen thun, wenn Sie die *ganze* (nur drei Bogen starke) Arbeit in die *Annalen* aufnehmen wollten; erstens der Kosten wegen, die für mich dadurch wegfallen; zweitens weil ich Ihnen die Versicherung geben kann, daß die Sache durch und durch mathematisch ist, wenn auch wenig Formeln darin vorkommen und ich darin näheres zur Sache gehörige Philosophische besprechen mußte. Es ist leider bei mir so ineinander verwachsen, daß es mir sehr schwer werden würde, das bloß mathematische in der Arbeit von dem übrigen zu trennen.

Wäre es daher möglich, daß dieser Wunsch ausgeführt werde?»

Quelle: [4], VIII, Nr. 432.

Nr. 12

Auszug aus einem Brief CANTORS an F. KLEIN vom 26. 11. 1883

«Mit bestem Dank für Ihr gefälliges Eingehen auf meinen Wunsch übersende ich Ihnen anbei das erste Drittel von N° 6 meiner Annalenarbeit, ...

N° 7, welche auch dem Wesentlichen nach feststeht, hoffe ich Ihnen dann im nächsten Jahre vor Ostern übergeben zu können, womit wahrscheinlich der ganze Aufsatz *Über unendl. lin. Punctm.* abgeschlossen sein wird, so daß ich später die sich daran anschließenden Arbeiten unter anderen Titeln werde geben können.»

Quelle: [4], VIII, Nr. 436.

Nr. 13

Brief CANTORS an F. KLEIN vom 10. 5. 1884

«Lieber College!

Nachdem ich vor 10 Tagen in Halle eingetroffen und mich nun wieder hier eingerichtet habe, gebe ich in gut deutscher Sprache dem Bedauern Ausdruck, daß es Ihnen nicht möglich war, den uns vor einigen Wochen freundlichst zugedachten Besuch auszuführen; meine in schlechtem Französisch geschriebene Pariser Karte werden Sie erhalten haben.

Ich habe mich nicht länger als acht Tage in Paris aufhalten können, da ich in Familienangelegenheiten in Frankfurt a. Main zu thun hatte; die mathematische Ausbeute war sehr gering; HERMITE und PICARD traf ich kurz vor ihrer Abreise nach Edinburgh; POINCARÉ sah ich nur ein einziges Mal, weil sein Schwiegervater schwer erkrankt war, der auch bald darauf starb; mit APPELL war ich zweimal zusammen; alle machten auf mich einen angenehmen, liebenswürdigen Eindruck. Von HARNACK erhielt ich dort zwei Briefe;

derselbe war im ersten sehr pikirt darüber, daß ich in den letzten Arbeiten seine nicht erwähnte; ich hatte beide geschrieben, vordem ich mit ihm über die treppenförmigen Functionen correspondirte, auf deren naheliegende Beziehung zu seinen Sätzen mich Scheeffer aufmerksam gemacht hatte. Harnack hatte es abgelehnt, das ihm mitgetheilte Beispiel in seine letzte Arbeit aufzunehmen, obgleich ich ihm dies angeboten hatte, wie Sie sich erinnern werden.

Andererseits hätte ich allerdings in die bezüglichen Stellen nachträglich in der Correctur eine Erwähnung unserer Correspondenz aufnehmen sollen, ich unterließ es, nicht aus bösem Willen sondern aus Nachlässigkeit.

Dies habe ich Harnack sofort geantwortet und er schrieb mir sogleich, daß er von meinen Erklärungen völlig beruhigt sei und die Differenz als durchaus beigelegt ansähe.

Daß ich namentlich durch *seine* Untersuchungen zu der Betrachtung dessen angeregt worden bin, was ich jetzt Inhalt einer Menge nenne, ist von mir in N° 4 der Annalenabhandlung hervorgehoben worden, *wo bereits der Inhaltsbegriff* implicite vorkommt.

In N° 6 habe ich diesen Umstand nicht noch einmal erwähnt; doch habe ich Harnack *nun* geschrieben, daß ich in N° 7 nicht verfehlen werde, diesen Umstand noch einmal zu betonen. Unter uns gesagt bin ich mit Harnacks Nomenclatur *gar nicht einverstanden.* Er nennt *discret* die Mengen mit dem Inhalt Null, die übrigen linear. Für mich ist discret der *Gegensatz zu continuirlich* und ich glaube, daß *dies dem allgemeinen Gebrauche entspricht.*

Durch Annahme meines *allgemeinen* Inhaltsbegriffes hat man den Vortheil, die besondere Benennung solcher Mengen, welche er «discret» nennt, zu *vermeiden,* indem man einfach *von ihnen als von Mengen mit dem Inhalte Null* spricht.

Es kommt hinzu, daß diese Mengen keineswegs die Bedeutung haben, welche Harnack ursprünglich an ihnen vermuthet hatte; vielmehr tritt *nur eine specielle Classe* seiner «discreten» Mengen in den Vordergrund, nämlich diejenigen Mengen P, deren erste Ableitung $P^{(1)}$ höchstens die erste Mächtigkeit hat, es sind dies die Mengen, welche ich *reductibel* nenne. Seine Sätze *bleiben nämlich bestehen*, wenn die Menge der Ausnahmepuncte *nicht bloß «discret»*, *sondern auch reductibel angenommen wird*; sie hören aber auf *allgemein richtig* zu sein bei *irreductiblen* Mengen von Ausnahmepuncten, d. i. solchen Mengen P, bei denen $P^{(1)}$ eine höhere Mächtigkeit hat, als die erste. Letztere Mengen können aber trotzdem so beschaffen sein, *daß ihr Inhalt Null ist.*

Es würde mich freuen, wenn Sie auf Ihren Plan, uns zu besuchen zurückkämen.

Mit den besten Empfehlungen an Sie und Frau Gemahlin

Ihr ergebenster
GEORG CANTOR.»

Quelle: [4], VIII, Nr. 437.

Nr. 14

Faksimile einer Postkarte CANTORS an F. KLEIN vom 2. 8. 1884 (cf. p. 260).

Quelle: [4], VIII, Nr. 438.

Nr. 15

Faksimile einer Postkarte CANTORS an F. KLEIN vom 20. 12. 1884 (cf. p. 260).

Quelle: [4], VIII, Nr. 439.

Nr. 16

Im Verlaufe der schweren gesundheitlichen Krise der Jahre 1899/1900 stellte CANTOR am 10. November 1899 einen Antrag an den Staatssekretär im Innenministerium, Graf VON POSADOWSKI-WEHNER, ihn aus dem Professorenstande zu entlassen und im Diplomatischen Dienst oder als Bibliothekar einzusetzen. Dieser Antrag ist bei GRATTAN-GUINNESS [177, p. 378, 379] veröffentlicht. Der folgende Brief des Universitätskurators SCHRADER ist die von ALTHOFF dazu erbetene Stellungnahme:

Text:

«Halle a. S. d. 26. November 1899

Euer Hochwohlgeboren geneigtem Schreiben vom 23. d. M. zufolge habe ich über den Zustand des Professors CANTOR eingehend mit seinem langjährigen Hausarzt Sanitätsrat Dr. MEKUS gesprochen, der ihn auch jetzt beobachtet hat. Dr. MEKUS ist der Überzeugung, daß der diesmalige Aufregungszustand des CANTOR durch die Auflösung der Verlobung seiner Tochter zu ungewöhnlicher Höhe und Länge gesteigert sei, daß die Dauer dieses Zustandes nicht zu berechnen sei, ihn aber, vermutlich bald, eine gleich starke Depression ablösen werde. Der Versuch unmittelbarer Einwirkung, namentlich Widerspruch würde nur zu größerer Aufregung, ja zu maniakalischen Zuständen führen und sei zwangsweise gar nicht ausführbar. Mit seinem Schwager in Berlin, dem Dr. GUTTMANN sei er entzweit. Demnach sei nur eine geduldige und dilatorische Behandlung möglich; weitere Verhandlungen der Herren im Ministerium mit ihm seien zu widerraten, da einstweilen hierdurch die Erregung nur neu genährt würde. Es sei besser, ihn gar nicht anzunehmen, allenfalls gebe er (Dr. M.) anheim, bei einer Unterredung ihn an fleißige Förderung seiner mathematischen Arbeit über Mengenlehre mit dem Bemerken zu mahnen, daß dieses seinen Plänen günstig sein werde. Denn zu wissenschaftlichen Arbeiten sei er auch jetzt, wenngleich mit Unterbrechungen, fähig und diese würden ihn ablenken und den Wandel befördern.

Ich bitte deshalb, im Reichsamt des Innern die möglichste Hinausschiebung der Antwort auf sein Gesuch herbeiführen zu wollen. Sollte Dr. CANTOR wirklich törichterweise den Kaiser um Entlassung aus seinem Amte gebeten haben, so wird doch dieses Gesuch zunächst an unsern Herrn Minister und von diesem an mich zum Bericht gelangen, so daß ich den erwünschten Anlaß zu ausführlicher Darstellung erhalte. Auf Ermunterung zur Fortsetzung seiner mathematischen Arbeit soll auch von hier aus hingewirkt werden.

gez. W. SCHRADER»

Quelle: [1], Bd. XX, Bl. 132.

Nr. 17

Bericht des Kurators SCHRADER an das Ministerium über CANTORS Befinden.

«Halle, a. S., den 26. April 1900

Der Professor Dr. CANTOR, der wegen seiner Erkrankung für das abgelaufene Winterhalbjahr beurlaubt war, hat mir vorgestern mündlich vorgestellt, daß er sich noch nicht über den Zeitpunkt für den Beginn seiner Sommer-Vorlesungen entscheiden könne. Nach seinem Aussehen und seiner gedrückten Sprechweise ist er offenbar aus dem früheren Zustande hochgradiger Erregung in das Stadium der Depression bis zur Willenlosigkeit, ganz nach Analogie seiner früheren Krankheitsvorgänge übergegangen. Wie lange dieser Zustand anhalten wird, ist nicht vorauszusehen; er ist jedenfalls einstweilen leistungsunfähig, weshalb ich ihn zu seiner Beruhigung ermächtigt habe, den Anfang seiner Vorlesungen noch hinauszuschieben.

Indem Eure Excellenz ich um geneigte nachträgliche Genehmigung dieser Urlaubsverlängerung bitte, bemerke ich gehorsamst, daß vorläufig der Zeitpunkt seiner völligen Genesung nicht zu bestimmen ist. Einer besonderen Vertretung des pp CANTOR wird es nicht bedürfen, zumal die eine der angekündigten Privatvorlesungen über den wahren Autor der JAK. BÖHMEschen Schriften auf haltlosen Hypothesen beruht, auch schwerlich Zuhörer gefunden haben würde, die andere über die GALOISsche Theorie der Auflösung algebraischer Gleichungen verschoben werden kann u. die Zöglinge des mathematischen Seminars durch Professor WANGERIN hinlängliche Anleitung erhalten werden.

SCHRADER»

Quelle: Wie Nr. 16, Bl. 230

Nr. 18

Mitteilung des Kurators an das Ministerium vom 30. 11. 1900 über CANTORS Gesundheitszustand:

«Der Professor CANTOR liest wöchentlich vierstündig über Differenzial- und Integralrechnung und hält alle vierzehn Tage sein zweistündiges Seminar; sein Aussehen und Behaben macht den Eindruck der Gesundheit.

(gez.) SCHRADER»

Quelle: Wie Nr. 16, Bl. 269.

Nr. 19

Brief CANTORS an HERMITE v. 26. 12. 1895

«Sehr geehrter Herr und Freund.

Unendlich erfreut es mich, aus Ihrem sehr lieben Brief v. 24. Dec. zu ersehen, daß Sie meine Mittheilung über FRANCIS BACON nach ihrer großen Tragweite und Bedeutung für das Christenthum anerkennen und bereit sind, Mgr D'HULST auf das wichtige Werk *Christianisme de Bacon* von EMERY aufmerksam zu machen. Bitten Sie ihn doch in meinem Namen, er möchte veranlassen, daß diese EMERYsche Schrift so bald als möglich in einer neuen handlichen Ausgabe gedruckt werde. Ich zweifle nicht, daß auf eine so hohe Empfehlung wie die

M[grs] HULST hin, z. B. Herr P. LETHIELLEUX in Paris (rue Cassette 10) den Verlag und Vertrieb sofort sehr gern übernehmen wird.

Wenn FRANCIS BACON nach seinem wahren Wesen und Charakter heute allgemein so wenig erkannt ist, so liegt dies, wie ich Ihnen bereits schrieb, der Hauptsache nach an *der systematischen Fälschung*, die an ihm von VOLTAIRE und den Encyclopädisten vorgenommen worden ist.

Ihr seliger College ANT. FR. OZANAM steht in der katholischen Welt im allerbesten Andenken als Begründer der Vereine des St. Vincentius a Paulo. Ich werde mir seine Schrift über FR. BACON, auf welche Sie die Güte haben, mich aufmerksam zu machen, verschaffen und sie lesen.

Ihre Vermuthung über die Ursache meiner Zurücksetzung in Deutschland trifft wie ich glaube, nicht zu. Sie liegt vielmehr an zwei Ursachen.

1) Bin ich meiner Geburt nach *kein Deutscher*, sondern nur in früher Jugend (mit 11 Jahren) nach Deutschland verschlagen worden. Ich bin in St. Petersburg geboren. Mein seliger Vater war ein geborener Däne (aus Kopenhagen) und kam als Kind nach St. Petersburg. Meine jetzt in Berlin lebende gute Mutter gehört einer St. Petersburger römisch katholischen Musikerfamilie (BÖHM) an. In Deutschland habe ich keinen einzigen männlichen Verwandten. (Der Heidelberger Professor MORITZ CANTOR ist *nicht mit mir verwandt*). Als ich 17 Jahr war, verlor ich meinen Vater und war seitdem ohne jeglichen verwandtschaftlichen Halt auf mich selbst angewiesen.

2) Ich habe zwar hauptsächlich in Berlin von 1863–1867 studiert und man rechnet mich daher zu den Schülern von KRONECKER und WEIERSTRASS. Letzteres ist aber *in Wahrheit nicht richtig*; denn ich bin in meinen Arbeiten von diesen Beiden völlig unabhängig. *Aber noch mehr! KRONECKER hat sich stets mit großer Geringschätzung* über meine Arbeiten, die er nicht verstand, ausgesprochen und Andere haben es ihm nachgemacht. WEIERSTRASS hat mir nie genützt, wohl aber dadurch geschadet, daß er diejenigen allein poussierte, welche wie FUCHS, KÖNIGSBERGER, MITTAG-LEFFLER und SCHWARZ sich ihm direct angeschlossen und untergeordnet haben.

Von Mathematikern dieses Jahrhunderts stehe ich GUSTAV LEUJEUNE-DIRICHLET am Nächsten, von dem ich viel gelernt, den ich aber leider persönlich nicht gekannt habe.

Es freut mich sehr, daß Herr PICARD, den ich sehr hoch schätze, sich so freundlich über den ersten Artikel meiner laufenden

Arbeit ausgesprochen hat. Ich bitte Sie, ihn vielmals von mir zu grüßen, ich erinnere mich mit Vergnügen meines Zusammentreffens mit ihm in Paris vor vielen Jahren. – Gestatten Sie mir, Ihnen als Gegengabe für Ihre Photographie, die meinige beifolgend zu überreichen.

Mit den herzlichsten Glückwünschen zum neuen Jahr
Ihr hochachtungsvollst ergebener
G. CANTOR.»

Quelle: [3], Nr. 18, p. 81, 82, 83.

Nr. 20

Brief CANTORS an Pater G. GILES S. J. am Collegio Pio Inglese v. 5.1.1896

«Monsignore.

Auf meinen recommandirten Brief v. 17ten Nov. 1895, welchen ich die Ehre hatte, an Sie zu richten, habe ich vergeblich auf Antwort gewartet.

Die Angelegenheit, in welcher ich mich an Ew. Hochwürden wandte, erscheint umso wichtiger, als in dem 10-jährigen Studium, welches ich Ihrem großen Landsmanne FRANCIS BACON gewidmet habe, auch wichtige *innere* und *äußere* Argumente dafür von mir gefunden und gesammelt worden sind, daß *er* (so erstaunlich dies auch klingen mag) wirklich und in Wahrheit der *eigentliche* und *einzige* Dichter der unsterblichen SHAKESPEARE-*Dramen* war, während der Comoediant WILLIAM SHAKESPEARE nur als Maske ihm gedient hat. *Dies* in Verbindung mit dem von mir erbrachten Beweis, daß FRANCIS BACONS religiöser Glaube seinem Kerne nach der heil. römisch katholische Glaube war, läßt keinen Zweifel darüber zu, daß diese von mir angeregte Sache von hoher Bedeutung ist und die eingehendste Prüfung von Seiten der Kirche verdient.

Es würde sicherlich den allerhöchsten Intentionen S. Heiligkeit LEO XIII, auf dessen henotische Encycliken v. 20. Juni 1894 und v. 14. April 1895 (an die englische Nation) ich in dieser Beziehung nur hinzuweisen brauche, entsprechen, wenn Ew. Hochwürden meine am 17ten Nov. 1895 ausgesprochenen Wünsche erfüllen wollten.

Genehmigen Ew. Hochwürden den Ausdruck meiner
vorzüglichen Hochachtung und Verehrung
Dr. GEORG CANTOR»

Quelle: [3], Nr. 18, p. 99–100.

Nr. 21

Auszug aus einem Brief CANTORS an Pater FRANZ EHRLE S. J., Präfekt der *Biblioteca Apostolica Vaticana,* v. 13.1.1896

«Monsignore, hochverehrter Pater FRANZ EHRLE.

Neben meinen philosophisch-theologischen und mathematischen Studien beschäftige ich mich seit über zehn Jahren mit dem Leben und den Werken des großen Engländers FRANCIS BACON, Baron of Verulam, Viscount of St. Alban (1561–1626). Die vierzehnbändige Ausgabe seiner Schriften und Briefe von SPEDDING (herausgegeben in den Jahren 1857–1874) gewährt *keineswegs* ein vollständiges und treues Bild des Mannes, hauptsächlich aus dem Grunde, weil die Herausgeber SPEDDING, ELLIS und HEATH auf dem häretischen Standpuncte der anglikanischen Kirche stehen und von hier aus alle Verhältnisse beurtheilen.

Mir hat sich aber als zweifellos sicher herausgestellt, daß FRANCIS BACON eine sehr merkwürdige religiöse Entwicklung in sich erfahren hat und zwar (um kurz zu sein und mich auf das Wesentliche zu beschränken) so, daß er etwa von 1597 an, vielleicht auch schon einige Jahre früher, sich dem heil. römisch katholischen Glauben zu nähern begann und seit 1605, nach dem vorliegenden Zeugnis seiner *Confessio fidei* (...) im Wesentlichen ganz auf diesem festen Grunde stand.»

Quelle: [3], Nr. 18, p. 116–117.

Nr. 22

Brief CANTORS an Papst LEO XIII v. 13.2.1896

«Sanctissimo Domino Nostro Papae LEONI XIII

Ad Epistolas Apostolicas Sanctitatis Tuae Henoticas cum spectarem imprimis ad illam, 14. Apr. anni 1895 datam, quam ad Populum Anglicum misisti, confessionem fidei FRANCISCI BACONI «Seculi et gentis suae decoris, ornatoris et ornamenti literarum» Christianis omnibus et praecipue Anglicanae Ecclesiae Sectatoribus in memoriam revocare opportunum existimavi.

Permitte, Pontifex Maxime, ut septem exemplaria novae editionis hujus opusculi Sanctitati Tuae dedecem et ut tria volumina operum FRANCISCI BACONI addam. Oro rogoque Te, Beatissime Pater, ut accepta habere velis haec decem numera, que offere audeo, ut signa sint meae reverentiae meique Amoris Tuae Sanctitatis et Ecclesiae S. Catholicae Romanae.

Tuae Sanctitatis humillimus et addictissimus

Servus

Halis Sax. 13 *Febr.* 1896 *Georgius Cantor*

Mathematicus.»

Quelle: [3], Nr. 18, p. 146.

Nr. 23

Auszug aus einem Brief Cantors an Domkapitular Woker in Paderborn vom 30.12.1895

«Ihrer lieben Aufforderung, Sie in Paderborn zu besuchen möchte ich im Laufe des nächsten Jahres, so Gott will, entsprechen. In Wahrheit sind die Mittel, welche ich für meine Person jetzt zur Verfügung habe, sehr beschränkt. Denn die sechs Kinder, von denen nun die Älteste im 21.ten Lebensjahre steht, der Jüngste 9 Jahr alt ist, brauchen immer mehr zu ihrer Ausbildung. Nun sind wir ja durch beiderseitiges Vermögen, Gott sei Dank befriedigend gestellt; allein meine Einnahmen haben sich gegen früher nicht vermehrt, so daß wir jetzt sehr darauf bedacht sein müssen, mit demjenigen, was wir haben, auch auszukommen. Leider werde ich von der Regierung, mit der ich im Uebrigen ein sehr gutes Verhältnis habe, sehr knapp gehalten; meine Berliner und Göttinger Collegen im math. Ordinariat (in welchem ich nun bald 17 Jahre mich befinde) beziehen mehr als das Doppelte von meinem Gehalt. Es liegt dies hauptsächlich daran, weil ich in meinen wissenschaftlichen Arbeiten völlig unabhängig von Weierstrass und Kronecker bin, die nur diejenigen poussirt und empfohlen, welche sich ihnen angeschlossen und untergeordnet haben.»

Quelle: [3], Nr. 18, p. 88.

Nr. 24

Auszug aus einem Brief Cantors an Alex Baumgartner S. J. vom 25.5.1891:

«Mit Ihrer Besprechung des Langbehnschen Buches bin ich ganz einverstanden; besten Dank für die Sendung. Ich halte es nicht für ausgeschlossen, daß Langbehn bei Ihnen vorspricht, vielleicht schon in diesem Sommer; dann bleibe es unter uns, daß wir uns über diesen Kauz unterhalten haben.

Daß ich ihn kenne, hängt so zusammen. Als ich am 9ten October vorigen Jahres mich kurze Zeit in Dresden aufhielt, da ich eins meiner Kinder von einem Gute bei Görlitz, wo es bei Freunden zu Besuch war, abzuholen hatte, kam ich auf den Einfall, den L. mir anzusehen, da er mir wegen seiner Animosität gegen den «deutschen Professor» interessant war. Ich erinnerte mich nämlich, von unserem alten Hegelianer ED. ERDMANN einmal gehört zu haben, daß er dereinst aus demselben Grund SCHOPENHAUER im Englischen Hofe in Frankfurt aufgesucht habe. Als ich aber bei dem Geheimen Oberregierungs-Rath W. v. SEIDLITZ (Director der Museen), seinem Mäcen, nach ihm mich erkundigte, erfuhr ich, daß er vereist sei; ich gab daher meine Karte ab mit der Bitte, sie dem L. zu übermitteln. ... Nun aber zu LANGBEHN zurück, von dem ich zunächst erklären muß, daß er seinen Namen mit vollem Recht trägt, eine hochaufgeschossene Stange, mit kurzem stark röthlichem Haar, daher etwas jüdisch aussehend, im Anfange der Vierziger stehend.

Kaum war ich nämlich nach Halle zurückgekehrt, als L. am 16[t]. Oct. bei mir erschien und bis zum 17[t]. Abend in Halle blieb. Wir unterhielten uns lebhaft in meinem Hause und auf Spaziergängen. Auf das Gebiet der Politik ließ ich mich nicht ein. Seine Persönlichkeit war mir, trotz dem vielen Sonderlichen, das ich an ihm bemerkte, nicht unangenehm. Ein ungeheures Selbstbewußtsein, das er übrigens weltmännisch zu verbergen wußte, leuchtete für mich trotzdem überall hervor; er war glaube ich damals bereits an der 22[t]. Auflage seines *Rembrandt* angelangt. Ich erhielt von ihm den Eindruck eines Menschen, der aus kleinen Verhältnissen mit Schriftstellerarbeit in Zeitungen und Journalen sich durchgeschlagen hat und mit dem R. den ersten größeren pecuniären Erfolg gehabt hat, den ich ihm von Herzen gönne. Er hat gar keine Verwandten mehr und ist unverheirathet. Ich fragte ihn nach den Autoren, denen er am nächsten stehe, er nannte HÖLDERLIN, NOVALIS (Fragmente aus s. Nachlaß) die RAHEL (ein Buch des Andenkens), DE LAGARDE (deutsche Schriften), GRABBE und vor allem NIETSCHE. Letzteren hat er vor einem Jahre im Irrenhaus in Jena aufgesucht, acht Tage mit ihm dort gelebt und es durchgesetzt, daß dieser Unglückliche wieder bei seiner Mutter in Naumburg untergebracht ist.

Von dem Einen das Noth thut hat L. allerdings keine Ahnung. Ein dunkler Drang zum Guten ist aber doch bei ihm wahrzunehmen.

Nur kommt mir der Arme durch die Vergötterung des Bismarckmenschen ausserordentlich verwildert vor.

Gelegentlich im Gespräch erwähnte ich meine Bekanntschaft mit Ihnen und daß ich Sie besucht hätte, worauf er die größte Lust bekam, dies auch zu tun (sicher in der Absicht Sie auch zu verbismarckern). Ich sagte ihm, er könne in diesem Falle einen Gruß von mir bestellen.

In größte Verlegenheit bin ich aber durch ein Versprechen gekommen, das ich so leichtsinnig war, ihm zu geben: nämlich das Versprechen, sein Buch ausführlich zu lesen und ihm dann meine wahre Meinung darüber zu schreiben. Nun habe ich wiederholt den Anlauf zum Ersteren genommen, ich bin aber nie über die Mitte hinaus gekommen. Es freut mich, daß Sie mir durch Ihr Referat die Übersicht erleichtert haben. Ich werde also wohl nächstens mein ihm gegebenes Versprechen, an welches er mich wiederholt brieflich erinnert hat, gründlichst zur Ausführung bringen.

Von einigen der MAX BEWERschen Broschüren, namentlich der *Gedanken über Bismarck* habe ich die starke Vermuthung, daß sie von LANGBEHN gemacht sind. Die beiden arbeiten Hand in Hand. Neujahr sind sie Beide Gäste am Hofe Friedrichsruh gewesen.»

Quelle: [3], Nr. 17, p. 35–36.

Nr. 25

Brief von FRIEDRICH SCHUR an GEORG CANTOR vom 13.12.1917

«Hochgeehrter Herr Kollege!
Zu Ihrem goldenen Doktor-Jubiläum spreche ich Ihnen die wärmsten Glückwünsche aus. Was unsere Wissenschaft Ihnen verdankt, wird Ihnen morgen so oft aus berufenem Munde gesagt werden, daß ich heute nur in Dankbarkeit der Stunden gedenken möchte, die ich noch Privatdozent in Leipzig mit Ihnen teils in Ihrem gastlichen Hause teils in unserem gemeinsamen mathematischen Kränzchen verleben durfte; sie sind mir in schönster Erinnerung.

In alter Verehrung verbleibe ich
Ihr ergebenster
F. SCHUR.»

Quelle: [3], Nr. 42, p. 27.

Nr. 26

Brief CANTORS an G. VERONESE vom 17.11.1890

«Geehrtester Herr College.

Sie missverstehen mich, wenn Sie aus meinem letzten Briefe gewissermaßen eine unhöfliche Kündigung unserer Correspondenz herauslesen; nur unsre bisherige Discussion möchte ich aus sachlichen Gründen nicht weiter fortsetzen, und was Sie mir jetzt schreiben, ist geeignet, meine Ueberzeugung von der Nutzlosigkeit dieser Besprechungen noch zu vergrössern. Von *Hypothesen* ist in meinen arithmetischen Untersuchungen über das Endliche und Transfinite überall gar keine Rede, sondern nur von der Ergründung des Realen in der Natur Vorhandenen.

Sie hingegen glauben nach Art der Metageometer RIEMANN, HELMHOLTZ und Genossen, Hypothesen *auch in der Arithmetik* aufstellen zu können, was ganz unmöglich ist; darin liegt Ihre ebenso verhängnisvolle wie unglückliche Täuschung, von welcher ich Sie nicht abbringen kann und mag. So wenig sich in der Arithmetik der endlichen Anzahlen andere Grundgesetze aufstellen lassen, als die seit Alters her an den Zahlen 1, 2, 3 ... erkannten, ebenso wenig ist eine Abweichung von den arithmetischen Grundwahrheiten im Gebiete des Transfiniten möglich.

«Hypothesen», welche gegen diese Grundwahrheiten verstoßen, sind ebenso falsch und widersprechend, wie etwa der Satz $2 + 2 = 5$ oder ein viereckiger Kreis. Es genügt für mich, derartige Hypothesen an die Spitze irgend einer Untersuchung gestellt zu sehen, um von vorn herein zu wissen, daß diese Untersuchung falsch sein muss. Und der Erfolg hat es ja bei Ihnen gezeigt, da Sie durch Ihre beklagenswerthen «Hypothesen» zu dem widersprechenden Begriffe actual unendlich kleiner linearer Größen geführt worden sind.

Wie kann ich von Ihnen verlangen, daß Sie meinen auf das Letztere bezüglichen Beweis für wahr halten sollen, da ich zu meinem Bedauern sehen muß, daß Sie in den Grundwahrheiten der transfiniten Arithmetik ein Skeptiker sind? Geometrische Theorien, welcher Art sie auch seien, stehen unter den Gesetzen der Arithmetik, sowohl der finiten wie der transfiniten. Hypothesen, welche diesen Gesetzen widersprechen, sind unter keinen Umständen zulässig.

Der Eindruck, welchen ich von Anfang an hatte, daß Ihre illegitimen Vorstellungen vom actualen Unendlichen mit den FONTENELLEschen verwandt sind, ist nach Ihren Ausführungen nicht nur geblieben, sondern sogar verstärkt worden. Wenn ich gelegentlich in einem früheren Briefe von Ihrem Zeichen ∞_1 in Verbindung mit der Ordnungszahl ω sprach, so geschah es nur, um herauszubringen, was Sie sich unter ∞_1 denn denken. Ich habe niemals geschrieben, daß ich andere *transfinite* Cardinal- und Ordnungszahlen für möglich hielte, als die von mir erkannten; wohl aber habe ich darauf aufmerksam gemacht, daß es im Transfiniten noch andere Begriffe giebt, beispielsweise die transfiniten Ordnungstypen, und daß man eine gewisse Freiheit im Gebrauche des Wortes «Zahl» hat.

Genehmigen Sie, Herr College den Ausdruck meiner ausgezeichneten Hochachtung Ihr ergebenster
G. CANTOR.»

Quelle: [3], Nr. 17, p. 29–30.

Nr. 27

Auszug aus einem Brief CANTORS an MITTAG-LEFFLER vom 20.10.1884

«Im engen Zusammenhang mit obigen Resultaten [Sätze über Punktmengen – W. P.] stehen mathematisch-physicalische Vorarbeiten, denen ich mich seit einer Reihe von Jahren unausgesetzt widme. Mich haben stets selbst die glänzendsten Resultate der mathem. Analyse in der Physik nicht sehr befriedigt aus dem Grunde, weil mir die Hypothesen, welche ihnen zu Grunde liegen, theils offenbar widerspruchsvoll, theils nicht gehörig klar und bestimmt vorkommen und ich erkannte die Ursache hiervon schon frühe darin, dass über die Constitution der Materie, sowohl der wägbaren, wie auch der unwägbaren, des sogen. Aethers, noch nirgends das Richtige gefunden war. Daher die beiden Heerlager, in welche sich die Physik zu allen Zeiten getheilt findet, von denen das eine die Atomistik, das andere die Continuitätshypothese zu Grunde legt, welche Grundvorstellungen unvereinbar scheinen, während doch andererseits jede von ihnen Vortheile vor der andern gewährt, welche ganz zweifellos sind. Das Resultat meiner Untersuchungen, welche keineswegs blos speculativ sind, sondern vielmehr auch gleichzeitig der Erfahrung und Beobachtung Rechnung tragen, ist nun dieses, dass noch eine dritte Hypothese gedenkbar ist, für welche ich einen Namen noch nicht gefunden habe, eine Hypothese, welche gewissermaaßen zwischen jenen beiden in der Mitte steht, sich durch grosse Einfachheit und Natürlichkeit und namentlich auch durch Präcision vor jenen auszeichnet, an den Vorzügen der beiden anderen participirt und von ihren Nachtheilen und Widersprüchen frei zu sein scheint.»

Quelle: [3], Nr. 16, p. 10.

Nr. 28

Auszug aus einem Brief CANTORS an MITTAG-LEFFLER vom 16.11.1884

«Ich will daher, und da der heutige Sonntag mir einige freie Stunden verschafft, Ihnen meine Ansichten über die *Constitution* der *Materie* in Kürze mittheilen.

Mit BOSCOVICH, CAUCHY, AMPÈRE, W. WEBER, FARADAY und vielen Anderen halte ich die letzten Elemente für *ausdehnungslos*, also geometrisch gesprochen für rein punctuell; ich will gern für dieselben die üblichen Ausdrücke *Kraftcentra* oder *materielle Puncte* acceptiren. Sie sehen, dass ich mich schon hierdurch von derjenigen *Atomistik* trenne, welche die letzten Elemente für noch ausgedehnt, jedoch durch *keinerlei Kräfte theilbar* hält; es ist die Ansicht, welche heute in der *Chemie durchgängig*, in der *Physik hauptsächlich* zu Grunde gelegt wird; ich will diese Form der *Atomistik* die *chemische Atomistik* nennen.

Trotzdem nun *jene* Autoren in der soeben bezeichneten Beziehung mit mir sich in der *chemischen Atomistik* unterscheiden, halten sie doch selbst eine andere Form der Atomistik aufrecht, welche ich vorübergehend, Kürze halber, die *Punctatomistik* nennen will.

Ich bin aber genaugenommen auch kein Anhänger der Punctatomistik, obgleich *für mich auch* die letzten Elemente unzerstörbare *Kraftcentra* sind; ich glaube sowohl die *chemische*, wie auch die Punctatomistik, letztere wenigstens in ihrer bisherigen Form, verwerfen zu müssen.

Nichtsdestoweniger bin ich aber auch kein unbedingter Vertheidiger der Continuitätshypothese, wenigstens nicht in der vagen Form, in welcher sie bis jetzt von einigen Philosophen ausgebildet worden ist.

Ich glaube mit den *Punctatomisten*, dass für die Erklärung der *anorganischen* und *bis zu einer gewissen Grenze* auch der organischen *Naturerscheinungen* zwei Classen von *geschaffenen*, und nachdem sie geschaffen, *selbständigen unzerstörbaren, einfachen, ausdehnungslosen, kraftbegabten Elementen*, die ich auch *Atome* nennen will, gebraucht werden und ausreichend sind, die der ersten Classe will ich *Körperatome*, die der andren Classe will ich *Aetheratome* nennen.

Ich glaube aber auch ferner, und das ist der *erste* Punct, in welchem ich mich über die Punctatomistik erhebe, dass die *Gesammtheit* der *Körperatome* von der *ersten Mächtigkeit*, die *Gesammtheit* der *Aetheratome* von der *zweiten Mächtigkeit* ist und hierin besteht meine *erste Hypothese*. Die Gründe, welche mir für diese Hypothese zu sprechen scheinen, kann ich Ihnen nicht in einem kurzen Schreiben alle entwickeln; ich verweise Sie aber auf Dasjenige, was ich in *Math. Annalen* Bd. XX pag. 118–121 gefunden habe, wonach in dem mit *körperlicher Materie* erfüllten Raume (da ich die körperliche Mat. von der *ersten* Mächt. voraussetze) für den Aether (die Materie *zweiter Mächt.*) noch ein *colossaler* Spielraum für *stetige* Bewegung bleibt, wodurch alle Erscheinungen der *Durchsichtigkeit der Körper*, sowie auch diejenigen der *strahlenden Wärme*, der *electrischen* und *magnetischen Influenz* und *Vertheilung* eine *naturgemässe, widerspruchsfreie* Basis zu erhalten scheinen.

Ebensowenig will ich heute von den Kräften sprechen, welche den zweierlei Elementen zugeschrieben werden müssen. Nur Eines muss ich dem Obigen hinzufügen, worin zugleich ein *zweiter Unterschied* von der Punctatomistik zu bestehen scheint. Ich glaube, dass im Zustande des Gleichgewichts wegen der gegenseitigen Anziehung oder Abstossung, welche die Elemente auf einander ausüben und wegen der unzähligen Grade dieser Anziehung, sowohl die *körperliche Materie für sich* stets nur in der Form einer *insichdichten geometrisch-homogenen Punctmenge* (erster Ordnung, resp. Mächtigkeit), wie auch der *Aether für sich* stets nur in der Form einer *insichdichten geometrisch homogenen* Punctmenge (erster und zweiter Ordnung, resp. Mächtigkeit) auftreten können. Und hierin besteht meine *zweite* Hypothese. Diese zweite Hypothese bezieht sich nur auf die *statischen* Erscheinungen. Im *Allgemeinen* sind jedoch die Decompositionen maassgebend:

$$P \equiv rP + i_1 P$$

$$Q \equiv rQ + i_1 Q + i_2 Q,$$

wo P die Materie der ersten Classe bedeutet. Hier haben im Allg. alle Bestandtheile *physikalische* Bedeutung. Dass hierbei der Begriff *Volumen* nicht verloren geht, folgt aus meinen Untersuchungen in *Acta math.* Bd. IV, pag 388–390 und *Math. Annalen* Bd. XXIII pag 473–479.»

Quelle: [3], Nr. 16, p. 25–26.

Anmerkung: Die Symbole und Begriffe, die in diesem Brief vorkommen, hatte CANTOR in einem vorausgehenden Brief an MITTAG-LEFFLER erläutert; die relevanten Auszüge aus diesem Brief sind publiziert bei GRATTAN-GUINESS [175], p. 75–78.

Nr. 29

Auszug aus einem Brief CANTORS an J. LÜROTH (Freiburg) vom 29. 11. 1895

«Lieber Freund,

Professor EDMUND HUSSERL, nach dem Du Dich erkundigest, ist eine von uns hochgeschätzte, durch seinen friedfertigen und gediegenen Charakter allgemein beliebte Persönlichkeit. Ich kenne ihn seit 1886, wo er, um sich auf die Habilitation in Halle vorzubereiten, noch zwei Semester hier studierte und bei STUMPF Psychologie, bei mir Wahrscheinlichkeitsrechnung hörte. Er ist 1859 geboren und studierte Mathematik und Naturwissenschaften von 76–78 in Leipzig drei Semester, dann in Berlin 6 Semester. Dann ging er nach Wien, wo er mit einer Arbeit über Variationsrechnung unter KÖNIGSBERGER promovirte. 83 kam er noch einmal nach Berlin auf ein Semester, um für WEIERSTRASS dessen Vorlesung über ABELsche Functionen auszuarbeiten.

Schon in Leipzig und Berlin hörte er mit Vorliebe bei WUNDT und PAULSEN philosophische Vorlesungen und setzte diese Studien von 83–86 in Wien bei BRENTANO und ZIMMERMANN mit größtem Eifer fort. Seine Hauptfächer sind Logik und Psychologie, indessen ist er auch in den übrigen Theilen der Philosophie durchaus bewandert und hat auch über die meistens hier Vorlesungen gehalten. Was nun letztere betrifft, so bin ich zu meiner größeren Sicherheit gestern bei meinem Collegen BENNO ERDMANN gewesen, der mir sagte, daß HUSSERL mit dem besten Erfolge hier gewirkt habe und von den Studenten gern gehört werde. Hierfür spricht ja auch, daß wir ihn wiederholt dem Minister zum außerord. Professor vorgeschlagen haben und daß er auch im vorigen Sommer von der Kieler Facultät neben RIEHL zum Ordinariat präsentirt worden ist.

Er ist Protestant; allein ich bin überzeugt, daß er bei seinem maßvollen und toleranten Wesen auch als Lehrer von katholischen Studenten sich bewähren würde. Ich würde mich sehr freuen, wenn er in Freiburg die durch so gründliche und vielseitige Studien und Leistungen wohlverdiente Stelle eines Ordinarius für Philosophie erhalten könnte.»

Quelle: [3], Nr. 18, p. 43–44.

Nr. 30

Brief CANTORS an Prof. F. HEINER (Freiburg) vom 11.1.1896

«Sehr verehrter Herr College.

Im Besitz Ihrer Postkarte v. 10. Jan. ersehe ich daraus, daß es Ihnen willkommen wäre, Informationen zu erhalten über diejenigen Candidaten, welche momentan die betreffende Commission Ihrer philos. Facultät beschäftigen. Es sind dies, soweit die mir zugegangenen Berichte lauten, folgende:

1. SIEBECK in Gießen (1842)
2. AVENARIUS in Zürich (1843)
3. EUCKEN in Jena (1846)
4. NATORP in Marburg (1854)
5. SPITZER in Graz (1854)
6. GROSS in Gießen (1861)
7. BUSSE in Marburg (1862)

So sehr ich Ihnen in Bezug auf meinen jungen Freund HUSSERL (geb. 1859) den Standpunct des *Tolerari posse* empfehlen konnte, muß ich bei jenen sieben Namen meine großen Bedenken in Folgendem zum Ausdruck bringen.

Ad. 1. Er ist einseitig, von historisch-philologistischer Richtung und ohne naturwissenschaftliche Vorbildung. Aus seinem *Lehrbuch der Religionsphilosophie* können Sie ihn vollständig kennen lernen.

Ad. 3. Er ist stark antikatholisch, wie sein Aufsatz *Die Philosophie des Thomas von Aquino und die Kultur der Neuzeit* (*Zeitschr. f. Philos. u. philos. Kritik*, Halle a/S. 1885; 87ter Bd, pag. 161) beweist.

Ad. 2. Ein angesehener Mann, der ein *neues* System (von den unzählig vielen modern-philosophischen) ersonnen und ausgearbeitet hat. Er hat nur eine sehr kleine Zahl von Schülern. Ist als Lehrer ohne nennenswerthe Wirksamkeit. Die *weitaus größere* Hörerzahl in Zürich hat KYM.

Ad. 4. Ein tüchtiger Mann aber ohne Lehrbefähigung. Seine Vorlesungen liest er mechanisch aus seinen Heften ab. Er ist extremer Neukantianer und Schüler des jüdischen KANTphilologen HERMANN COHEN. Er ist, bei hoher Rechtschaffenheit, ein, wegen seiner Reizbarkeit, schwieriger, unverträglicher College.

Ad. 5. Hat zu Anfang der 80er Jahre ein Buch über Darwinismus, seitdem nichts andres geschrieben. Ist vermuthlich Jude und radikal liberal in jeder Beziehung.

Ad. 6. Aesthetiker; ohne naturwiss. Vorbildung; recht unbedeutend.

Ad. 7. War früher in Tokio; ist keine erhebliche wissenschaftliche Kraft, da in Marburg Cohen und Natorp sogar seine Habilitation nicht zulassen wollten, die nur durch den Philos. Bergmann auf Druck von oben (Althoff) durchgesetzt worden ist.

In der Hoffnung, Ihnen mit diesen Daten ein wenig nützlich zu sein, zu jeder weiteren Auskunft stets gern bereit, Ihr

hochachtungsvoll ergebenster

G. C.»

Quelle: [3], Nr. 18, p. 108–109.

Nr. 31

Auszug aus einem Brief Cantors an C. A. Valson (undatiert; vermutlich 1886)

«Die Beantwortung Ihres liebenswürdigen Schreibens v. 18. Jan. 86 habe ich deshalb verzögert, weil es meine Absicht war, ausführlich zu antworten; leider bin ich dazu noch immer zu sehr mit vielerlei Arbeiten überhäuft und ich will daher nicht mehr warten, indem ich Ihnen meinen verbindlichsten Dank für das ebenso ehrenvolle, wie interessante Geschenk Ihres Werkes über André Marie Ampère, sowie auch für Ihren Brief hiermit ausspreche. Der *Discours préliminaire* in Ihrem Buch wird mich nicht weniger fesseln, als der übrige Theil, weil ich, wie Sie wissen, den Werth aller Anstrengungen zu schätzen weiss, welche darauf gerichtet sind, die Wissenschaft auf einen idealeren Standpunct zu erheben, als sie durch den puren Rationalismus erlangen kann, der von den glänzenden Talenten eines Lagrange, Laplace, Gauss etc. zur Ausbildung und Blüthe geführt worden ist und dessen Einfluss sich selbst Cauchy und viele andere, noch heute lebende Geometer, bei denen der Herzenszug, wenn ich mich so ausdrücken darf, nach einer andern Seite geht, nicht ganz zu entziehen gewusst haben. Ueber dieses Alles könnte ich viel sagen, beschränke mich aber auf das Eine, dass, meiner Ueberzeugung nach, die grosse Leistung Newtons, die *Principia mathematica philosophiae naturalis*, an welche sich die ganze neuere Entwicklung der Mathematik und mathem. Physik anschliesst, in Folge grober metaphysischer Mängel und Verkehrtheiten seines Systemes, gegen die wohlmeinenden Absichten des Urhebers, als die eigentliche Ursache des zu einer Art Monstrum gediehenen, im strahlenden Gewande der

Wissenschaft stolzierenden Materialismus oder Positivismus der Gegenwart anzusehen ist. So sehen wir, dass die grösste Leistung eines Genies trotz subjectiver Religiosität des Autors, wenn sie nicht mit wahrem philosophischen und historischen Geiste vereint ist, zu Wirkungen führt und, ich behaupte sogar, nothwendig führen muss, bei denen es höchst fraglich erscheint, ob nicht das Gute an ihnen von dem Bösen, das sie gleichzeitig dem menschlichen Geschlecht zuführen, bedeutend übertroffen wird; und zu dem *Allerbösesten* scheinen mir die Irrthümer des für «positiv» sich haltenden auf NEWTON, KANT, COMTE und andere sich berufenden modernen Skeptizismus zu gehören.»

Quelle: [3], Nr. 16, p. 43–44.

Nr. 32
Auszug aus einem Brief CANTORS an TH. ESSER vom 25.12.1895.

«Versuche, die ich schon vor vielen Jahren und neuerdings wiederholt gemacht habe, Mitglieder der deutschen Provinz der S.J. zu einer solchen vertraulichen wissenschaftlichen Correspondenz über das Actual-unendliche zu veranlassen, sind, obgleich viele von ihnen meine Arbeiten seit mindestens zehn Jahren kennen und in Händen haben, ohne jeden Erfolg geblieben, während doch der hochselige Cardinal J. B. FRANZELIN S.J. in seinen gerade vor 10 Jahren an mich gerichteten Briefen auf die Bedeutung der Frage für Theologie und Philosophie deutlich genug hingewiesen hat. Dies ändert zwar an meinen liebevollen Gesinnungen zu der Gesellsch. Jesu und ihren deutschen Brüdern nicht das Geringste. Immerhin wundere ich mich aber doch sehr über dieses Verhalten und ich staune umso mehr, als die *Philos. naturalis* des P. TILMANN PESCH S.J. von mir, wie Sie gesehen haben werden, in meiner Schrift *Zur Lehre vom Transfiniten*, bei aller Hochachtung, die ich diesem Pater zolle, *mehrfach ausdrücklich angegriffen* worden ist. Und als P. JOS. HONTHEIM's *Inst. Theodicaeae* herauskamen, schrieb ich auch diesem einen 4 Folioseiten langen Brief mit Bedenken gegen seine gewagte Interpretation des S. THOMAS. Er war damals gerade in England durch asketische Uebungen und Studien in Anspruch genommen und antwortete dementsprechend jede Erörterung ablehnend. Allein seitdem sind doch schon zwei Jahre vergangen, in denen er sich gewiss hätte Zeit nehmen können, auf meine Gründe einzugehen. *So lange die Welt steht sind noch niemals sachliche Gründe durch bloßes Schweigen widerlegt worden.*»

Quelle: [3], Nr. 18, p. 80–81.

Nr. 33
Auszug aus einem Brief CANTORS an Prof. ALOYS SCHMID vom 5. 8. 1887

«Wie aus meinem Brief v. 26.ten März d. J. ersichtlich, stimme ich mit Ew. Hochwürden in der Annahme eines zeitlichen Weltanfangs durchaus überein. Von jeher habe ich das entgegengesetzte Dogma der heutigen Naturwissenschaft für ein die gesunde Vernunft im höchsten Grade verletzendes gehalten; und es lässt sich nachweisen, dass mit dem monströsen Ungedanken einer unendlichen verflossenen Zeit oder wie man ihn mißbräuchlich auszudrücken pflegt, der Ewigkeit der Welt resp. ihrer Materie unzählig viele krankhafte Erscheinungen der neueren Zeit und ihrer Wissenschaft zusammenhängen. Daher begreife und achte ich die vielen Versuche, welche von jeher in der christl. Philos. gemacht worden sind, um auf rein demonstrativem Wege die Endlichkeit der verflossenen Zeitdauer und damit den von der Gegenwart nur endlich entfernten Weltanfang zu beweisen. Allein die bisherigen Beweise gründen sich, soweit sie mir bekannt sind, auf die vermeintliche Unmöglichkeit der bestimmt-unendlichen Zahlen, also auf ein ebenso unhaltbares, die absolute Perfection des höchsten Seins bedrohendes Dogma, gegen welches S. THOMAS in seinem *opusc. de aeternitate mundi* aufgetreten ist. Daher berief ich mich in jenem Briefe auf S. THOM. und meinte, daß ein *solcher* auf die angebliche Unmöglichkeit bestimmt unendlicher Zahlen und Mengen sich stützender Beweis nicht geführt werden könne; ebenso sprach ich mich energisch in dem kleinen Aufsatze *Über die verschiedenen Standpuncte in Bezug auf das A.U.* gegen alle *derartigen* Beweisversuche aus. Dies schließt keineswegs aus, daß auf andere Weise die zeitliche Endlichkeit der Schöpfung rationell, wenn auch nicht pure mathematisch, demonstrirt werden könne oder selbst müße. Ich befinde mich daher in Uebereinstimmung mit Ew. Hochwürden, wenn Sie sagen, daß die Lehre des S. THOMAS, wonach eine anfanglose Bewegung und Zeit *möglich* gewesen wäre (*S. th.* q. 46, a. 2, concl. ...) einer Correctur bedürfe. Man darf wohl annehmen, daß S. THOMAS in diese Conclusion durch die tiefernste Ueberzeugung getrieben worden ist, daß alle Angriffe gegen die actual unendlich großen Zahlen mit Ausnahme seiner beiden, in meinem jüngsten Schriftchen pag. 36 [[28], S. 404 – W. P.] berücksichtigten Argumente (für welche er aber bei Atheisten resp. Heiden kein Verständnis voraussetzen durfte) mit Leichtigkeit zurückgewiesen werden können.

Pag. 41 [[28], S. 408 – W. P.] heißt es bei mir mit Bezug auf einen ganz andern Gegenstand: «Die Thatsache der act. unendl. großen Zahl ist sowenig ein Grund für die Existenz act. unendlich kleiner Grössen, daß vielmehr gerade mit Hülfe der ersteren die Unmöglichkeit der letzteren bewiesen wird.»

Ganz ähnlich kann ich hier sagen:

Die Thatsache der act. unendl. grossen Zahlen ist sowenig ein Grund für die Möglichkeit einer a parte ante unendlichen Dauer der Welt, daß vielmehr mit Hülfe der Theorie der transfiniten Zahlen die Nothwendigkeit eines von der Gegenwart in endlicher Ferne gelegenen Anfangs der Bewegung und Zeit bewiesen werden kann. Die ausführliche Begründung dieses Satzes verschiebe ich auf eine andere Gelegenheit, da ich Ihnen den frohen Ferienanfang nicht mit mathematisch-metaphysischen Erwägungen beschweren möchte.»

Quelle: [3], Nr. 16, p. 130–131.

Nr. 34

Auszüge aus Briefen von W. Dyck an F. Klein, die Gründung der *DMV* betreffend.

(Quelle: [4], VIII, Nummern bei den jeweiligen Auszügen)

Dyck an Klein vom 9. 5. 1890 (Nr. 679).

«Wie steht es mit Ihren Plänen *Bremen* betr.? Ich war etwas verwundert, daß Cantor kürzlich das ganze privatim seiner Zeit verfaßte Protocoll nun autographirt versandt hat (ich vermuthe, dass Sie dasselbe auch bekommen haben?). Doch hat es ja vielleicht die Wirkung, daß der Inhalt des erstversandten Schriftstückes etwas erläutert und die Sache neuerdings besprochen wird.»

Dyck an Klein vom 7. 6. 1890 (Nr. 680):

«Besten Dank für Ihre Nachrichten die Naturforscherversammlung betreffend. Wir Münchener Besucher der Heidelberger Versammlung (Burmester, Pringsheim, Voss und ich) haben an Cantor ein gemeinschaftliches Schreiben geschickt mit einigen Vorschlägen, die ich

Ihnen beiliegend (mit der Bitte um gelegentliche Rücksendung) in Abschrift zuschicke.»

DYCK an KLEIN vom 22.6.1890 (Nr. 681):

«Inzwischen hat mir auch G. CANTOR geschrieben. Er findet Bedenken darin, daß so wenige der in Heidelberg anwesenden Herren ihm auf seine Aufforderung geantwortet. Ich hoffe aber doch, daß er sich dadurch nicht abhalten lassen wird, das Referat über die Sache in Bremen zu übernehmen. ... Jedenfalls scheint mir wichtig, daß CANTOR sich entschließt, das Referat über die geplante Organisation auf die im Juli zu versendende Tagesordnung zu setzen, sonst könnten bedächtige Leute (wie z.B. KÖNIGSBERGER) wieder finden, daß man «irgend etwas irgendwie bindendes» überhaupt nicht beschließen könne.

Was den Anschluß an die *Naturforscher-Versammlung* betr. so glaube ich hat CANTOR überhaupt eine *Deutsche Mathematische Gesellschaft* nach Art der Pariser *Societé math. de France* im Auge. Auch ich glaube, daß es besser ist, sich zunächst an die Organisation der Naturforscherversammlung zu halten, besonders weil es doch wol nur so möglich sein wird, Fühlung mit den Physikern zu behalten. Aber es ist zu erwägen, wie es möglich sein wird in dieser Form Interesse und Beteiligung an der Vereinigung auch bei denen zu gewinnen, welche eine specielle Versammlung *nicht* mitmachen. Etwa doch dadurch, daß die Publicationen der Gesellschaft besonders (und jedenfalls getrennt von dem Tageblatt der Naturforscherversammlung) erscheinen.»

DYCK an KLEIN vom 30.6.1890 (Nr. 682):

«Neulich schrieb ich wieder an G. CANTOR. Er ist etwas ungehalten, daß die Heidelberger Theilnehmer noch immer nicht schreiben. Besonderen Werth würde er auf die directe Nachricht von H. WEBER legen – vielleicht haben Sie Gelegenheit zu einer diesbezüglichen Andeutung. Indeß scheint mir eine Schwierigkeit, daß CANTOR über die Sache in Bremen deshalb nicht sollte referiren können, keineswegs zu erwachsen. Bei dieser Gelegenheit schrieb ich auch, daß ich ebenfalls glaube, wir sollten uns zunächst (noch) nicht von der Naturforscherversammlung trennen. Je anspruchsloser die Sache auftritt, umso weniger werden wir uns einer Enttäuschung aussetzen.»

DYCK an KLEIN vom 20. 7. 1890 (Nr. 682a):

«Die Bremer Versammlung betr. sind wir Münchner jetzt sehr herabgestimmt. G. CANTOR hat die bei ihm eingelaufene Correspondenz uns zur Ansicht mitgeteilt; aus Ihren Briefen an C. ersehe ich, daß Sie von derselben ebenfalls Kenntnis haben. Es ist recht entmutigend, überall nur dilatorisches Verhalten zu treffen; der Anfang in Bremen wird recht bescheiden sein müssen und nur wenn der darauffolgende Versammlungsort sehr gut liegt, wird auf einen grösseren Anteil zu rechnen sein – wenn nicht inzwischen durch alle möglichen separaten Anschauungen und gegenseitiges Mißtrauen die ganze Sache glücklich wieder aus dem Leim gegangen ist. G. CANTOR regt sich über WEBER auf und vermuthet da allerlei Hintergedanken. Ich schrieb C. darauf, daß ich davon durchaus nichts glaube; vielmehr der Ansicht bin, W. hat mit gewisser Gleichgültigkeit der Sache gegenüber sich überhaupt noch keine weiteren bestimmten Anschauungen gebildet und es einfach verbummelt zu schreiben. ... Die jungen Berliner Docenten scheinen sich, nach einer Nachricht von CANTOR *völlig* indolent zu verhalten. Auch die Dresdner – KRAUSE hatte im vergangenen Herbst sehr für die Sache sich ereifert – ziehen gar nicht mehr und werden sämmtlich nicht erscheinen. A. MAYER schrieb aber, daß er komme. PRINGSHEIM will kommen, aber VOSS ist mir sehr zweifelhaft geworden. Sogar CANTOR schrieb mir in einem seiner Briefe, er wolle möglicherweise die ganze Correspondenz und Bericht über unsere Wünsche nun andern übergeben und auf Bremen verzichten!

Es sieht recht wenig versprechend aus.»

DYCK an KLEIN vom 13. 8. 1890 (Nr. 684):

«Ihr letzter Brief traf mich gerade in großer Depression, die Bremer Versammlung betreffend, die durch Gespräche mit VOSS noch erhöht worden sind. VOSS befürchtet eine neue Spaltung der deutschen Mathematik und ein Fiasco des ganzen Unternehmens. So schwarz sehe ich nun nicht, aber ein Bedenken habe ich, das nun auch durch VOSS's Verhalten klar geworden ist. Wenn wir, auch in bescheidenen Grenzen zunächst [d.h. ohne die weitgehenden und etwas zu grossartig aussehenden Pläne CANTORS zu berühren], etwas *Bestand* versprechendes schaffen wollen, so kommts *wesentlich* darauf an, wer in die Commission gewählt wird. Das müssen Leute sein ohne zu bestimmte Parteifarbe, aber von wissenschaftlicher Bedeutung und etwas praktischem Blick. ... Mit CANTOR habe ich in der letzten Zeit verschiedene Briefe gewechselt. C. will zu viel auf einmal. So wünschenswert es wäre, wenn wir eine für sich bestehende (etwa mathematisch-physicalische) Gesellschaft ins Leben rufen könnten, das ist für jetzt völlig aussichtslos; man muß sich zunächst auf den Anschluß an die *Naturforscherversammlung* beschränken und nur von da aus können, wenn die Sache sich lebensfähig zeigt, weitere Pläne sich entwickeln. Das ist ungefähr der Sinn, in dem ich an CANTOR wiederholt geschrieben.»

Nr. 35

Brief CANTORS an K. HENSEL vom 5. 9. 1891 (HENSEL war 1891 noch Privatdozent)

«Geehrter Herr College.

Mit Vergnügen nehme ich die Anmeldung Ihres Vortrages *Ueber die Fundamentalaufgabe der Theorie der algebraischen Functionen* entgegen und hoffe demselben noch eine für Sie bequem gelegene Stelle in unserem Programm verschaffen zu können, welches ja erst im Verlauf der Verhandlungen seine definitive Gestalt erhalten wird. Allerdings werden Sie sich auf ein kürzeres Resümé Ihrer Arbeit einzurichten haben, da wir wegen der großen Zahl der angemeldeten Vorträge (abgesehen von den beiden Referaten, die natürlich mehr Zeit in Anspruch nehmen) die Vortragszeit für jeden Vortragenden auf höchstens 20 Minuten einzuschränken gezwungen sind. Dagegen wird Ihr Vortrag *in extenso* in unserm *Bericht der Vereinigung deutscher Mathematiker* (Verlag von Reimer – Berlin) sehr bald erscheinen können, womit Sie hoffentlich einverstanden sind.

Sollten Sie noch keine Wohnung haben, bin ich gerne bereit Ihnen dieselbe zu verschaffen; wollen Sie mir dann nur die Zahl der Zimmer und Betten angeben. Ich empfehle Ihnen dazu das 10 Minuten mit Pferdebahn von Halle erreichbare *Bad Wittekind,* wo man comfortabel, ruhig, frei und ungenirt wohnen kann.

Auf Montag d. 21ten Sept. erlaube ich mir, zugleich im Namen meiner Frau, Sie und die Sie etwa begleitenden Damen zu einem einfachen Mittagessen um 5 Uhr in unserem Hause einzuladen.

Mit bestem Gruß hochachtungsvoll
Ihr ergebenster G. CANTOR.»

Quelle: [3], Nr. 17, p. 76–77.

Nr. 36

Auszug aus einem Brief CANTORS an den Verleger C. L. HIRSCHFELD (Leipzig) vom 14. 7. 1891

«Wie ich Ihnen gestern sagte, ist von mir im vorigen Jahre eine *Vereinigung deutscher Mathematiker* ins Leben gerufen worden, welche sich an die *Naturforschergesellschaft* eng anschließt und jetzt bereits gegen 200 Mitglieder zählt, darunter die angesehendsten und arbeitsamsten Fachgenossen Deutschlands. Das Nähere ersehen Sie aus beifolgendem Aufruf, den wir zu Ende vorigen Jahres versandt haben und aus dem Mitgliederverzeichniß, das ich Ihnen schicke....

Wir werden nun jedes Jahr unter dem Titel *Jahresbericht der Vereinigung deutscher Mathematiker* einen Band veröffentlichen, in welchem sowohl die besten der auf unsrer Jahresversammlung gehaltenen mathematischen Vorträge, wie auch sonstige von Mitgliedern der Vereinigung eingesandte und von der Redaction angenommene wissenschaftliche Mittheilungen zum Abdruck kommen sollen.

Die Redaction soll von dem aus fünf Personen bestehenden Vorstand ohne Anspruch auf Honorar (nur mit Erstattung der Unkosten) geführt werden, für den es also bloße Ehrensache werden wird.

Dagegen wünsche ich, daß den beitragenden Mitgliedern ein nach Möglichkeit hohes Honorar gezahlt werde.

Die Redaction wird alsdann ein *doppeltes* Recht gewinnen, den strengsten Maaßstab an die zu veröffentlichenden Arbeiten zu legen.

Auf diese Weise wird sicher die vornehmste mathematische Zeitschrift gewonnen werden, welche aller Voraussicht nach im In und Auslande sehr begehrt sein wird.

Der ganze Plan ist noch Geheimniß und bitte ich in Bezug auf denselben die strengste Verschwiegenheit zu wahren.

Mein Freund Prof. LAMPE (Berlin) ist nun zwar mit einem bekannten Verleger in Unterhandlungen eingetreten; allein es ist noch nichts in der Sache entschieden und ich meinerseits bin bisher in keinerlei Verkehr mit einem Verleger in dieser Angelegenheit getreten.

In dieser Woche, wie gesagt, hoffe ich noch einmal nach Leipzig zu kommen und werde dann Ihre Ansichten über meinen Plan vernehmen.»

Quelle: [3], Nr. 17, p. 58–59.

Nr. 37

Auszug aus einem Brief von W. DYCK an F. KLEIN vom 12. (14.) 10. 1890

«Eben erhalte ich von G. CANTOR die beiliegende Karte (die ich Sie gelegentlich mal wieder zurückzusenden bitte)

(fortgesetzt 14. Oktober)

Nur soweit war ich neulich gekommen, dann habe ich absichtlich den Brief aufgeschoben. Meine erste Stimmung über den CANTORschen Vorschlag war der einer freudigen Zustimmung zu dem Plane – und in diesem Sinne schrieb ich auch gleich an CANTOR.

Dann – ich will Ihnen ganz offen schreiben – kamen aber die Bedenken: Wird es den wissenschaftlichen Absichten unserer Vereinigung förderlich sein, wenn wir gleich in einer ersten Versammlung uns auch schon an ein *weiteres* Publicum richten. Es ist richtig, die völlige Ignorirung unserer Wissenschaft in Bremen fordert dazu heraus. Wird aber der Schritt in dem engeren Kreise unserer Fachgenossen nicht wieder allerlei Mißdeutungen erfahren und damit den an sich so klar und einfach liegenden anspruchslosen Bestrebungen unserer Vereinigung selbst hinderlich sein? Und weiter wird dies nicht gerade der Fall sein, wenn Sie mit dieser nicht streng wissenschaftlichen Aufgabe – an ein weiteres Publicum und damit an eine öffentliche Beurteilung sich zu wenden – betraut sind.

Das ist das zweite Stadium meiner Ueberlegung gewesen. Und nun das dritte: Gerade Sie sind auf der andern Seite wieder derjenige, der unter der Festhaltung der streng wissenschaftlichen Principien es vermag auch einem weiteren Publicum Interesse für unsere Aufgaben und Ziele zu erwecken. Wenn *Sie* also – Sie kennen ja alle die Bedenken, die ich Ihnen ganz offen geschrieben, viel besser als ich – sich entschliessen können, sich der sicher verdienstlichen Aufgabe zu unterziehen, so wird die Sache gut. Wenn Sie das aber nicht können, dann sähe ich diesen populären Vortrag lieber *noch* nicht auf der Tagesordnung. Er kann dann in einem späteren Jahre sehr nützlich und sehr angebracht sein; *jetzt* aber wüßte ich außer Ihnen Niemanden, der die Aufgabe jetzt in der richtigen Form lösen könnte.»

Quelle: [4], VIII, Nr. 687.

Anmerkung: F. KLEIN hat in Halle einen solchen Vortrag nicht gehalten; er sprach zum Thema *Ueber neuere englische Arbeiten zur Mechanik.*

Nr. 38

Auszug aus einem Brief CANTORS an W. THOMÉ vom 21. 9. 1891

«Daß er [KRONECKER – W. P.] seit zwanzig Jahren meine mathematischen Arbeiten und damit mich selbst schlecht zu machen sucht, ist mir längst bekannt gewesen, ebenso auch, daß er begünstigt durch die servile Denkungsart des Gros der Mathematiker mit diesen Nichtswürdigkeiten meine wissenschaftliche Stellung geschädigt und mir daher großen materiellen Schaden zugefügt hat, namentlich damals, als er in H. A. SCHWARZ einen Executor seiner Willensmeinungen hatte.

Nichtsdestoweniger hatte ich ihm aus Rücksicht auf sein Alter und die Stellung, welche er sich gemacht hat, die Ehre zu Theil werden lassen, daß er den Eröffnungsvortrag halten sollte. Diese Abmachung datirt von den Osterferien.

Da wäre doch für einige Monate Suspension seiner Feindseligkeiten gegen mich am Platze gewesen! Allein im Gegentheil: aus einer Nachschrift seines Publicums über den Zahlbegriff, welches er im Sommersemester gelesen hat, die mir zufällig in die Hände gekommen und in meinen Besitz übergegangen ist, geht urkundlich hervor, daß er in der boshaftesten Weise und *ohne einen Schein wissenschaftlicher Begründung* meine im *Crelleschen Journal* veröffentlichten Arbeiten vor seinen unreifen Zuhörern als «Mathematische Sophistik» denuncirt hat.

Die ganze Vorlesung ist ein wirres oberflächliches Gemisch von unverdauten Ideen, Prahlereien, unmotivirten Schimpfereien und faulen Witzen.»

Quelle: [3], Nr. 17, p. 73–74.

Nr. 39

Brief CANTORS an W. DYCK vom 7.9.1892

«Sehr geehrter Herr College.
Besten Dank für Ihr ausführliches Schreiben v. 3.ten Sept., in welchem Sie die Vorgänge mittheilen, welche zu der beklagenswerthen Absage der Mathematikerversammlung in diesem Jahre geführt haben. Ich schicke Ihnen Ihr Schreiben zugleich mit unserm letzten Rundschreiben zur weiteren Circulation auf Ihren Wunsch anbei zurück.

Meiner Meinung nach ist die Abhaltung der Vereinigung und Ausstellung [es war eine Ausstellung mathematischer Modelle geplant – W. P.] in diesem Jahre nicht mehr möglich, nachdem Sie die Absage *in optima forma* am 1.ten Sept. ausgesandt und in derselben von einem etwaigen Aufschub keine Rede war. Dazu kommen die von Collegen Nöther ausgeführten, von Ihnen sub VI Ihres Schreibens wiedergegebenen Gründe. In unserer Constitution, nach welcher wir von der Naturforsch. Gesellschaft in allem Wesentlichen unabhängig dastehen (besondere Versammlungen unserer Vereinigung sind statuarisch nicht ausgeschlossen), würde ein Hinderungsgrund für die Abh. einer besonderen Versammlung nicht vorhanden sein. Nichtsdestoweniger erscheint mir im Augenblicke die Osterzeit dazu nicht geeignet; doch mag das für und wider in dieser Frage von uns erwogen werden, falls Sie an uns den formellen Antrag stellen wollen, die Versammlung und Ausstellung in die soeben erwähnte Zeit (doch wohl nicht mehr nach Nürnberg, sondern in die dazu viel geeignetere schöne Hauptstadt Baierns) zu verlegen.

Da in Ihrer Auseinandersetzung meine Person nicht unberücksichtigt geblieben ist, so wollen Sie gütigst gestatten, daß ich Ihre Darstellung durch einige Bemerkungen ergänze und daß dieser Brief neben dem Ihrigen in unserm Vorstande circulire, weil unsere Collegen sonst kein vollständiges Bild von der Tragödie erhalten würden, ähnlich wie bei einem Stereoscop zwei etwas verschiedene Bilder nothwendig sind, um die richtige Vorstellung des räumlichen Gegenstandes im Beschauer hervorzubringen.

Nach II Ihres Schreibens unterliegt es keinem Zweifel, daß die Sache mit *Nürnberg* nicht aufrecht zu halten war; dafür tragen die Nürnberger die Verantwortung und sonst Niemand.

Ad III. Das Telegramm, welches Sie an Gordan, Klein, Lampe sandten und auch an meine Wenigkeit zu senden die Güte hatten und worin eine Aufforderung zur Meinungsaeusserung über die eventuelle Nothwendigkeit einer Absage auf Grund der von Ihnen bezeichneten damaligen Situation enthalten war, ist an mich am 31.ten Aug. um 6 Uhr 45 Min. (ich weiß nicht ob Vormittags oder Nachmittags, was aber hier gleichgültig ist) nach Flins geschickt worden, konnte aber, wie Sie aus meinem Interlakener Telegramm wissen mußten, nicht vor dem 1.ten Sept. Abends in meine Hände kommen, weil ich am 31.ten Aug. Interlaken verlassen, in Zürich übernachtet (hier den Züricher Collegen auf Grund Ihres beifolgenden Schreibens v. 29.ten Aug. und meiner Uebereinstimmung mit Ihrem damaligen Standpuncte die Aufrechterhaltung unserer Versammlung, trotz Absage der Naturf.vers. mitgetheilt) habe und am 1.ten Sept. hierher gereist bin, wo ich ½ 7 Uhr Abends ankam. Darauf telegraphirte ich Ihnen sofort: «Absage aufschieben, Brief folgt.» Sofort setzte ich mich hin, und schrieb Ihnen meinen Brief v. 1.ten Sept. worin ich den Vorschlag machte, die Versammlung einfach nach München, wenn auch eventuell mit angemessenem Aufschub zu verlegen. Am andern Morgen, also am 2.ten Sept. sorgte ich für ein Telegramm an Sie, in welchem ich Sie schon vor Eintreffen meines eben erwähnten Briefes von dem springenden Puncte desselben, nämlich von meinem Vorschlag München betreffend pflichtschuldigst benachrichtigte. Alle diese drei Kundgebungen geschahen jedoch zu Zeiten, wo bereits ohne mein Wissen und gegen meinen Willen die verhängnisvolle Entscheidung gefällt und nicht mehr zu redressiren war.

Es scheinen mir daher die von Ihnen sub. VI angeführten Schritte nicht mehr nothwendig gewesen zu sein; dieselben mußten bei allen den von Ihnen über meinen Vorschlag benachrichtigten Herren Collegen die Vorstellung erwecken, daß die Leitung des Vorstandes und der deutschen Mathematikervereinigung in den Händen eines gänzlich unbesonnenen und hartnäckig eigensinnigen Menschen sich befinde, während die Züricher Collegen, von denen ich Ihnen vorhin schrieb (STERN, FROBENIUS, RUDIO, wozu auch REYE hinzukommt) die vielleicht richtigere Anschauung erhalten haben müssen, daß ich im Vorstande eine Null repräsentire, über deren Kopf hinweg die wichtigsten Entschlüsse gefaßt werden, was in dem ganzen Trauerspiel, allerdings auf meine Kosten, ein komisches Intermezzo mit erheiternder Wirkung darstellt.

Auf der zweiten Seite unten des dritten Bogens Ihres Schreibens weisen Sie mir einen Standpunct zu, den ich nicht habe, nämlich die Ansicht, daß wir *verpflichtet* seien unter *allen Umständen* die Versammlung abzuhalten, während ich in meinem Schreiben vom 1.ten Sept. diese Verpflichtung nur in dem Falle anerkenne, *daß nicht zwingende Gründe* dagegen wären.

Ich bleibe noch ungefähr acht Tage hier, und komme dann auf mehrere Tage zum Besuch meiner Verwandten nach München. Sollten Sie dann in München anwesend sein, so werde ich mir erlauben, Sie zu begrüßen.

Hochachtungsvoll
Ihr ergebener G. CANTOR.»

Quelle: [3], Nr. 17, p. 104–106.

Nr. 40

Auszüge aus Briefen CANTORS, die Frage der internationalen Mathematikerkongresse betreffend.

1. Cantor an Vassilief vom 4.7.1894:

«Nun sind Sie selbst in der Lage, die Freude zu beurtheilen, welche mir Ihr Schreiben bereitet hat. Besonders aber wird dieselbe noch dadurch erhöht, daß mir in Ihnen ein begeisterter Vertreter der *«internationalen Mathematiker-Congress-Idee»* entgegentritt.

Ich selbst habe diese Idee gewissermaaßen schon seit fünf Jahren; um ihrer Verwirklichung vorzuarbeiten, habe ich im Sept. 1889 auf der Naturforscherversammlung zu Heidelberg den Anstoß zur Gründung der *Deutschen Mathematiker-Vereinigung* gegeben. Dieses Werk ist, wie Ihnen bekannt sein wird, vollkommen geglückt. Ich stand dieser Gesellschaft einige Jahre vor, bin aber im vorigen Sommer vom Vorstande zurückgetreten, weil ich die Ueberzeugung habe, daß die Leitung auf's Beste auch ohne mich besorgt wird.»

Quelle: [3], Nr. 17, p. 132.

2. Cantor an Laisant vom 25.4.1895:

«Wie geht es mit unserem Plane der internationalen Mathematikercongresse? Bei Gelegenheit der Centenarfeier der *Ecole normale* wird die Sache zur Sprache gekommen sein.

Aus den Zeitungen habe ich gesehen, daß Hermann «Amandus» Schwarz auch dagewesen ist; ebenso Fuchs. Der «große» Felix Klein soll sich übrigens sehr für die Congressidee interessiren.»

Quelle: [3], Nr. 17, S. 141.

3. Cantor an Klein vom 16.9.1895:

«Ein großes Interesse nehme ich an der in Wien hervorgetretenen Idee, sich mit den mathematischen Gesellschaften der übrigen Länder gelegentlich zu internationalen Congressen zu vereinigen und zu diesem Zweck zunächst eine constituirende Versammlung im Jahre 1897 in Zürich, dann etwa im Jahre 1900 den ersten wirklichen Congress in Paris abzuhalten.

Durch ein solches Entgegenkommen den französischen Collegen gegenüber vergeben wir uns m. E. nichts, tragen dagegen zur entente cordiale der Völker wesentlich bei und dienen damit der Wissenschaft.»

Quelle: [4], VIII, Nr. 452.

4. CANTOR an LAISANT vom 22.9.1895

«Es würde mir sehr lieb sein, von Ihnen zu hören, welche Fortschritte die Congreßidee bei Ihnen in Frankreich gemacht hat. Ich muß Ihnen nämlich gestehen, daß ich in dieser Sache keineswegs müßig gewesen, sondern, natürlich mit der nöthigen Vorsicht, in Deutschland dafür thätig gewesen bin. Vor einer Woche bin ich sogar soweit gegangen, den in Lübeck versammelten deutschen Mathematikern brieflich von hier aus, gerade zu den Vorschlag zu machen

1) Die *constituierende* Versammlung 1897 in Zürich abzuhalten (wozu mehr Neigung ist als für Brüssel)

2) Den *ersten wirklichen Congreß* 1900 in Paris bei Gelegenheit der dortigen Weltausstellung zu arrangiren.

Ich werde nächstens erfahren, welchen Eindruck diese Proposition dort gemacht hat und Ihnen dann darüber schreiben.»

Quelle: [3], Nr. 17, p. 188.

5. CANTOR an POINCARÉ vom 15.12.1895:

«Unser letztes Wort bei Ihrer Abfahrt auf dem Bahnhofe in Halle war: «Auf Wiedersehen in Zürich im Herbst 1897 zum constituirenden internationalen Mathematikercongreß.» In Anknüpfung hieran möchte ich die Frage an Sie richten, ob es Ihnen wohl recht wäre, wenn Sie und ich jetzt in einen Ideenaustausch *über die Ziele und Aufgaben und die zweckmäßigste Art der Verwirklichung der «Internationalen Mathematikercongresse»* eintreten?»

Quelle: [3], Nr. 18, p. 70.

6. CANTOR an POINCARÉ vom 22.1.1896:

«In dem Bericht über die Jahresvers. [der *DMV* – W.P.] in Lübeck (1895) finden wir:

«In Bezug auf den geplanten internationalen Mathematikercongreß konnte die Versammlung nur die im Vorjahre zum Ausdruck gekommene Meinung dahin präzisiren, daß die Versammlung einem derartigen Unternehmen sympathisch gegenüberstehe, jedoch nicht die Initiative ergreifen wolle.»

Sie sehen also, daß die Initiative von anderer Seite ergriffen werden muß, und ich meine, es müßte dies von französischer Seite ausgehen, wobei ich aber, wie Sie wissen, dafür bin, daß man von Paris aus schon jetzt an die verschiedenen Organisationen in Deutschland, England, Rußland, Italien etc. etc. ein Circular richtet mit der Frage, ob sie geneigt wären, im Herbst des Jahres 1897 Delegirte zu einer *constituirenden Versammlung* zu entsenden, um daselbst eine angemessene internationale Institution und Organisation zu schaffen, die alle 3 bis 5 Jahre eine internationale Mathematikerversammlung arrangirt. *Erst bei dieser Gelegenheit* (1897) wird dann die Frage nach dem ersten Versammlungsorte officiell aufzuwerfen sein; und dann unterliegt es für mich keinem Zweifel, daß dazu Paris gewählt werden wird. Uebrigens lege ich Werth darauf, daß bereits im September dieses Jahres 1896 ausländische Mathematiker die Versammlung der *Deutschen Mathematikervereinigung* in Frankfurt am Main mitmachen, um Vorbesprechungen für die internationale Constituante von 1897 zu pflegen. Ich bitte Sie sehr darum, dies in Frankreich zu befürworten. Ich werde das Meinige thun, um russische, englische und italienische Collegen hierfür zu gewinnen.»

Quelle: [3], Nr. 18, p. 124–125.

Nr. 41

Brief CANTORS an F. ALTHOFF, Oberregierungsrat im Preußischen Kultusministerium, vom 30. 1. 1896

«Hochwohlgeboren

Hochgeehrter Herr Geheimrath

Unter Hinweis auf eine Unterredung, die ich mit Euer Hochwohlgeboren im November vorigen Jahres hatte, erlaube ich mir, Ihnen den Wunsch auszusprechen, daß mir für einen, wissenschaftlichen Zwekken dienenden mehrmonatigen Aufenthalt in Italien und Frankreich vom hohen Ministerium ein Reisestipendium von fünfzehnhundert Mark gewährt, sowie auch vom 1ten März dieses Jahres an und für das nächste Sommersemester ein Urlaub bewilligt werde.

Ich stehe nun im 54ten Semester meiner Lehrthätigkeit in Halle und es würde das erste Mal sein, daß ich diese Wirksamkeit unterbräche.

Meine wissenschaftlichen Arbeiten haben mich seit 25 Jahren in enge Beziehungen zu Gelehrten beider Länder gesetzt und gerade jetzt wieder, nachdem ich vor einigen Monaten die Herausgabe einer größeren Arbeit in den *Mathematischen Annalen* begonnen habe, wird gleichzeitig sowohl eine italienische, wie auch eine französische Ausgabe derselben von dortigen Professoren ausgeführt.

Noch in einer anderen Hinsicht würde es mir wichtig sein, mich mit meinen Fachgenossen in Italien und Frankreich persönlich besprechen zu können. Allerorts wird seit einigen Jahren ernsthaft die Einrichtung von alle drei bis fünf Jahre regelmäßig wiederkehrenden internationalen Mathematikercongressen geplant. Die Idee dazu geht ursprünglich von mir aus, wie ich ja auch die seit fünf Jahren bestehende *Deutsche Mathematikervereinigung* in's Leben gerufen habe. Es ist in Aussicht genommen, die Constituirung und Organisirung dieser *Internatinalen Mathematikervereinigung* im Herbst des Jahres 1897 in Zürich oder Brüssel in's Werk zu setzen.

Ich bitte Ew. Hochwohlgeboren ganz besonders auch im Interesse dieser Sache, mir die Mittel zu der geplanten Reise zu gewähren; denn derartige internationale Vereinigungen sind gleichsam Imponderabilien, welche den so dringend gewünschten und nothwendigen Friedenszustand unter den Culturvölkern zu fördern und zu befestigen helfen.

Wie meine Verhältnisse jetzt liegen, mit den heranwachsenden sechs Kindern und verhältnismäßig noch immer niedrigem Gehalt, würde ich nicht im Stande sein, die Kosten dieser Reise aus eigenen Mitteln zu bestreiten.

Ich bitte Sie daher, sehr geehrter Herr Geheimrath, das Wohlwollen, welches Sie allen wissenschaftlichen Bestrebungen schenken, auch meinem Gesuch angedeihen zu lassen.

Mit vorzüglicher Hochachtung
Euer Hochwohlgeboren
gehorsamst ergebener
GEORG CANTOR»

Quelle: [1], Bd. XIX, Bl. 149.

Nr. 42

Brief des Universitätskurators SCHRADER an ALTHOFF vom 5. 2. 1896, in welchem er zu CANTORS Gesuch Stellung nimmt.

«Hochzuverehrender Herr Geheimer Oberregierungsrat!

Der Professor CANTOR besitzt ein eigenes Haus und bezieht neben seinem amtlichen Einkommen von (4400 M. Geh. nebst 660 M. Wohnungsgeldzuschuß =) 5000 M. aus seinem oder seiner Frau Privatvermögen einen Zinsertrag von 4000–4500 M. jährlich nach meiner Schätzung; andernfalls würde er auch seine zahlreiche Familie nicht standesgemäß halten und erziehen können. Aus letzterem Grunde ist völlig glaublich, daß er den Aufwand einer italienisch-französischen Reise, den er mit 1500 M. kaum zu hoch veranschlagt, nicht aus eigenen Mitteln bestreiten kann. Ich würde ihm deshalb eine gütige Berücksichtigung seines Wunsches um so mehr gönnen, als er durch die kürzliche Ordensverleihung an den jüngeren, aber tüchtigeren WANGERIN, die übrigens durchaus gerechtfertigt war und als solche auch in Universitätskreisen anerkannt wird, sich doch verletzt fühlen dürfte.

Ob indes seine Reise ein bedeutendes wissenschaftliches Ergebnis haben würde, scheint mir bei seiner Geistesart sehr zweifelhaft; mindestens der internationale Kongreß müßte doch noch von bedeutenderen Mathematikern eingeleitet werden und könnte jedenfalls auch ohne CANTORS Reise ins Leben treten. Sein persönliches Zusammentreffen mit den wissenschaftlichen Freunden in Italien und Frankreich mag ihm selbst erwünscht und förderlich sein; ob auch der Wissenschaft, ist bei seinen periodisch wiederkehrenden Krankheitsanfällen sehr unsicher. Gegen seine Beurlaubung während des kommenden Sommersemesters besteht kein ernsthaftes Bedenken, da bei der geringen hiesigen Zahl der studirenden Mathematiker (etwa 10–12) WANGERIN und auch EBERHARD den Ausfall leicht decken werden.

Wollen Euer Hochwohlgeboren die Bitte des pp. CANTOR berücksichtigen, so würde ich hierzu die Bewilligung des Urlaubs und eines Reisezuschusses von 1000 M. für ausreichend halten.»

(Der Rest des Briefes betrifft nicht mehr Cantor.)

Quelle: [1], Bd. XIX, Bl. 150.

Nr. 43

Auszug aus einem Brief CANTORS an D. HILBERT vom 26.9.1897

«Da Sie mir erzählt haben, daß Sie jetzt auch in die Redaction der *Math. Annalen* eingetreten sind, so möchte ich Ihre Meinung über die Veröffentlichung des 3ten Artikels meiner laufenden Abhandlung *Bei-*

träge z. Begründ. d. transfin. Mengenlehre einholen. Ich hoffe das Manuscript noch in diesen Ferien fertig zu stellen; allein es fragt sich, ob es nicht zweckmäßig wäre, die wichtigsten Resultate daraus schon vorher in den *Göttinger Nachrichten* zu publiciren?

Wann ist die erste Sitzung Ihrer *Gesellschaft d. Wissensch.*, welcher ich ja seit zwanzig Jahren als correspond. Mitglied angehöre? Leider mußte ich wegen vorgeschrittener Mittagszeit vorgestern im Braunschweiger Polytechnicum unsere Unterhaltung über die Mengenlehre an einem Puncte abbrechen, wo Ihnen gerade ein Bedenken aufstieg, ob auch alle transfiniten Cardinalzahlen oder Mächtigkeiten in den Alefs enthalten seien, mit anderen Worten, ob auch jedes bestimmte $\mathfrak{a}$ oder $\mathfrak{b}$ auch immer ein bestimmtes Alef sei.

Daß diese Frage zu *bejahen* ist, läßt sich *streng beweisen.* Die Totalität aller Alefs ist nämlich eine solche, welche nicht als eine bestimmte, wohldefinirte *fertige* Menge aufgefaßt werden kann. Wäre dies der Fall, so würde auf diese Totalität ein *bestimmtes* Alef der Größe nach *folgen*, welches daher sowohl zu dieser Totalität (als Element) *gehören*, wie auch *nicht gehören* würde, was ein Widerspruch wäre.

Dies vorausgeschickt, kann ich streng beweisen: «Wenn eine bestimmte wohldefinirte fertige Menge eine Cardinalzahl haben würde, die mit keinem der Alefs zusammenfiele, so müßte sie Theilmengen enthalten, deren Cardinalzahl *irgend* ein Alef ist, oder mit anderen Worten, die Menge müßte die Totalität aller Alefs in sich tragen.»

Daraus ist leicht zu folgern, daß unter der eben genannten Voraussetzung (eine best. *Menge*, deren Cardinalzahl kein Alef wäre) auch die Totalität aller Alefs als eine best. wohldefinirte fertige Menge aufgefaßt werden könnte. Daß dies nicht der Fall ist, habe ich oben bewiesen. Es ist daher jedes $\mathfrak{a}$ auch immer ein bestimmtes Alef.

Im besonderen ist also auch die Mächtigkeit $\mathfrak{c}$ des Linearcontinuums gleich einem bestimmten Alef (wie ich zu zeigen hoffe $\mathfrak{c} = \aleph_1$).

Schon hieraus aber ergiebt sich, daß das Linearcontinuum, aus seinem Zusammenhang gerissen, in *einem höheren Sinne abzählbar* ist, d.h. als *wohlgeordnete Menge* dargestellt werden kann.

Totalitäten die nicht als «Mengen» von uns gefaßt werden können (wovon ein Beispiel die Totalität aller Alefs ist, wie oben bewiesen wurde) habe ich schon vor vielen Jahren «absolut unendliche» Totalitäten genannt und sie von den *transfiniten Mengen* scharf unterschieden.

Besitzen Sie meine vor 7 Jahren erschienene Sammlung von Briefen zur Lehre vom Transfiniten, die in der *Zeitschrift für Philosophie* herausgekommen sind? Wenn nicht, so will ich Ihnen gern ein Exemplar davon schicken.»

Quelle: [5], Nr. 54, Bl. 2–3.

Nr. 44

Auszug aus einem Brief CANTORS an D. HILBERT vom 2.10.1897

«Lieber Herr College, zurückkommend auf Ihren Brief v. 27ten Sept. bemerke ich, daß Sie darin mit *vollem Rechte* sagen: «Der Inbegriff der Alefs läßt sich als eine bestimmte wohldefinirte Menge auffassen, da doch wenn irgend ein Ding gegeben wird allemal muß entschieden werden können, ob dieses Ding ein Alef sei oder nicht; mehr aber gehört doch nicht zu einer wohldefinierten Menge.»
All right.
Sie übersehen jedoch, daß ich in meinem Harzburger Schreiben [Dokument 43 – W. P.] noch das Charakteristikum «fertig» gebraucht und gesagt habe:

Theorem:

«Die Totalität aller Alefs läßt sich nicht als bestimmte wohldefinirte und *zugleich fertige* Menge auffassen.»

Hierin ist das *punctum saliens* zu sehen und ich wage es, dieses *vollkommen sichere*, aus der *Definition der «Totalität aller Alefs» streng beweisbare Theorem* als den wichtigsten, mir vornehmsten Satz der Mengenlehre zu bezeichnen. Man muß nur die Ausdrucksweise «fertig» richtig verstehen. Ich sage von einer Menge, daß sie als *fertig* gedacht werden kann, und nenne solche Menge, wenn sie unendlich viele Elemente enthält, «transfinit» oder «überendlich», wenn es ohne Widerspruch möglich ist (wie dies bei den endlichen Mengen der Fall), *alle ihre Elemente als zusammenseiend*, die Menge selbst daher als ein *zusammengesetztes Ding für sich* zu denken; oder auch, (in anderen Worten) wenn es *möglich* ist, sich die Menge mit der Totalität ihrer Elemente als *actuell existirend* zu *denken*.

Das «Transfinite» ist daher zusammenfallend mit dem was von Alters her «Actualunendliches» genannt worden und als ein 'αφωϱισμένον [sic] zu betrachten ist.

Darum habe ich auch das Wort «Menge» (wenn sie finit oder transfinit ist) im Französischen mit «ensemble», im Italienischen mit «insieme» übersetzt. Darum definire ich auch im ersten Artikel der Arbeit *Beiträge zur Begründung der transfiniten Mengenlehre* gleich im Anfang die «Menge» (ich meine dabei nur die finite oder transfinite) als eine «Zusammenfassung». Eine Zusammenfassung ist aber nur möglich, wenn ein «*Zusammensein*» *möglich* ist.

Unendliche Mengen dagegen, bei denen die Totalität ihrer Elemente nicht als «zusammenseiend», als «ein Ding für sich», als ein «*'αφωϱισμένον*» gedacht werden kann, die daher auch *in dieser Totalität* gar nicht Gegenstand weiterer *mathematischer* Betrachtung sind, nenne ich «*absolut unendliche* Mengen» und zu ihnen gehört die «Menge aller Alefs». Soviel für heute.»

Quelle: [5], Nr. 54, Bl. 5, 6, 7.

Nr. 45

Auszug aus einem Brief CANTORS an D. HILBERT vom 8. 8. 1907

«Es ist mir lieb, zu hören, daß Herr ZERMELO erfolgreich an der Mengenlehre arbeitet. Grüssen Sie ihn bestens von mir. Ich halte auch die Arbeiten von HAUSDORFF in der Typentheorie für nützlich, gründlich und erfolgversprechend. Darum hatte ich bei der letzten Zusammenkunft der 3 Universitäten Leipzig, Jena u. Halle in Kösen am 28. Juni mit ihm eine Besprechung verabredet und ihn zur Untersuchung einer Frage angeregt, die er jetzt glücklich zu Ende gebracht zu haben scheint. Sie bezieht sich auf die Typenclasse von der Kardinalzahl $\aleph_0$, d. h. auf die abzählbaren Typen; und ich war immer der Meinung, daß sie sich auf die drei Urtypen ω, $^*\omega$ und η und die endlichen Urtypen 1 und 2 durch Zusammensetzung zurückführen lassen. Dies findet sich nun durch HAUSDORFF, wie er mir am 19. Juli schrieb, in folgender Form Bestätigung.

Er betrachtet folgende 2 Operationen als fundamental.

(1) Addition *zweier* Typen, $\alpha + \beta$

(2) Einsetzen von verschiedenen oder gleichen Typen an Stelle der Einsen in einen gegebenen Typus, den man hierbei den Erzeuger, jene eingesetzten Typen die Componenten nennen könnte.

Die Operation (1) ist nur ein specieller Fall von (2), wenn der Typus 2 zum Erzeuger genommen wird. Die Multiplication $\alpha\beta$ ist auch ein besonderer Fall von (2); hier ist β der Erzeuger und alle Componenten sind $= \alpha$.

Nun nennt H. ein System von Typen einen Ring, wenn durch Anwendung der beiden Operationen (1) und (2) auf Typen des Systems immer wieder Typen des Systems entstehen.

Unter $[\alpha, \beta, \ldots]$ versteht H. den kleinsten Ring, der die Typen $\alpha, \beta, \ldots$ enthält; man kann offenbar von unabhängigen Typen, von einer Basis des Ringes sprechen, u.s.w.

Beispiele für diesen Ringbegriff sind:

$[1]$	umfaßt alle endlichen Typen 1, 2, 3, ...
$[1, \omega]$	umfaßt alle Zahlen d. 1. u. 2. Zahlclasse,
$[1, \omega, \Omega]$	umfaßt alle Zahlen d. 1. 2. u. 3. Zahlclasse,
$[\omega]$	umfaßt alle Limeszahlen der 2. Zahlclasse,
$[1, \omega + 1]$	umfaßt alle Nichtlimeszahlen der 1. und 2. Zahlclasse,
$[1, {}^*\omega]$	alle Inversen zu Zahlen der 1. u. 2. Zahlclasse.
$[\eta]$:	dieser Ring besteht aus dem einzigen Typus η.

H. kommt zu folgendem Resultat:

Der Ring $[1, \omega, {}^*\omega, \eta]$ enthält alle abzählbaren Typen und zwar ist jeder abzählbare Typus entweder ein Typus des Ringes $[1, \omega, {}^*\omega]$ oder entsteht durch Einsetzung von Typen dieses Ringes in einen der 4 überalldichten Typen

$$\eta,\ 1 + \eta,\ \eta + 1,\ 1 + \eta + 1.$$

Die Anfangszahlen der Zahlclassen, deren Index keine Limeszahl ist, also $\omega = \omega_0$, $\Omega = \omega_1$, $\omega_2, \ldots$ sind Urtypen; dagegen z.B. ω_ω kein Urtypus, weil

$$\omega_\omega = \omega_0 + \omega_1 + \omega_2 + \ldots$$

Hier ist ω Erzeuger, $\omega_0, \omega_1, \omega_2, \ldots$ sind Componenten.

Der Typus η ist dadurch merkwürdig, dass stets $\eta\alpha = \eta$, wo der Multiplicator α *irgend* ein abzählbarer Typus ist.

Besonders wichtig scheint es mir, die sämmtlichen Urtypen von der Kardinalzahl $\aleph_1$ zu bestimmen.»

Quelle: [5], Nr. 54, Bl. 55–56.

Nr. 46

Auszug aus einem Brief CANTORS an D. HILBERT vom 24. 6. 1908

«Von Ihnen werde ich wohl am ehesten erfahren können, wo sich unser junger, talentirter, tüchtiger College ZERMELO momentan aufhält. Derselbe hat mich in den letzten Jahren durch viele, gediegene, scharfsinnige Beiträge zur Mengenlehre erfreut und ich, durch eigenartige Schickungen, habe mich stets verhindert gesehen, ihm rechtzeitig zu danken, so daß meine Schuld gegen ihn stark angewachsen ist. Ich möchte ihm schreiben, zumal ich transfinit-arithmetische Dinge habe, die, ihn zu erfreuen und in seinen Bestrebungen zu fördern, geeignet sein dürften.

Was sagen Sie zu dem römischen Vortrag des Herrn POINCARÉ? *Welch verblendeter Hochmuth!* Wie schaal, oberflächlich, *trivial all' sein Gerede*, auch abgesehen von dem *dummen Zeug über den «Cantorismus»!* Er weiss offenbar nicht, dass HERMITE, mit dem ich sehr befreundet war, in seinem letzten Lebensjahrzehnt von seinem anfänglichen, durch KRONECKER aufgestachelten und genährten Vorurtheil gegen das Transfinite und die Mengenlehre ganz abgekommen ist. Die Elogen, welche er mir schliesslich, um dieser Dinge willen, machte, will ich nicht publiciren, weil dies als Ueberhebung und Selbstlob meinerseits gedeutet werden könnte. Meine Sache spricht ja für sich selbst und die Dinge, die ich, aus der Ferne und Zurückgezogenheit, mit Ziel- und Selbstbewusstsein, ohne viel Redens und Prunkens, seit einem Menschenalter und darüber, in Bewegung gesetzt habe, werden wirken und wirken schon lange, durch ihre eigene Schwere. *Den Akademikern diesseits und jenseits des Rheins* (ich meine Berlin und Paris) *wird ihr träger*, kraft- und saftloser Widerstand nichts helfen, *sowenig wie die neueren vergifteten Pfeile ihrer Pionire* POINCARÉ, PICARD, BOREL, KÖNIG *etc. ... Sie werden von dem Riesengewicht der Mengenlehre schliesslich niedergerissen und erdrückt werden*, um daran zu ersticken!

Wie bisher *rühre ich keinen Finger zu meiner Vertheidigung* wider die seit Jahren fortgesetzten boshaften Angriffe POINCARÉS!»

Quelle: [5], Nr. 54, Bl. 57.

Nr. 47

Auszug aus einem Brief CANTORS an D. HILBERT vom 20.9.1912

«Natürlich werde ich die ausführliche Darstellung meiner bisher unbekannt gebliebenen mathematischen Arbeiten aus den beiden letzten Dezennien Ihnen für die *Annalen* geben, wo ja auch meine Hauptarbeiten über die Mengenlehre vorher seit über 40 Jahren erschienen sind. Dies gehörte zum *ersten* Theil der Mengenlehre, die aus *drei* Theilen besteht. Der *zweite* (mit dem Continuumsatze, d.h. dem strengen Beweise, daß die Mächtigkeit oder Kardinalzahl eines Continuums = Aleph-eins ist) besteht aus den *Anwendungen* der im *ersten* begründeten *Mengenlehre* auf *Zahlentheorie, Geometrie* und *Analysis,* also auf das was wir die *reine Mathematik* nennen. Der *dritte* Theil bringt die Anwendungen der Mengenlehre auf die *Naturwissenschaften:* Physik, Chemie, Mineralogie, Botanik, Zoologie, Anthropologie, Biologie, Physiologie, Medizin etc. Ist also das, was die Engländer «Natural philosophy» nennen. Dazu kommen aber auch Anwendungen auf die sogenannten «Geisteswissenschaften», die meines Erachtens als Naturwissenschaften aufzufassen sind; *denn auch der «Geist» gehört mit zur Natur.*

Was *Sie* und Herrn ZERMELO (den ich freundlichst grüssen lasse) besonders interessiren wird, ist der *bisher verborgen gebliebene Zusammenhang* der *transfiniten Ordnungstypen* und im Besonderen der transfiniten *Ordnungszahlen* (und zwar *nicht* bloss der zweiten Zahlenklasse $Z(\aleph_0)$, *sondern* auch der *dritten* $Z(\aleph_1)$ und aller höheren Zahlenklassen) mit der *natürlichen Zahlenreihe,* dem uralten Object der *elementaren* und *höheren Arithmetik*

$$(1, 2, 3, 4, 5, \ldots, \nu, \ldots)$$

Mit Recht wird die Arithmetik als die *Königin* der mathematischen Wissenschaften betrachtet und Sie haben sie im Vorwort Ihres vortrefflichen Berichts über Zahlentheorie herrlich als solche gepriesen.

Sie werden mir aber selbst zugeben, dass diese *so schöne Königin* sich zur Zeit noch in einer *fatalen* Abhängigkeit von *Geometrie* und *Analysis* befindet. Ich weise nur auf die grossartigen Arbeiten hin, welche heute unter dem Namen «Analytische Zahlentheorie» zusammengefaßt werden, für welche Sie in Göttingen einen so ausgezeichneten Vertreter in dem jungen Herrn LANDAU haben, und auf MINKOWSKI's glänzende und gediegene *Geometrie der Zahlen.*

Die Königin ist also nicht frei von ihren beiden Rivalen; sie braucht sie noch Beide.

Das *Schlimmste* dabei ist aber, dass diese ihre Helfer sie in den wichtigsten, ja elementarsten Fragen *im Stich lassen!* Sie hat vergeblich bisher auf die Enthüllung des einigermaßen versteckten Gesetzes der Primzahlen gewartet. Der *so einfache «Grosse FERMATsche Satz»,* von dem FERMAT sicherlich einen simplen Beweis besessen hat (wie von ihm unzweideutig gesagt worden ist) ist, meines Wissens, noch immer nicht bewiesen worden und wird es, mit den analytischen Hilfsmitteln, auf die jetzt so Viele bauen, wohl nie bewiesen werden.

Sogar das ganz elementare «GOLDBACH*sche Theorem*» steht ohne Begründung, jämmerlich stöhnend, da.

Es giebt aber einen *Königsweg*, auf dem unsrer erlauchten Fürstin dieses und noch vieles Grössere mühelos dargebracht wird; er ist ihr von der transfiniten Mengenlehre in ihrem *zweiten* Theile zubereitet.»

Quelle: [5], Nr. 54, Bl. 59–60.

Anmerkung: Der Brief zeigt, daß zwischen Wunsch und Realität bei CANTOR doch zunehmend eine Lücke klaffte. Er verlor auch im hohen Alter seine sonst scharf ausgebildete Fähigkeit, in der Mathematik Richtiges und Falsches zu scheiden. So findet sich im Nachlaß der Entwurf eines Briefes an HILBERT vom 17.5.1917, wo er diesem einen «Beweis» für die Richtigkeit des großen FERMATschen Satzes mitteilte, der auf der Ausdehnung der Differenzenrechnung auf Differenzen $\Delta^{\alpha} f(x)$ mit transfinitem, der zweiten Zahlklasse angehörigem α beruht [3, Nr. 15].

Nr. 48
Faksimile des Aufrufs zur CANTOR-Ehrung (cf. p. 258).

Quelle: [3], Nr. 41.

Nr. 49
Faksimile der Grußadresse der *Göttinger Mathematischen Gesellschaft* zum 70. Geburtstag CANTORS (cf. p. 259).

Quelle: [3], Nr. 41.

Anmerkung bei der Korrektur: Einige interessante Briefe CANTORS an R. LIPSCHITZ sind jüngst von W. SCHARLAU veröffentlicht worden: RUDOLF LIPSCHITZ – Briefwechsel mit CANTOR, DEDEKIND, HELMHOLTZ, KRONECKER, WEIERSTRASS und anderen.
Dokumente zur Geschichte der Mathematik, Bd. 2. Hrsg. von W. Scharlau. Braunschweig 1986.

Chronologie

1845	3. 3.: Geburt in Petersburg.
1856	Übersiedlung der Familie nach Deutschland. Besuch des Gymnasiums in Wiesbaden.
1859	Eintritt in die Höhere Gewerbeschule und Realschule in Darmstadt.
1862–1867	Studium in Zürich, Berlin, Göttingen, Berlin.
1867	Promotion in Berlin.
1869	Habilitation in Halle, Privatdozent an der Universität Halle.
1872	Extraordinarius in Halle. Hauptarbeit über trigonometrische Reihen.
1874	Heirat mit VALLY GUTTMANN. Erste Veröffentlichung zur Mengenlehre.
1879	Ordinarius in Halle.
1879–1884	Erscheinen der Aufsatzfolge *Über unendliche lineare Punktmannichfaltigkeiten,* des Hauptwerkes von CANTOR.
1884	Erster gesundheitlicher Zusammenbruch. Beginn der Beschäftigung mit der BACON-SHAKESPEARE-Theorie.
1885–1887	Philosophische Arbeiten.
1889	Heidelberger Aufruf zur Gründung der *DMV.* CANTOR wird Mitglied der *Leopoldina.*
1890	18. 9. Gründung der *DMV.* CANTOR wird ihr erster Vorsitzender.
1895–1897	Die *Beiträge zur Begründung der transfiniten Mengenlehre* erscheinen.
1897	Erster internationaler Mathematikerkongreß: Die Bedeutung der Mengenlehre wird offensichtlich.
1901	Ehrenmitglied der *London Math. Society* und der *Charkower Math. Gesellschaft.*
1902	Dr. h. c. der Universität Christiania (Oslo).
1911	Dr. h. c. der Universität St. Andrews.
1913	Rücktritt vom Lehramt.
1915	Feier des 70. Geburtstages CANTORS in nationalem Rahmen.
1918	6. 1.: Tod in Halle.

Quellen und weiterführende Literatur

1. Archivalien

[1] *Anstellung und Besoldung der außerordentlichen und ordentlichen Professoren in der philosophischen Fakultät der Universität Halle.* Zentrales Staatsarchiv Merseburg, Rep. 76 V^a, Sekt. 8, Tit. IV, Bd. IX ff.; ab 1912 neue Bandzählung.

[2] *Personalakte Georg Cantor.* Universitätsarchiv Halle (unpaginiert).

[3] *Cod. Ms. Georg Cantor.* Niedersächsische Staats- und Universitätsbibliothek Göttingen. (Nachlaß Georg Cantors).

[4] *Cod. Ms. Felix Klein.* Niedersächsische Staats- und Universitätsbibliothek Göttingen. (Nachlaß Felix Kleins).

[5] *Cod. Ms. David Hilbert.* Niedersächsische Staats- und Universitätsbibliothek Göttingen. (Nachlaß David Hilberts).

[6] *Einleitung in die Theorie der analytischen Funktionen.* Nachschrift einer Vorlesung von Weierstraß im Wintersemester 1880/81 von A. Kneser. Im Besitz von Prof. Dr. M. Kneser, Göttingen.

[6a] *Personalakte Nr. 547 (Hausdorff).* Universitätsarchiv Leipzig.

2. Schriften Cantors

[7] Cantor, G.: *Gesammelte Abhandlungen mathematischen und philosophischen Inhalts.* Hrsg. von E. Zermelo nebst einem Lebenslauf Cantors von A. Fraenkel. Berlin 1932. Reprint: Springer 1980.

[8] Cantor, G.: *Über unendliche lineare Punktmannigfaltigkeiten. Arbeiten zur Mengenlehre aus den Jahren 1872–1884.* Hrsg. und kommentiert von G. Asser. Teubner-Archiv zur Mathematik, Bd. 2, Leipzig 1985. (Wiederabdruck der Arbeiten [15], [17], [18], [21]).

[9] Cantor, G.: *De aequationibus secundi gradus indeterminatis.* Diss. phil. Berlin 1867 (incl. *Vita* v. Cantor). WA: [7], p. 1–31.

[10] Cantor, G.: *Über einfache Zahlensysteme.* Zeitschr. f. Math. u. Physik *14* (1869), 121–128. WA: [7], p. 35–42.

[11] Cantor, G.: *De transformatione formarum ternarium quadraticarum.* Habilitationsschrift, Halle 1869. WA: [7], p. 51–62.

[12] Cantor, G.: *Über einen die trigonometrischen Reihen betreffenden Lehrsatz.* Journal f. reine und angew. Math. *72* (1870), 130–138. WA: [7], p. 71–79.

[13] Cantor, G.: *Beweis, daß eine für jeden reellen Wert von x durch eine trigonometrische Reihe gegebene Funktion f(x) sich nur auf eine einzige Weise in dieser Form darstellen läßt.* Journal f. reine und angew. Math. *72* (1870), 139–142. WA: [7], p. 80–83.

[14] Cantor, G.: *Über trigonometrische Reihen.* Math. Ann. *4* (1871), 139–143. WA: [7], p. 87–91.

[15] Cantor, G.: *Über die Ausdehnung eines Satzes aus der Theorie der trigonometrischen Reihen*. Math. Ann. *5* (1872), 123–132. WA: [7], p. 92–102.

[16] Cantor, G.: *Historische Notizen über die Wahrscheinlichkeitsrechnung*. Sitzungsberichte der Naturforschenden Gesellschaft zu Halle 1873, p. 34–42. WA: [7], p. 357–367.

[17] Cantor, G.: *Über eine Eigenschaft des Inbegriffs aller reellen algebraischen Zahlen*. Journal f. reine und angew. Math. *77* (1874), 258–262. WA: [7], p. 115–118.

[18] Cantor, G.: *Ein Beitrag zur Mannigfaltigkeitslehre*. Journal f. reine und angew. Math. *84* (1878), 242–258. WA: [7], p. 119–133.

[19] Cantor, G.: *Über einen Satz aus der Theorie der stetigen Mannigfaltigkeiten*. Göttinger Nachr. (1879), 127–135. WA: [7], p. 134–138.

[20] Cantor, G.: *Über ein neues und allgemeines Condensationsprinzip der Singularitäten von Funktionen*. Math. Ann. *19* (1882), 588–594. WA: [7], p. 107–113.

[21] Cantor, G.: *Über unendliche lineare Punctmannichfaltigkeiten*. Math. Ann. *15* (1879), 1–7; *17* (1880), 355–358; *20* (1882), 113–121; *21* (1883), 51–58 u. 545–586; *23* (1884), 453–488. WA (ohne Fußnoten): [7], p. 139–246.

[22] Cantor, G.: *Sur divers théorèmes de la théorie des ensembles de points situés dans un espace continu à n dimensions*. (Première communication. Extrait d'une lettre adressée à l'éditeur), Acta Math. *2* (1883), 409–414. WA: [7], p. 247–251.

[23] Cantor, G.: *De la puissance des ensemble parfaits des points*. (Extrait d'une lettre adressée à l'éditeur), Acta Math. *4* (1884), 381–392. WA: [7], p. 252–260.

[24] Cantor, G.: *Über verschiedene Theoreme der Punktmengen in einem n-fach ausgedehnten stetigen Raume* G_n. Zweite Mitteilung. Acta Math. *7* (1885), 105–124. WA: [7], p. 261–277.

[25] Cantor, G.: *Ludwig Scheeffer* (Nekrolog). Bibliotheca mathematica *1* (1885), 197–199. WA: [7], p. 368–369.

[26] Cantor, G.: *Rezension der Schrift von G. Frege «Die Grundlagen der Arithmetik»*. Breslau 1884. Dtsch. Lit. Ztg. *6* (1885), 728–729. WA: [7], p. 440–442.

[27] Cantor, G.: *Über die verschiedenen Standpunkte in bezug auf das aktuale Unendliche*. Zeitschr. für Philos. u. philos. Kritik *88* (1886), 224–233. WA: [7], p. 370–377.

[28] Cantor, G.: *Mitteilungen zur Lehre vom Transfiniten*. Zeitschr. für Phil. u. philos. Kritik *91* (1887), 81–125; *92* (1888), 240–265. WA: [7], p. 378–439.

[29] Cantor, G.: *Über eine elementare Frage der Mannigfaltigkeitslehre*. Jahresber. der DMV *1* (1890/91), 75–78. WA: [7], p. 278–281.

[30] Cantor, G.: *Beiträge zur Begründung der transfiniten Mengenlehre*. Math. Ann. *46* (1895), 481–512; *49* (1897), 207–246. WA: [7], p. 282–356.

[31] Cantor, G. (ed.): *Resurrectio Divi Quirini Francisci Baconi Baronis de Verulam Vicecomitis Sancti Albani CCLXX annis post obitum eius IX die aprilis anni MDCXXVI*. (Pro manuscripto.) Cura et impensis G. C. Halis Saxonum MDCCCXCVI.

[32] Cantor, G. (ed.): *Confessio fidei Francisci Baconi Baronis de Verulam ... cum versione latina a. G. Rawley ..., nunc denuo typis excusa cura et impensis G. C.* Halis Saxonum MDCCCXCVI.

[33] Cantor, G. (ed.): *Die Rawleysche Sammlung von zweiunddreißig Trauergedichten auf Francis Bacon. Ein Zeugnis zugunsten der Bacon-Shakespeare-Theorie mit einem Vorwort herausgegeben von Georg Cantor,* Halle 1897.

[34] Cantor, G.: *Shaxpeareologie und Baconianismus* ... Magazin für Litteratur *69* (1900), Sp. 196–203.
[35] Cantor, G.: *Bemerkungen zur Mengenlehre.* Jahresber. d. DMV *12* (1903), 519.
[36] Cantor, G.: *EX ORIENTE LUX. Gespräche eines Meisters mit seinem Schüler über wesentliche Punkte des urkundlichen Christentums. Berichtet vom Schüler selbst Georg Jacob Aaron, cand. sacr. theol. Erstes Gespräch.* Hrsg. von Georg Cantor, Halle 1905.

3. Literatur

[37] Abian, A.: *The theory of sets and transfinite arithmetic.* Philadelphia, London 1965.
[38] Ackermann, W.: *Mengentheoretische Begründung der Logik.* Math. Ann. *115* (1937), 1–22.
[39] Ackermann, W.: *Die Widerspruchsfreiheit der allgemeinen Mengenlehre.* Math. Ann. *114* (1937), 305–315.
[40] Ackermann, W.: *Konstruktiver Aufbau eines Abschnittes der zweiten Cantorschen Zahlenklasse.* Math. Z. *53* (1951), 403–413.
[41] Anellis, I. H.: *Russell's earliest reactions to Cantorian set theory,* 1896–1900. Contemp. Math. (im Druck).
[42] Aristoteles: *Physikvorlesung. Werke, Bd. 11,* Berlin 1983.
[43] Asser, G.: *100 Jahre Mengenlehre.* Mitt. der Math. Ges. der DDR, 1974, H. 3, 17–42.
[44] Augustinus: *De civitate Dei.* Ed. B. Dombart, vol. I, Leipzig 1921.
[45] *Aus dem Briefwechsel zwischen Cantor und Dedekind.* In: [7], p. 443–451.
[46] *Auszug aus einem Briefe von L. Kronecker an Prof. G. Cantor.* Jahresber. d. DMV *1* (1890–91), Berlin 1892, 23–25.
[47] Avron, J. E.; Simon, B.: *Almost periodic Hill's equation and the rings of Saturn.* Phys. Rev. Lett. *46* (1981), 1166–1170.
[48] Bachmann, H.: *Transfinite Zahlen.* Berlin, Heidelberg, New York 1955¹, 1967².
[49] Bachmann, H.: *Stationen im Transfiniten.* Z. f. Math. Logik u. Grundl. d. Math. *2* (1958), 107–116.
[50] Bacon, D.: *The philosophy of the plays of Shakespere unfolded. With a preface by N. Hawthorne.* London, Boston 1857.
[51] Bacon, D.: *William Shakespeare and his plays* ... In: Putnams Monthly 1858, Jan., p. 1–19.
[52] Balaster, G.: *Das Kontinuumproblem. – Bericht über einen Vortrag von P. Finsler im Math. Kolloquium Winterthur vom 6. 3. 1950.* Elemente Math. *5* (1950), 63–65.
[53] Barnikol, E.: *Das Leben Jesu der Heilsgeschichte.* Halle 1958.
[54] Bastiani, A.: *Théorie des ensembles.* Paris 1970.
[55] Baumgärtner, D.: *Persönl. Mitteilung an die Verfasser v. 20. 8. 1983.*
[56] Becker, O.: *Grundlagen der Mathematik in geschichtlicher Entwicklung.* München 1964².
[57] «*Begriffsschrift*». *Konferenzband der Jenaer Frege-Konferenz 7.–11. Mai 1979.* Manuskriptdruck Friedrich-Schiller-Univ. Jena, 1979.
[58] Bell, E. T.: *Men of Mathematics.* New York 1937.
[59] *Bericht über die Jahresversammlung zu Lübeck ... 1895.* Jahresber. d. DMV *4* (1894–95), 7–12.

[60] *Bericht über die Jahresversammlung zu Wien ... 1894*. Jahresber. d. DMV *4* (1894–95), 7–12.
[61] Bernays, P.: *Die hohen Unendlichkeiten und die Axiomatik der Mengenlehre*. Infinistic Methods, Proc. Sympos. Foundations Math., Warsaw 1959 (1961), 11–20.
[62] Bernays, P.; Fraenkel, A.: *Axiomatic set theory*. Amsterdam 1958[1], 1968[2].
[63] Bernstein, F.: *Über die Reihe der transfiniten Ordnungszahlen*. Math. Ann. *60* (1905), 187–193.
[64] Bernstein, F.: *The continuumproblem*. Proc. Nat. Acad. Sci. USA *24* (1938), 101–104.
[65] Beth, E. W.: *Les fondaments logiques des mathématiques*. Paris 1950.
[66] Beth, E. W.: *The foundations of mathematics. A study in the philosophy of science*. Amsterdam 1959.
[67] Bieberbach, L.: *Persönlichkeitsstruktur und mathematisches Schaffen*. Forschungen und Fortschritte *10* (1934), 235–237.
[68] Biermann, K.-R.: *Die Mathematik und ihre Dozenten an der Berliner Universität 1810–1920*. Berlin 1973.
[69] Blyth, T. S.: *Set theory and abstract algebra*. London, New York 1975.
[70] Bodewig, E.: *Die Stellung des heiligen Thomas v. Aquino zur Mathematik*. Arch. f. Gesch. d. Philos. *11* (1931), 1–34.
[71] Bolzano, B.: *Paradoxien des Unendlichen*. Leipzig 1851[1], Berlin 1889[2]. Reprints: Darmstadt 1964, Hamburg 1975.
[72] Bolzano, B.: *Early mathematical works*. Prag 1981.
[73] Borel, E.: *Leçons sur la théorie des fonctions*. Paris 1898.
[74] Borel, E.: *Eléments de la théorie des ensembles*. Paris 1949.
[75] Börger, R.; Tholen, W.: *Cantors Diagonalprinzip für Kategorien*. Math. Z. *160* (1978), 135–138.
[76] Bose Majumder, N. C.: *Properties of the Cantor set and sets of similar type*. Amer. Math. Monthly *68* (1961), 444–447.
[77] Bose Majumder, N. C.: *Some new results on the distance set of Cantor set*. Bull. Calcutta Math. Soc. *52* (1960), 1–13.
[78] Bothe, H. G.: *The ambient structure of expanding attractors*. I. Math. Nachr. *107* (1982), 237–348; II. Math. Nachr. *112* (1983), 69–102.
[79] Bourbaki, N.: *Eléments de mathématique. Théorie des ensembles*. Nouvelle éd., Paris 1970.
[80] Branges, L. de: *The Cantor construction*. J. Math. Anal. Appl. *76* (1980), 623–630.
[81] Breidert, W.: *Das aristotelische Kontinuum in der Scholastik*. Münster 1970.
[82] Breidert, W.: *Infinitum simpliciter und infinitum secundum quid*. Miscellanea Mediaevalia, Bd. 13/2, Berlin, New York 1981, p. 677–683.
[83] Brieskorn, E.: *Über die Dialektik in der Mathematik*. In: *Mathematiker über Mathematik*. Berlin, Heidelberg, New York 1974, p. 221–286.
[84] Browder, F. E. (Ed.): *Mathematical development arising from Hilbert problems*. Proc. of Sympos. in Pure Math., Vol. XXVIII, part 1, 2, Providence 1976.
[85] Brouwer, L. E. J.: *Beweis der Invarianz der Dimensionszahl*. Math. Ann. *70* (1911), 161–165.
[86] Brouwer, L. E. J.: *Beweis, daß der Begriff der Menge höherer Ordnung nicht als Grundbegriff der intuitionistischen Mathematik in Betracht kommt*. Proc. Akad. Wetensch. Amsterdam *45* (1942), 791–793.
[87] Burali-Forti, C.: *Una questione sui numeri transfiniti*. Rendic. circol. mat. di Palermo *11* (1897), 154–164.

[88] Burckhardt, J. J.: *Zur Neubegründung der Mengenlehre*. Jahresber. d. DMV *48* (1938), 146–165.
[89] Burckhardt, J. J.: *Zur Neubegründung der Mengenlehre. Folge*. Jahresber. d. DMV *49* (1939), Abt. 1, 146–155.
[90] Campbell, P. J.: *The origin of «Zorn's Lemma»*. Historia math. *5* (1978), 77–89.
[91] Carnap, R.: *Die logizistische Grundlegung der Mathematik*. Erkenntnis zugl. Ann. Philos. *2* (1931), 91–105; 135–155.
[92] Casari, E.: *Axiomatical and set-theoretical thinking*. Synthese *27* (1974), 49–61.
[93] Cassinet, J.: *L'école italienne et les mises en évidence de l'utilisation d'un principe de choix dans les démonstrations entre 1890 et 1902*. Rendic. Semin. Mat. Torino *39* (1981) 3, 51–68.
[94] Cavaillès, J.; Noether, E.: *Briefwechsel Cantor – Dedekind*. Paris 1937.
[95] Cavaillès, J.: *Remarques sur la formation de la théorie des ensembles*. Paris 1938.
[96] Cavaillès, J.: *Philosophie mathématique*. Paris 1962.
[97] Churchill, R. C.: *Shakespeare and his Betters, a history of a criticism of the attempts ...*. Bloomington 1859.
[98] Cohen, P. J.: *The independence of the continuum hypothesis*. Proc. Nat. Acad. Sci. USA *50* (1963), 1143–1148; *51* (1964), 105–110.
[99] Cohen, P. J.: *Set theory and the continuum hypothesis*. New York, Amsterdam 1966.
[100] Cohen, P. J.; Hersh, R.: *Non-Cantorian set theory*. Scientific Amer. *217* (1967) 6, 104–116.
[101] Cohn, J.: *Geschichte der Unendlichkeitsproblematik im abendländischen Denken bis Kant*. Leipzig 1896.
[102] Dalen, D. van: *Braucht die konstruktive Mathematik Grundlagen?* Jahresber. d. DMV *84* (1982), 7–78.
[103] Dalen, D. van; Monna, A. F.: *Sets and integration. An outline of the development*. Groningen 1972.
[104] Dales, H. G.: *Discontinuous homomorphisms from topological algebras*. American J. of Math. *101* (1979) 3, 635–646.
[105] Dantzig, D. van: *A remark and a problem concerning the intuitionistic form of Cantor's intersection theorem*. Akad. Wetensch. Amsterdam Proc. *45* (1942), 374–375.
[106] Dauben, J. W.: *Georg Cantor. His Mathematics and Philosophy of the Infinite*. Cambridge (Mass.), London 1979.
[107] Dauben, J. W.: *The trigonometric background to Georg Cantor's theory of sets*. Arch. Hist. of Exact Sci. *7* (1971), 181–216.
[108] Dauben, J. W.: *Georg Cantor's philosophy of mathematics: the irrational and transfinite numbers*. Trudy 13 meždunarodn. Kongr. Istor. Nauki, Moskva 1971; Istor. Mat. Meh. (1974), 86–93.
[109] Dauben, J. W.: *Denumerability and dimension. The origins of Georg Cantor's theory of sets*. RETE *2* (1974), 105–134.
[110] Dauben, J. W.: *The invariance of dimension. Problems in the early development of set theory and topology*. Historia math. *2* (1975), 273–288.
[111] Dauben, J. W.: *Georg Cantor and Pope Leo XIII*. J. of the History of Ideas *38* (1977), 85–108.
[112] Dauben, J. W.: *C. S. Peirce's philosophy of infinite sets*. Math. Mag. *50* (1977), 123–135.

[113] Dauben, J. W.: *Georg Cantor: The personal matrix of his mathematics.* Isis *69* (1978), 534–550.
[114] Dauben, J. W.: *Georg Cantor's creation of transfinite set theory: Personality and psychology in the history of mathematics.* Ann. N.Y. Acad. Sci. *321* (1979), 27–44.
[115] Dauben, J. W.: *Peirce's place in mathematics.* Historia math. *9* (1982), 311–325.
[116] Dauben, J. W.: *Georg Cantor und die Mächtigkeit der Mengen.* Spektrum der Wissenschaft, Aug. 1983, 112–122.
[117] Dawson, J. W.: *The published work of Kurt Gödel: An annotated bibliography.* Notre Dame J. Formal Logic *24* (1983), 255–284.
[118] Dedekind, R.: *Stetigkeit und irrationale Zahlen.* Braunschweig 1872. WA: [120].
[119] Dedekind, R.: *Was sind und was sollen die Zahlen?* Braunschweig 1888. WA: [120].
[120] Dedekind, R.: *Was sind und was sollen die Zahlen?* 11. Aufl. *Stetigkeit und irrationale Zahlen.* 8. Aufl. Mit einem Vorwort von G. Asser. Berlin 1967.
[121] Dedekind, R.: *Supplemente zur dritten Auflage von: Dirichlet, P. G. Lejeune: Vorlesungen über Zahlentheorie.* Hrsg. von R. Dedekind. Braunschweig 1879.
[122] *Die Hilbertschen Probleme.* Ostwalds Klassiker, Bd. 252. Leipzig 1983.
[123] Dugac, P.: *Richard Dedekind et les fondaments des mathématiques.* Paris 1976.
[124] Dummet, M. A. E.: *Elements of Intuitionism.* Oxford 1976.
[125] Eccarius, W.: *Georg Cantor und Kurd Laßwitz.* Briefe zur Philosophie des Unendlichen. NTM 22 (1985) 1, 29–52.
[126] Edwards, H.; Neumann, O.; Purkert, W.: *Dedekinds «Bunte Bemerkungen» zu Kroneckers «Grundzüge».* Archive f. History of Exact Sci. *27* (1982) 1, 49–85.
[127] Einstein, A.: *Über die von der molekularkinetischen Theorie der Wärme geforderte Bewegung von in ruhenden Flüssigkeiten suspendierten Teilchen.* Ann. der Physik *17* (1905), 549–560.
[128] Engel, E.: *William Shakespeare. Ein Handbüchlein. Mit einem Anhang: Der Bacon-Wahn.* Leipzig 1897.
[129] Engel, F.; Dehn, M.: *Moritz Pasch.* Jahresber. d. DMV *44* (1934), 120–142.
[130] Erdös, P.; Hajnal, A.: *Unsolved problems in set theory. Axiomatic set theory.* Proc. Sympos. pure Math. XIII (1971), part 1, 17–48.
[131] Erdös, P.; Hajnal, A.: *Unsolved and solved problems in set theory.* Proc. Tarski Symp. Berkeley 1971. Proc. Sympos. pure Math. XXV (1974), 269–287.
[132] Esenin-Volpin, A. S.: *Zur Begründung der Mengenlehre* (Russ.). Primen. Logiki v Nauke Techn. 1960, 22–118.
[133] Esenin-Volpin, A. S.: *Zum ersten Hilbertschen Problem.* In: [122], p. 81–101.
[134] Esenin-Volpin, A. S.: *Zum zweiten Hilbertschen Problem.* In: [122], p. 102–113.
[135] Eucken, R.: *Die Philosophie des Thomas von Aquino und die Kultur der Neuzeit.* Z. f. Philos. und philos. Kritik *87* (1885), 161–214.
[136] Finkelstein, D.: *Classical and quantum probability and set theory.* Found. Probab. Theor., stat. Inference, stat. Theor. Sci. Vol. III, Proc. intern. Res. Colloq., London/Canada 1973, (1976), 11–119.

[137] Finsler, P.: *Über die Grundlegung der Mengenlehre. II: Verteidigung.* Commentarii Math. Helvet. *38* (1964), 172–218.
[138] Finsler, P.: *Über die Unabhängigkeit der Kontinuumhypothese.* Dialectica *23* (1969), 67–78.
[139] Finsler, P.: *Aufsätze zur Mengenlehre.* Hrsg. von G. Unger. Darmstadt 1975.
[140] Fitting, M.: *Non-classical logics and the independence results of set theory.* Theoria *38* (1972), 133–142.
[141] Fraenkel, A.: *Zehn Vorlesungen über die Grundlegung der Mengenlehre.* Leipzig, Berlin 1927.
[142] Fraenkel, A.: *Einleitung in die Mengenlehre.* Berlin 1928.
[143] Fraenkel, A.: *Georg Cantor.* Jahresber. d. DMV *39* (1930), 189–266.
[144] Fraenkel, A.: *Das Leben Georg Cantors.* In: [7], p. 452–483.
[145] Fraenkel, A.: *Sur l'axiome du choix.* Enseign. Math. *34* (1935), 32–51.
[146] Fraenkel, A.: *Zum Diagnonalverfahren Cantors.* Fundam. Math. *25* (1935), 45–50.
[147] Fraenkel, A.: *The recent controversies about the foundation of mathematics.* Scripta math. *13* (1947), 17–36.
[148] Fraenkel, A.: *Paul Bernays und die Begründung der Mengenlehre.* Dialectica *12* (1958), 274–279.
[149] Fraenkel, A.: *Mengenlehre und Logik.* Berlin 1959.
[150] Fraenkel, A.: *Abstract set theory.* Amsterdam 1953[1]; Amsterdam, Oxford, New York 1976[4].
[151] Fraenkel, A.; Bar-Hillel, Y.: *Foundations of set theory.* Amsterdam 1958. 2. Aufl. unter Mitarb. von A. Levy und D. van Dalen 1973.
[152] Fraenkel, A.: *Lebenskreise.* Stuttgart 1967.
[153] Frege, G.: *Die Grundlagen der Arithmetik. Eine logisch-mathematische Untersuchung über den Begriff der Zahl.* Breslau 1884.
[154] Frege, G.: *Grundgesetze der Arithmetik, begriffsschriftlich abgeleitet.* Bd. I, Jena 1893.
[155] Frege, G.: *Grundgesetze der Arithmetik.* Bd. II, Jena 1903.
[156] Frege, G.: *Nachgelassene Schriften und Wissenschaftlicher Briefwechsel.* Hrsg. von H. Hermes, F. Kambartel und F. Kaulbach, Bd. 2, Hamburg 1976.
[157] Friedman, J. J.: *On some relations between Leibniz' monadology and transfinite set theory.* (*A complement to the Russell thesis*) Stud. Leibnitiana, Suppl, Vol. XIV, Akten d. II. Int. Leibniz-Kongr. Hannover 1972, Bd. III (1975), 335–356.
[158] Galilei, G.: *Unterredungen und mathematische Demonstrationen.* (*Discorsi*) *Erster und zweiter Tag.* Ostwalds Klassiker Nr. 11, Leipzig 1890; Repr. Nachdruck: Darmstadt 1985.
[159] Gauß, C.F.: *Werke.* 12 Bde. Göttingen 1863–1933.
[160] Gendrihson, N. N.: *Über einige Arbeiten G. Cantors über Zahlentheorie* (Russ.). Istor. Metodolog. estestv. Nauk *9* (1970) 190–198.
[161] Gericke, H.: *Geschichte des Zahlbegriffs.* Mannheim, Wien, Zürich 1971.
[162] Gericke, H.: *Aus der Chronik der Deutschen Mathematiker-Vereinigung.* Jahresber. d. DMV *68* (1966), 46–74.
[163] Gericke, H.: *Vorgeschichte der Mengenlehre.* Math.-Physik. Semesterber., Neue Folge *20* (1973), 151–170.
[164] Gericke, H.: *Wie dachten und denken die Mathematiker über das Unendliche?* Sudhoffs Archiv *64* (1980), 207–225.
[165] *Geschäftlicher Bericht.* Jahresber. d. DMV *3* (1892–93), 8–9.

[166] Gillies, D. A.: *Frege, Dedekind and Peano on the foundation of arithmetic.* Methodology and Science Foundation, No. 2, Assen 1982.

[167] *Glückwunschadresse der DMV an Cantor.* Jahresber. d. DMV *24* (1915), 97.

[168] Gödel, K.: *Über formal unentscheidbare Sätze der Principia Mathematica und verwandter Systeme.* Monatshefte f. Math. u. Physik *38* (1931), 173–198.

[169] Gödel, K.: *The consistency of the axiom of choice and the generalized continuum hypothesis.* Proc. Nat. Acad. Sci. USA *24* (1938), 556–557.

[170] Gödel, K.: *Consistency-proof for the generalized continuum-hypothesis.* Proc. Nat. Acad. Sci. USA *25* (1939), 220–224.

[171] Gödel, K.: *What is Cantor's continuum problem?* Amer. Math. Monthly *54* (1947), 515–525. *Correction:* Amer. Math. Monthly *55* (1948), 151.

[172] Goodstein, R. L.: *Existence in mathematics.* Compositiones math. *20* (1968), 70–82.

[173] Goussinsky, B.: *Continuity and number.* Tel Aviv 1959.

[174] Gramsch, B.: *Eine Idealstruktur Banachscher Operatorenalgebren.* J. f. reine u. angew. Math. *225* (1967), 97–115.

[175] Grattan-Guinness, I.: *An unpublished paper by Georg Cantor: Principien einer Theorie der Ordnungstypen. Erste Mitteilung.* Acta math. *124* (1970), 65–107.

[176] Grattan-Guinness, I.: *Missing materials concerning the life and work of Georg Cantor.* Isis *62* (1971), 516–517.

[177] Grattan-Guinness, I.: *Towards a Biography of Georg Cantor.* Annals of Science *27* (1971) 4, 345–391.

[178] Grattan-Guinness, I.: *Some remarks on Cantor's published and unpublished work on set theory.* NTM *8* (1971) 1, 1–8.

[179] Grattan-Guinness, I.: *The Correspondence between Georg Cantor and Philip Jourdain.* Jahresber. d. DMV *73* (1971–72), 111–130.

[180] Grattan-Guinness, I.: *The rediscovery of the Cantor – Dedekind Correspondence.* Jahresber. d. DMV *76* (1974–75), 104–139.

[181] Grattan-Guinness, I.: *How Bertrand Russell discovered his paradox.* Historia math. *5* (1978), 127–137.

[182] Grattan-Guinness, I.: *Georg Cantor's influence on Bertrand Russell.* History and Philos. of Logic *1* (1980), 61–93.

[183] Grattan-Guinness, I.: *Are there paradoxes of the set of all sets?* Int. J. Math. Educ. Sci. Technol. *12* (1981), 9–18.

[184] Grattan-Guinness, I.: *Psychology in the foundations of logic and mathematics: the cases of Boole, Cantor and Brouwer.* History and Philos. of Logic *3* (1982), 33–53.

[185] Grattan-Guinness, I. (Ed.): *From the calculus to set theory 1630–1910.* London 1980.

[186] Gribanov, J. J.: *Über den Anwendbarkeitsbereich des Cantorschen Diagonalverfahrens* (Russ.). Izvestija vysš. ucelen. Zaved., Mat. (1969) 4, 22–23.

[187] Griesel, H.: *Die Leitlinie Menge–Struktur im gegenwärtigen Mathematikunterricht.* Mathematikunterricht *11* (1965) 1, 40–53.

[188] Guggenbühl, G.: *Personenverzeichnis.* In: *Eidgenössische Technische Hochschule 1855–1955.* Zürich 1955, S. 226–254.

[189] Günther, S.: *Külp, Edmund Jacob.* Allgemeine Deutsche Biographie, Bd. 17, Leipzig 1883, p. 364.

[190] Gutberlet, C.: *Das Unendliche mathematisch und metaphysisch betrachtet.* Mainz 1878.

[191] Gutberlet, C.: *Das Problem des Unendlichen*. Z. f. Philos. u. philos. Kritik, Neue Folge *88* (1886), 179–223.
[192] Gutberlet, C.: *Rezension von Vaihinger, H: Die Philosophie des Alsob* ... Philos. Jahrbuch d. Görres-Gesellschaft *32* (1919), 83–90.
[193] Gutberlet, C.: *Constantin Gutberlet*. In: *Die Philosophie der Gegenwart in Selbstdarstellungen,* Bd. 4, Leipzig 1923, p. 47–74.
[194] Gutzmer, A.: *Geschichte der Deutschen Mathematiker-Vereinigung*. Leipzig 1904.
[195] Hadamard, J.; Baire, R.; Lebesgue, H.; Borel, E.: *Cinq lettres sur la théorie des ensembles*. S.M.F. Bull *33*, 261–273.
[196] Hadamard, J.: *Sur certaines applications possibles de la théorie des ensembles*. Verhandl. d. 1. Internat. Mathematikerkongresses in Zürich vom 9.–11.8.1897. Leipzig 1898, p. 201–202.
[197] Haenzel, G.: *Eine geometrische Konstruktion der transfiniten Zahlen Cantors*. J. f. reine u. angew. Math. *170* (1933), 123–128.
[198] Hajnal, A.: *The work of J. von Neumann in the axiomatic set theory*. (Ung.). Mat. Lapok *10* (1959), 5–11.
[199] Hajnal, A.: *On the history and present state of axiomatic research concerning the continuum problem and the axiom of choice* (Ung.). Mat. Lapok *17* (1966), 253–260.
[200] Hajnal, A.: *The set-theoretical work of P. Erdös* (Ung.). Mat. Lapok *22* (1971), 197–208.
[201] Hallett, M.: *Cantorian set theory and limitation of size*. Oxford Logic Guides 10. Oxford 1984.
[202] Halmos, P. R.: *Naive Mengenlehre. Moderne Mathematik in elementarer Darstellung,* Bd. 6, Göttingen 1968, 1976.
[203] Hankel, H.: *Untersuchungen über die unendlich oft oszillierenden und unstetigen Funktionen*. Universitätsprogramm, Tübingen 1870. WA: Ostwalds Klassiker, Bd. 153, Leipzig 1905.
[204] Harnack, A.: *Vereinfachung der Beweise in der Theorie der Fourier'schen Reihen*. Math. Ann. *19* (1882), 235–279.
[205] Harnack, A.: *Die allgemeinen Sätze über den Zusammenhang der Functionen einer reellen Variabelen mit ihren Ableitungen*. I. Math. Ann. *23* (1884), 244–284; II. Math. Ann. *24* (1884), 217–252.
[206] Harnack, A.: *Notiz über die Abbildung einer stetigen linearen Mannigfaltigkeit auf eine unstetige*. Math. Ann. *23* (1884), 285–287.
[207] Hart, J. C.: *The romance of yachting: voyage the first*. New York 1848.
[208] Hartogs, F.: *Über das Problem der Wohlordnung*. Math. Ann. *76* (1915), 438–443.
[209] Hausdorff, F.: *Grundzüge der Mengenlehre*. Leipzig 1914, 1935. New York 1949. Engl.: New York 1944, 1957.
[210] Hayden, S.; Kennison, J. F.: *Zermelo-Fraenkel set theory*. Columbus, Ohio 1968.
[211] Hegel, G. W. F.: *Vorlesungen über die Geschichte der Philosophie*. Teil III, Leipzig 1982.
[212] Heijenoort, J. van: *From Frege to Gödel. A source book in mathematical logic, 1879–1931*. Cambridge (Mass.) 1967.
[213] Heine, E.: *Über trigonometrische Reihen*. J. f. reine u. angew. Math. *71* (1870), 353–365.
[214] Heine, E.: *Die Elemente der Functionenlehre*. J. f. reine u. angew. Math. *74* (1872), 172–188.
[215] Heitsch, W.: *Mathematik und Weltanschauung*. Berlin 1976.

[216] Helferstein, U.: *Persönl. Mitteilung an die Verfasser vom 7.12.1982.*
[217] Hermes, H.: *Zur Geschichte der mathematischen Logik und Grundlagenforschung in den letzten fünfundsiebzig Jahren.* Jahresber. d. DMV *68* (1966), 75–96.
[218] Hessenberg, G.: *Grundbegriffe der Mengenlehre.* Abh. der Fries'schen Schule *1* (1906), 479–706.
[219] Hessenberg, G.: *Willkürliche Schöpfungen des Verstandes?* Jahresber. d. DMV *17* (1908), 145–162.
[220] Heyting, A.: *Die intuitionistische Grundlegung der Mathematik.* Erkenntnis zugl. Ann. Philos. *2* (1931), 106–115; 135–155.
[221] Heyting, A.: *Mathematische Grundlagenforschung, Intuitionismus, Beweistheorie.* Berlin 1934.
[222] Hilbert, D.: *Gesammelte Abhandlungen, Bd. III.* Berlin 1935.
[223] Hilbert, D.: *Über den Zahlbegriff.* Jahresber. d. DMV *8* (1900), 181–184.
[224] Hilbert, D.: *Hermann Minkowski.* Nachr. d. Königl. Ges. d. Wiss. zu Göttingen. Geschäftl. Mitt. aus dem Jahre 1909, p. 72–101.
[225] Hilbert, D.: *Die Neubegründung der Mathematik. Erste Mitt.* Abh. d. Math. Seminars d. Univ. Hamburg, *1* (1922), 157–177. WA: [222], p. 157–177.
[226] Hilbert, D.: *Über das Unendliche.* Math. Ann. *95* (1925), 161–190.
[227] Hilbert, D.: *Die Grundlegung der elementaren Zahlentheorie.* Math. Ann. *104* (1931), 485–494. WA: [222], p. 192–196.
[228] Hilbert, D.; Bernays, P.: *Grundlagen der Mathematik. Bd. 1,* Berlin 1934.
[229] Hofstadter, D. R.: *Energy levels and wave functions of Bloch electrons in rational and irrational magnetic fields.* Phys. Review B 14 (1976), 2239–2249.
[230] Hölder, O.: *Zur Theorie der trigonometrischen Reihen.* Math. Ann. *24* (1884), 181–216.
[231] Holmes, N.: *The Autorship of Shakespeare.* New York 1866.
[232] Homeyer, F.: *Ein Leben für das Buch. Erinnerungen.* Aschaffenburg 1961.
[233] Hontheim, J.: *Der logische Algorithmus in seinem Wesen.* Berlin 1895.
[234] Hooley, J.: *Some extensions of Cantor's power-set theorem.* Amer. Math. Monthly *75* (1968), 65–68.
[235] Huntington, E. V.: *The continuum and other types of serial order. With an introduction to Cantor's transfinite numbers.* New York 1955².
[236] Hurwitz, A.: *Über die Entwicklung der allgemeinen Theorie der analytischen Funktionen in neuerer Zeit.* Verhandlungen d. 1. Internat. Mathematikerkongresses in Zürich vom 9.–11.8.1897. Leipzig 1898, p. 91–112.
[237] Ilgauds, H.-J.: *Zur Biographie von Georg Cantor: Georg Cantor und die Bacon-Shakespeare-Theorie.* NTM *19* (1982) 2, 31–49.
[238] Jaensch, E. R.: *Der Gegentypus. Psychologisch-antropologische Grundlagen deutscher Kulturphilosophie ausgehend von dem, was wir überwinden wollen.* Beiheft 75 zur Z. f. angewandte Psychologie und Charakterkunde. Leipzig 1938.
[239] Jaensch, E. R.; Althoff, F.: *Mathematisches Denken und Seelenform.* Beiheft 81 zur Z. f. Psychologie und Charakterkunde. Leipzig 1939.
[240] *Jahrbuch für die Fortschritte der Mathematik.* Berlin 1871 ff.
[241] Jahresber. d. DMV *24* (1915), Angelegenheiten der DMV, p. 97, p. 117.
[242] Jarnik, V.: *Bolzano and the foundation of mathematical analysis.* Prag 1981.
[243] Jensen, R. B.: *Modelle der Mengenlehre. Widerspruchsfreiheit und Unabhängigkeit der Kontinuum-Hypothese und des Auswahlaxioms. Ausgearbei-*

tet von F. J. Leven. (Lecture Notes in Math. 37) Berlin, Heidelberg, New York 1967.

[244] Jentsch, W.: *Über ein Hallenser Manuskript der Dissertation Georg Cantors.* Historia math. *3* (1976), 449–462.

[245] Jerrmann, E.: *Unpolitische Bilder aus St. Petersburg.* Berlin 1851.

[246] Johnson, P. E.: *A history of set theory.* Complementary series in Math. Vol. 16. Boston (Mass.) 1972.

[247] Jordan, C.: *Remarques sur les intégrales définis.* J. math., Sér. 4, *8* (1892), 69.

[248] Jordan, C.: *Cours d'analyse de l'Ecole polytechnique.* T. 1, Paris 1893.

[249] Jourdain, Ph.: *On the transfinite cardinal numbers of well-ordered aggregates.* Phil. Magaz. V. VII, 6. ser. (1904), 61–75.

[250] Jourdain, Ph.: *The development of the theory of transfinite numbers.* Arch f. Math. u. Physik (Grunerts Archiv) *10* (1906), 254–281; *14* (1908/09), 287–311; *16* (1910), 21–43; *22* (1913/14), 1–21.

[251] Jürgens, E.: *Der Begriff der n-fachen stetigen Mannigfaltigkeit.* Jahresber. d. DMV *7* (1899), 50–55.

[252] Juškevič, A. P.: *L. Carnot und der Wettbewerb der Berliner Akademie der Wissenschaften vom Jahr 1786 zum Thema über die mathematische Theorie des Unendlichen* (Russ.). Istoriko-mat. issledovanija *18* (1973), 132–156.

[253] Kalmár, L.: *Über die Cantorsche Theorie der reellen Zahlen.* Publ. Math. Debrecen *1* (1950), 150–159.

[254] Kamke, E.: *Allgemeine Mengenlehre.* Enzyklopädie der mathem. Wiss. Bd. 1, Teil 1, Heft 2, Leipzig, Berlin 1939.

[255] Kamke, E.: *Über die Begründung der Mengenlehre.* Math. Z. *39* (1934), 112–125.

[256] Kamke, E.: *Mengenlehre.* Sammlung Göschen, Bd. 999. Berlin 1962[4].

[257] Katin, J. E.: *Aus der Geschichte des Kontinuumproblems* (Russ.). Istor. Metodolog. estestv. Nauk *9* (1970), 248–261.

[258] Kaulbach, F.: *Philosophisches und mathematisches Kontinuum.* Philos. Math. *4* (1967), 47–69.

[259] Keldyš, L. V.: *The ideas of N. N. Luzin in descriptive set theory.* Russ. math. Surveys *29* (1974) 5, 179–193.

[260] Kennedy, H. C.: *Peano. Life and works of Giuseppe Peano.* Dordrecht, Boston, London 1980.

[261] Kertész, A.: *Hundert Jahre exakte Einführung der reellen Zahlen.* Nova Acta Leopoldina, n. F. 38, Nr. 211 (1973), 455–457.

[262] Kertész, A.: *Georg Cantor – Schöpfer der Mengenlehre.* Acta historica Leopoldina, Bd. 15, 1983; Lizenzausg. Wiss. Buchges. Darmstadt 1983.

[263] Klaua, D.: *Allgemeine Mengenlehre.* Berlin 1964.

[264] Klaua, D.: *Elementare Axiome der Mengenlehre. Einführung in die Allgemeine Mengenlehre I.* Wiss. Taschenbücher Bd. 81, Berlin, Oxford, Braunschweig 1971.

[265] Klein, F.: *Vorlesungen über die Entwicklung der Mathematik im 19. Jahrhundert.* Bd. 1, Berlin 1926.

[266] Kline, M.: *Mathematical thought from ancient to modern times.* New York 1972.

[267] Kneale, W. C.: *Russell's paradox and some others.* British J. Philos. Sci. *22* (1971), 321–338.

[268] Kolmogorow, A. N.: *Zur Deutung der intuitionistischen Logik.* Math. Z. *35* (1932), 58–65.

[269] Kolyadko, V. I.: *Bernard Bolzano* (Russ.). Moskau 1982.

[270] Kossak, E.: *Die Elemente der Arithmetik*. Berlin 1872.

[271] Kowalewski, G.: *Bestand und Wandel*. München 1950.

[272] Kreisel, G.: *Two notes on the foundations of set theory*. Dialectica *23* (1969), 93–114.

[273] Kreiser, L.: *W. Wundts Auffassung der Mathematik – Briefe von G. Cantor an W. Wundt*. Wiss. Zeitschr. der KMU, Ges.- und sprachwiss. Reihe *28* (1979) 2, 197–206.

[274] Kronecker, L.: *Über den Zahlbegriff*. J. f. reine u. angew. Math. *101* (1887), 337–355. WA: Werke, Bd. III/1, Leipzig, Berlin 1899, p. 249–274.

[275] Kühnrich, M.: *Zur Mengenbildung und Unendlichkeit*. Monatsber. d. Deutschen Akad. d. Wiss. Berlin *11* (1969), 551–555.

[276] Kühnrich, M.: *Von Cantor bis zu Cohen. Aus der 100-jährigen Entwicklung der Mengenlehre*. Mitt. d. Math. Ges. der DDR, H. 3, 1974, 68–80.

[277] Kühnrich, M.: *Das Kontinuumproblem*. Mitt. d. Math. Ges. der DDR, H. 4, 1974, 5–39.

[278] Kuratowski, K.; Mostowski, A.: *Set theory*. (*Studies in Logic and the Foundation of Mathem.*) Warszawa, Amsterdam 1968.

[279] Kurepa, D. R.: *Around Bolzano's approach to real numbers*. Czech. Math. J. *32* (1982), 655–666.

[280] Kusnecov, B. G.: *Philosophie–Mathematik–Physik*. Berlin 1981.

[281] Lakatos, I. (Ed.): *Problems in the philosophy of mathematics*. Proc. of the Intern. Colloq. in the Philos. of Science, London 1965, Vol. 1. Amsterdam 1967.

[282] Lamla, E. (Hrsg.): *Geschichte des Mathematischen Vereins an der Universität Berlin*. Berlin 1911.

[283] Langbehn, J.: siehe *Rembrandt als Erzieher*.

[284] Langhammer, W.: *Ontologie im Entdeckungszusammenhang des Russell-Paradoxons*. In: [57], p. 224–232.

[285] Laugwitz, D.: *Bolzano's infinitesimal numbers*. Czechosl. Math. J. *32* (1982), 667–670.

[286] Leibniz, *Werk und Wirkung*. IV. Intern. Leibniz-Kongr., Hannover 14.–19. Nov. 1983. Nieders. Landesbibliothek Hannover 1983 (Mit Beiträgen zum Verhältnis von Leibniz' und Cantors Auffassungen).

[287] Leitsmann, E.: *Besprechung von «Resurrectio divi Quirini Francisci Baconi ...»* In: Anglia, Beiblatt, hrsg. von M. F. Mann, *7* (1896–97), 37–40.

[288] Lenz, M.: *Geschichte der Königlichen Friedrich-Wilhelms-Universität zu Berlin*, Bd. 3, Halle 1910.

[289] Leo XIII: *Aeterni Patris* ... In: *Sämmtliche Rundschreiben erlassen von Unserem Heiligsten Vater Leo XIII*. Erste Sammlung, Freiburg 1881, p. 53–103.

[290] Levy, A.: *On von Neumann's axiom system for set theory*. Amer. Math. Monthly *75* (1968), 762–763.

[291] Lévy, P.: *Axiome de Zermelo et nombres transfinis*. Ann. sci. Ecole normale sup. III, *67* (1950), 15–49.

[292] Lichtenburg, A. J.; Liebermann, M. A.: *Regular and stochastic motion*. New York, Heidelberg, Berlin 1983.

[293] Ljapunov, A. A.: *Über die Arbeiten P. S. Novikovs auf dem Gebiet der deskriptiven Mengenlehre* (Russ.). Trudy mat. Inst. Steklova *133* (1973), 11–22.

[294] Ljapunov, A. A.; Novikov, P. S.: *Deskriptive Mengenlehre* (Russ.). Matematika v SSSR 1917–1947, (1948), 243–255.

[295] Ljapunov, A. A.; Stschegolkov, E. A.; Arsenin, W. J.: *Arbeiten zur deskriptiven Mengenlehre*. Berlin 1955.

[296] Lorenzen, P.: *Die Fiktion der Überabzählbarkeit*. Proc. Intern. Congr. Math. Amsterdam 1954, (1956) 3, 273–279.

[297] Lorenzen, P.: *Über die Widerspruchsfreiheit des Unendlichkeitsbegriffes*. Studium generale *5* (1952), 591–594.

[298] Lorey, W.: *Der 70. Geburtstag des Mathematikers Georg Cantor*. Z. f. math. u. naturwiss. Unterricht *46* (1915), 269–274.

[299] Luft, E.: *The two-sided ideals of the algebra of bounded linear operators of a Hilbert space*. Czechosl. Math. J. *18* (1968), 595–605.

[300] Lutz, R.; Goze, M.: *Nonstandard analysis. A practical guide with applications*. Lecture Notes in Math., 881. New York, Heidelberg, Berlin 1981.

[301] Luzin, N. N.: *Gesammelte Werke, Bd. II: Deskriptive Mengenlehre* (Russ.). Moskau 1958.

[302] Mandelbrot, B. B.: *Fractals – form, chance, and dimensions*. San Francisco 1977.

[303] Mandelbrot, B. B.: *The fractal geometry of nature*. San Francisco 1982.

[304] Marčevskij, M. N.: *Die Charkower Mathematische Gesellschaft nach den ersten 75 Jahren ihres Bestehens (1879–1954)* (Russ.). Istoriko-mat. Issledovanija *9* (1956), 613–666.

[305] Markuševič, A. J.: *Zu dem Aufsatz von F. A. Medvedev «Über die Theorie der reellen Zahlen von Cantor»* (Russ.). Istoriko-mat. Issled. *23* (1978), 71–76.

[306] Marek, W.; Srebrny, M.; Zarach, A. (Eds): *Set theory and hierarchy theory*. Lecture Notes in Math., 537. Berlin, Heidelberg, New York 1976.

[307] Marx, K.; Engels, F.: *Werke*. Bd. 20, Berlin 1962.

[308] Medvedev, F. A.: *Die ersten Leitfäden und Monographien der Mengenlehre* (Russ.). Trudy Inst. Istor. Estestv. i Techn. *28* (1959), 237–249.

[309] Medvedev, F. A.: *Die Entstehung der Mengenlehre* (Russ.). Trudy Inst. Istor. Estestv. i Techn. *28* (1959), 272–280.

[310] Medvedev, F. A.: *Vorläufer der Untersuchungen zur Mengen- und Funktionentheorie in Rußland* (Russ.). Očerki Istor. Mat. Meh. (1963), 45–66.

[311] Medvedev, F. A.: *Die Entwicklung der Mengentheorie im 19. Jahrhundert* (Russ.). Moskau 1965.

[312] Medvedev, F. A.: *Mengenfunktionen bei G. Peano* (Russ.). Istoriko-mat. Issledovanija *16* (1965), 311–323.

[313] Medvedev, F. A.: *Frühgeschichte des Äquivalenzsatzes* (Russ.). Istoriko-mat. Issledovanija *17* (1966), 229–246.

[314] Medvedev, F. A.: *Dedekinds Beitrag zur Mengenlehre* (Russ.). Istor. Metodolog. estestv. Nauk *5* (Matematika) (1966), 192–199.

[315] Medvedev, F. A.: *Die Entwicklung des Integralbegriffs* (Russ.). Moskau 1974.

[316] Medvedev, F. A.: *Abriß der Geschichte der Theorie der reellen Funktionen* (Russ.). Moskau 1975.

[317] Medvedev, F. A.: *Die französische Schule der Funktionentheorie und der Mengenlehre*. (Russ.) Moskau 1976.

[318] Medvedev, F. A.: *Über die Theorie der reellen Zahlen von Cantor* (Russ.). Istoriko-mat. Issledovanija *23* (1978), 56–70.

[319] Medvedev, F. A.: *Das Auswahlaxiom in den ersten Arbeiten Cantors zur Mengenlehre* (Russ.). Istoriko-mat. Issledovanija *24* (1979), 218–225.

[320] Medvedev, F. A.: *Frühgechichte des Auswahlaxioms* (Russ.). Moskau 1982.

[321] Medvedev, F. A.: *Über ein Theorem von G. König*. NTM *19* (1982) 2, 15–20.

[322] Medvedev, F. A.: *Abstrakte Mengentheorie bei Cantor und Dedekind* (Russ.). Semiotika i informatika *22* (1983), 45–80.

[323] Mehrtens, H.; Richter, S. (Hrsg.): *Naturwissenschaft, Technik und NS-Ideologie. Beiträge zur Wissenschaftsgeschichte des Dritten Reiches*. Frankfurt 1980.

[324] Méray, Ch.: *Nouveau précis d'analyse infinitesimale*. Paris 1872.

[325] Meschkowski, H.: *Wandlungen des mathematischen Denkens. Eine Einführung in die Grundlagenprobleme der Mathematik*. Braunschweig 1956.

[326] Meschkowski, H.: *Denkweisen großer Mathematiker. Ein Weg zur Geschichte der Mathematik*. Braunschweig 1961.

[327] Meschkowski, H.: *Aus den Briefbüchern Georg Cantors*. Archive for History of Exact Sci. *2* (1962–66), 503–519.

[328] Meschkowski, H.: *Probleme des Unendlichen. Werk und Leben Georg Cantors*. Braunschweig 1967. 2. Aufl. 1983.

[329] Meschkowski, H.: *Georg Cantor*. In: *Dictionary of Scientif. Biography*, vol. III, New York 1971, S. 52–58.

[330] Meschkowski, H.: *Zwei unveröffentlichte Briefe Georg Cantors*. Mathematikunterricht *17* (1971) 4, 30–34.

[331] Meschkowski, H. (Hrsg.): *Grundlagen der modernen Mathematik*. Darmstadt 1972.

[332] Meschkowski, H.: *Hundert Jahre Mengenlehre*. DTV Wiss. Reihe, 4142. München 1973.

[333] Meschkowski, H. (Hrsg.): *Das Problem des Unendlichen. Mathematische und philosophische Texte von Bolzano, Gutberlet, Cantor, Dedekind*. DTV Text-Bibliothek, München 1974.

[334] Meschkowski, H.: *La théorie de l'infini chez Cantor*. Logique et Analyse, n. Sér. *17* (1974), 461–479.

[335] Meschkowski, H.: *Mathematik und Realität bei Georg Cantor*. Dialectica *29* (1975), 55–70.

[336] Meschkowski, H.: *Die Beiträge von Bolzano, Cantor und Dedekind zur Begründung der Mengenlehre*. Hum. u. Technik *21* (1977), 1–13.

[337] Meschkowski, H.: *Mathematik und Realität*. Mannheim 1979.

[338] Meurer, H.: *Noch Einiges zum Bacon-Shakespeare-Mythus*. Anglia, Z. f. engl. Philologie, Bd. XXIV, Neue Folge Bd. XII (1901), 401–427.

[339] Meyer, F.: *Elemente der Arithmetik und Algebra*. Halle 1885.

[340] Meyer, H.: *Über einige naturphilosophische Diskussionen im Zusammenhang mit der Begründung der Mengenlehre durch Georg Cantor*. Wiss. Z. der Humboldt-Univ., Math.-naturw. Reihe *3* (1983), 301–304.

[341] Minkowski, H.: *Briefe an David Hilbert*. Hrsg. von L. Rüdenberg und H. Zassenhaus. Berlin, Heidelberg, New York 1973.

[342] Mittag-Leffler, G.: *Weierstraß et Sonja Kowalewski*. Acta math. *39* (1923), 133–198.

[343] Molodschi, W. N.: *Studien zu philosophischen Problemen der Mathematik*. Berlin 1977.

[344] Monna, A. F.: *Set-theory in 1888*. Educ. Studies Math. *4* (1972), 393–397.

[345] Montague, R.: *Fraenkels addition to the axioms of Zermelo*. Essays Foundations Math., dedicated to A. A. Fraenkel on his 70th Anniversary (1962), 91–114.

[346] Moore, G. H.: *Ernst Zermelo, A. E. Harward, and the axiomatization of set theory*. Historica math. *3* (1976), 206–209.

[347] Moore, G.; Garciadiego, A.: *Burali-Forti's paradox: A reappraisal of its origins*. Historia math. *8* (1981), 319–350.

[348] Moore, G.: *Zermelo's axiom of choice. Its origin, development and influence*. New York, Heidelberg, Berlin 1982.

[349] Morgan, A.: *Der Shakespeare-Mythus. William Shakespeare und die Autorschaft der Shakespeare-Dramen* ... Leipzig 1885.

[350] Morse, A. P.: *A theory of sets*. Pure and appl. Math. Vol. XVIII, New York, London 1965.

[351] Mostowski, A.: *Über die Unabhängigkeit des Wohlordnungssatzes vom Ordnungsprinzip*. Fundam. math. *32* (1939), 201–252.

[352] Mostowski, A.: *Constructible sets with applications*. Studies in Logic and the Foundations of Math. Amsterdam, Warszawa 1969.

[353] Mostowski, A.: *Widerspruchsfreiheit und Unabhängigkeit der Kontinuumhypothese*. Elemente Math. *19* (1964), 121–125.

[354] Müller, F.: *Karl Schellbach. Rückblick auf sein wissenschaftliches Leben*. Leipzig 1905.

[355] Müller, F.: *Chronik des von dem Herrn Professor Schellbach geleiteten Mathematisch-Pädagogischen Seminars, 1855–1880*. Berlin 1880.

[356] Müller, G. H.: *Sets and classes. On the work by Paul Bernays*. Studies in Logic and the Foundations of Math. Amsterdam, New York, Oxford 1976.

[357] Murata, T.: *On the meaning of «virtualité» in the history of the set theory*. Japan. Studies Hist. Sci. *5* (1966), 119–139.

[358] Nanzetta, P.; Strecker, G. E.: *Set theory and topology*. New York, Belmont 1971.

[359] Nelson, L.: *Beiträge zur Philosophie der Mathematik. Mit einführenden und ergänzenden Bemerkungen von W. Ackermann, P. Bernays und D. Hilbert*. Frankfurt a. M. 1959.

[360] Neumann, J. von: *Eine Axiomatisierung der Mengenlehre*. J. f. Mathematik *154* (1925), 219–240.

[361] Neumann, J. von: *Die formalistische Grundlegung der Mathematik*. Erkenntnis zugl. Ann. Philos. *2* (1931), 116–121; 135–155.

[362] Neumann, O.; Purkert, W.: *Richard Dedekind – Zum 150. Geburtstag*. Mitt. d. Math. Ges. der DDR, H. 2–4, 1981, 84–110.

[363] Paplauskas, A. V.: *Trigonometrische Reihen von Euler bis Lebesgue* (Russ.). Moskau 1966.

[364] Paplauskas, A. V.: *Das Problem der Eindeutigkeit in der Theorie der trigonometrischen Reihen* (Russ.). Istoriko-mat. Issledovanija *14* (1961), 181–210.

[365] Peano, G.: *Applicazioni geometriche del calcolo infinitesimale*. Torino 1887.

[366] Pesch, T.: *Die großen Welträtsel*. Philosophie der Natur, Bd. 1, Freiburg 1907.

[367] Peters, M.: *Lied eines Lebens 1874–1954 (Über Leben und Wirken von Else Cantor)*. Privatdruck, Halle 1961.

[368] Pinter, C. C.: *Set theory*. Reading (Mass.) 1971.

[369] Platon: *Staat*. Langenscheidtsche Bibl. sämtl. griech. u. röm. Klassiker, Bd. 40, Berlin, Stuttgart 1855–1914.

[370] Platon: *Menon, Phaidon, Parmenides, Sophistes*. Reclam-Ausg. Leipzig 1985.

[371] Pönitz, K.: *Shakespeare und die Psychiatrie*. Therapie der Gegenwart *12* (1964), 1463–1478.

[372] Pott, C. M.: *The promos of formularies and elegancies by Francis Bacon*. London, Boston 1883.

[373] Purkert, W.: *Die Genesis des abstrakten Körperbegriffs*. I. NTM *10* (1973) 1, 23–37; II. NTM *10* (1973) 2, 8–20.

[374] Purkert, W.: *Elemente des Intuitionismus im Werk Leopold Kroneckers*. Math. in der Schule *14* (1976), 81–86.

[375] Purkert, W.: *Die Bedeutung von Albert Einsteins Arbeit über Brownsche Bewegung für die Entwicklung der modernen Wahrscheinlichkeitstheorie*. Mitt. d. Math. Ges. der DDR, H. 3, 1983, 41–49.

[376] Purkert, W.: *Georg Cantor und die Antinomien der Mengenlehre*. Bull. Soc. Math. Belgique, Bruxelles (im Druck).

[377] Purkert, W.; Ilgauds, H.-J.: *Georg Cantor*. Leipzig 1985.

[378] Quan, S.: *Galileo and the problem of infinity. I. The geometrical demonstrations*. Ann. of Sci. *26* (1970), 115–151.

[379] Quan, S.: *Galileo and the problem of infinity. II. The dialectical arguments, and the solution*. Ann. of Sci. *28* (1972), 237–284.

[380] Quine, W. V.: *Set theory and its logic*. Cambridge (Mass.) 1963[1], 1969[2].

[381] Quine, W. V.: *On Cantor's theorem*. J. Symbolic Logic *2* (1937), 120–124.

[382] Randolph, J. F.: *Some properties of sets of the Cantor type*. J. London Math. Soc. *16* (1941), 38–42.

[383] Rans, B.; Thomas, W.: *Zermelo's discovery of the «Russell paradox»*. Historia math. *8* (1981), 15–22.

[384] Reid, G. A.: *On the Calkin representations*. Proc. London Math. Soc. *23* (1971), 547.

[385] *Rembrandt als Erzieher. Von einem Deutschen*. (Autor: Julius Langbehn). Leipzig 1890[4].

[386] Resnik, M. D.: *Frege and the philosophy of mathematics*. Ithaca (N.Y.) 1980.

[387] Resnikoff, H. L.; Wells, R. O.: *Mathematik im Wandel der Kulturen*. Braunschweig 1983.

[388] Richter, M. M.: *Ideale Punkte, Monaden und Nichtstandard-Methoden*. Braunschweig 1982.

[389] Riemann, B.: *Werke*. Leipzig 1892.

[390] Robinson, A.: *Non-standard analysis*. Proc. Nederl. Akad. Wet., Ser. A *64* (1961), 432–440.

[391] Robinson, A.: *Non-standard analysis*. Amsterdam 1966.

[392] Rompe, R.; Treder, H.-J.: *Über die Einheit der exakten Wissenschaften*. Berlin 1982.

[393] Rotman, B.; Kneebone, G. T.: *The theory of sets and transfinite numbers*. London 1966.

[394] Rucker, R.: *Infinity and the Mind. The science and philosophy of the infinite*. Boston, Basel, Stuttgart 1982.

[395] Ruelle, D.; Takens, F.: *On the nature of turbulence*. Communic. on Math. Physics *20* (1971), 167–192.

[396] Ruelle, D.: *Strange attractors as a mathematical explanation of turbulence*. In: *Statistical Models and Turbulence*. Lecture Notes Physics 12, New York 1972.

[397] Ruelle, D.: *Strange attractors*. Math. Intelligencer *2* (1980), 126–137.

[398] Ruelle, D.: *Turbulent dynamical systems*. Proc. of the Intern. Congress of Mathematicians. August 16–24, 1983, Warszawa. Vol. I, Amsterdam, New York, Oxford 1984, p. 271–286.

[399] Ruelle, D.; Eckmann, J-P.: *Ergodic theory of chaos and strange attractors*. Reviews of modern physics *57* (1985) 3, 617–656.

[400] Russell, B.: *The principles of mathematics I*. Cambridge 1903.

[401] Russell, B.; Whitehead, A. N.: *Principia mathematica. Vol. I.* Cambridge 1910.
[402] Russell, B.: *My philosophical development.* London 1958.
[403] Rychlik, K.: *Theorie der reellen Zahlen in Bolzano's handschriftlichem Nachlasse.* Czechosl. math. J. *7* (1957), 553–567.
[404] Saale-Zeitung Halle, Nr. 610 vom 30. 12. 1897, Abendausgabe, S. 1–2.
[405] Saarnio, U.: *Die kritischen Zahlen höherer Ordnung innerhalb der zweiten Cantorschen Zahlenklasse.* Math. Ann. *178* (1968), 173–183.
[406] Saarnio, U.: *Über die Positionsdarstellung der Ordnungszahlen der Cantorschen zweiten Zahlenklasse.* Math. Z. *100* (1967), 396–413.
[407] Schaefer, H.: *Georg Cantor und das Unendliche in der Mathematik.* Sitzungsber. d. Heidelberger Akad. d. Wiss., Math.-nat. Klasse, 1982, 2. Abh.
[408] Schindler, A.: *Biographie von Ludwig van Beethoven.* (1843). Leipzig 1973.
[409] Schirn, M.: *Begriff und Begriffsumfang. Zu Freges Anzahldefinition in den Grundlagen der Arithmetik.* Hist. Philos. Logic *4* (1983), 117–143.
[410] Schipper, J.: *Neue Beiträge zur Shakespeare-Bacon-Hypothese.* In: J. Schipper: *Beiträge und Studien zur Englischen Kultur- und Literaturgeschichte.* Wien, Leipzig 1908.
[411] Schmid, A.: *Erkenntnißlehre.* 2 Bde. Freiburg 1890.
[412] Schmieden, C.; Laugwitz, D.: *Eine Erweiterung der Infinitesimalrechnung.* Math. Z. *69* (1958), 1–39.
[413] Schoenflies, A.: *Die Entwicklung der Lehre von den Punktmannigfaltigkeiten.* 1. Teil, Jahresber. d. DMV *8* (1900); 2. Teil, Jahresber. d. DMV, II. Ergänzungsband 1908.
[414] Schoenflies, A.; Hahn, H.: *Entwicklung der Mengenlehre und ihrer Anwendungen.* Leipzig, Berlin 1913.
[415] Schoenflies, A.: *Zur Erinnerung an Georg Cantor.* Jahresber. d. DMV *31* (1922), 97–106.
[416] Schoenflies, A.: *Die Krisis in Cantor's mathematischem Schaffen.* Acta math. *50* (1927), 1–23.
[417] Schröter, K.: *Die Mengenlehre als inhaltliches Fundament der Mathematik.* *NTM 6* (1969) 1, 1–9.
[418] Schweitzer, A.: *Von Reimarus bis Wrede. Eine Geschichte der Leben-Jesu-Forschung.* (1906). In: A. Schweitzer: *Ausgewählte Werke in fünf Bänden,* Bd. 3, Berlin 1971.
[419] Schubring, G.: Persönl. Mitt. an die Verfasser vom 18. 6. 1985.
[420] Scienza, G.: *La genesi degli ordinali transfiniti nell'opera di G. Cantor.* Univ. Politec. Torino, Rend. Sem. mat. *34* (1975–76), 247–262.
[421] Scott, D.: *A proof of the independence of the continuum hypothesis.* Math. Systems Theory *1* (1967), 89–111.
[422] Seidel, H.: *Von Thales bis Platon.* Berlin 1980.
[423] Semadeni, Z.: *Is the Cantorian mathematics symmetric?* In: Asser, G.; Flachsmeyer, J.; Rinow, W. (Eds.): *Theory of sets and topology. A collection of papers in honour of Felix Hausdorff (1868–1942),* Berlin 1972.
[424] Siegmund-Schultze, R.: *Die «mengentheoretische Revolution» in der Analysis um die Wende vom 19. zum 20. Jahrhundert unter besonderer Berücksichtigung der ersten Begriffsbildungen der Funktionalanalysis.* Mitt. d. Math. Ges. der DDR, H. 3–4, 1978, 76–86.
[425] Sierpiński, W.: *Hypothèse du continu.* (Monogr. mat. Tom 4), Warszawa, Lwow 1934[1], New York 1956[2].
[426] Sierpiński, W.: *Cardinal and ordinal numbers.* (Monogr. mat. Tom 34) Warszawa 1958[1], 1965[2].

[427] Sierpiński, W.: *Algèbre des ensembles*. Warszawa, Wroclaw 1951.
[428] Sierpiński, W.: *Über das Unendliche* (Poln.). Wiadom. mat. *7* (1963), 39–49.
[429] Sierpiński, W.: *Leçons sur les nombres transfinis*. Paris 1950.
[430] Sikorski, R.: *On a generalization of theorems of Banach and Cantor-Bernstein*. Colloq. math. *1* (1948), 140–144.
[431] Simon, B.: *Almost periodic Schrödinger operators: A review*. Adv. Appl. Math. *3* (1982), 463–509.
[432] Sinaceur, M.-A.: *L'infini et les nombres. Commentaires de R. Dedekind à «Zahlen». La correspondence avec Keferstein*. Revue Histoire Sci. *27* (1974), 251–278.
[433] Sinisi, V. F.: *Leśniewski's analysis of Russell's antinomy*. Notre Dame J. formal logic (im Druck).
[434] Skolem, Th.: *Mengenlehre gegründet auf einer Logik mit unendlich vielen Wahrscheinlichkeitswerten*. S.-Ber. Berliner Math. Ges. 1957/58 (1958), 41–56.
[435] Skolem, Th.: *A set theory based on a certain 3-valued logic*. Math. Scandinav. *8* (1960), 127–136.
[436] Skolem, Th.: *Some remarks on the foundation of set theory*. Proc. Internat. Congr. Math. (Cambridge, Mass., 1950), 1 (1952), 695–704.
[437] Smith, W. H.: *Was Lord Bacon the author of Shakespeare's plays?* Printed for private Circulation. London 1856.
[438] Specker, E.: *Die Entwicklung der axiomatischen Mengenlehre*. Jahresber. d. DMV *81* (1978), 13–21.
[439] Spiess, B.: *Verzeichnis aller Lehrer des Pädagogiums (1817–1844) und des Gymnasiums (1844–1894)*. In: *Königliches Gymnasium zu Wiesbaden. Festschrift zur Gedenkfeier des fünfzigjährigen Bestehens der Anstalt*. Wiesbaden 1894, p. 31–103.
[440] Spinoza, B.: *Ethik*. Dtsch v. J. Stern. Reclamausg. Leipzig 1972.
[441] *Statuten der Deutschen Mathematiker-Vereinigung*. Jahresber. d. DMV *1* (1890–91), 12–13.
[442] Steiner, H. G.: *Menge, Struktur, Abbildung als Leitbegriffe für den modernen mathematischen Unterricht*. Mathematikunterricht *11* (1965) 1, 5–19.
[443] Steinitz, E.: *Algebraische Theorie der Körper*. J. f. reine u. angew. Math. *137* (1910), 167–309. Neu hrsg. von H. Hasse und R. Baer, Berlin 1930.
[444] Štěpánek, P.: *Guiseppe Peano (1858–1932). Logic and dimension theory*. Prokroky Mat. Fyz. Astr. *27* (1982), 301–307.
[445] Stern, F.: *Kulturpessimismus als politische Gefahr*. Bern, Stuttgart, Wien 1963.
[446] Struik, D. J.: *Abriß der Geschichte der Mathematik*. Berlin 1972[5].
[447] Suppes, P.: *Axiomatic set theory*. Princeton, New York, London 1960.
[448] Takeuti, G.: *Remarks on Cantor's Absolute*. J. math. Soc. Japan *13* (1961), 197–206. Part II: Proc. Japan Acad. *37* (1961), 437–439.
[449] Takeuti, G.: *Axioms of infinity of set theory*. J. math. Soc. Japan *13* (1961), 220–233.
[450] Takeuti, G.: *The universe of set theory*. Found. Math., Sympos. Papers Commen. 60th Birthday of Kurt Gödel, Columbus 1966. (1969), 74–128.
[451] Takeuti, G.; Zaring, W. M.: *Axiomatic set theory*. Graduate Texts in Mathematics 8. New York, Heidelberg, Berlin 1973.
[452] Tanner, R. C. H.: *Die Youngsche Darstellung der Punktmengenlehre*. NTM *6* (1969) 1, 10–12.

[453] Taylor, A. E.: *A study of Maurice Fréchet. I. His early work on point set theory and the theory of functionals.* Archive f. History of Exact Sci. *27* (1982), 233–295.
[454] Ternus, J.: *Ein Brief Georg Cantors an P. Joseph Hontheim S.J.* Scholastik *4* (1929), 561–571.
[455] Theologisches Literaturblatt XXIX (1908).
[456] Thiel, Ch.: *From Leibniz to Frege: Math. logic between 1679 and 1879.* Proc. VI. Intern. Congr. Hannover 1979; Stud. Logic Found. Math. *104* (1982), 755–770.
[457] Thiele, E.-J.: *Die Verträglichkeit der Kontinuumhypothese mit dem System der Mengenlehre von Zermelo-Fraenkel.* Z. Math. Logik u. Grundl. Math. *7* (1961), 225–255; *8* (1962), 347–349.
[458] Thiele, E.-J.: *Ein axiomatisches System der Mengenlehre nach Zermelo und Fraenkel.* Z. math. Logik u. Grundl. Math. *1* (1955), 173–195.
[459] Thomas von Aquin: *Summe der Theologie.* Bd. 1, Leipzig 1934.
[460] Ulam, S. M.: *Zur Maßtheorie in der allgemeinen Mengenlehre.* Fund. Math. *16* (1930), 140–150.
[461] Ulam, S. M.: *Sets, numbers and universes. Selected Works.* Ed.: W. A. Beyer, J. Mycielski and G.-C. Rota. Cambridge (Mass.) 1974.
[462] Utz, W. R.: *The distance set for the Cantor discontinuum.* Amer. Math. Monthly *58* (1951), 407–408.
[463] Venturini, K. H.: *Natürliche Geschichte des großen Propheten von Nazareth.* Zweyte Ausgabe, Erster–vierter Theil, Bethlehem (Kopenhagen) 1806.
[464] Viefhaus, E.: *Hochschule–Staat–Gesellschaft. Zur Entstehung und Entwicklung der Technischen Hochschule Darmstadt im 19. und 20. Jahrhundert. 100 Jahre Technische Hochschule Darmstadt,* Darmstadt o. J., p. 57–111.
[465] Viefhaus, M.: *Chronik zur Entwicklung der Technischen Hochschule Darmstadt. 100 Jahre Technische Hochschule Darmstadt, Darmstadt* o. J., p. 13–30.
[466] Vopěnka, P.: *Die Unabhängigkeit der Kontinuumhypothese* (Russ.). CMUC Commentationes math. Univ. Carolinae *5* (1964), Suppl. 1, 1–48.
[467] Vopěnka, P.: *Mathematics in the alternative set theory.* Leipzig 1979.
[468] Vopěnka, P.: *Axiome der Theorie endlicher Mengen.* Časopis mat. *89* (1964), 312–316.
[469] Vredenduin, P. G. J.: *Die Analyse des Kontinuums durch Aristoteles* (Holländisch), Euclides *36* (1960), 1–6.
[470] Wagner, K.: *Verbandstheoretische Charakterisierung der Cantorschen Äquivalenzrelation.* Math. Ann. *134* (1958), 295–297.
[471] Wang, Hao: *On Zermelo's and von Neumann's axioms for set theory.* Proc. nat. Acad. Sci. USA *35* (1949), 150–155.
[472] Wang, Hao: *The irreducibility of impredicative principles.* Math. Ann. *125* (1952), 56–66.
[473] Waterhouse, W. C.: *Gauss on infinity.* Historia math. *6* (1979), 430–436.
[474] Weber, H.: *Leopold Kronecker.* Math. Ann. *43* (1893), 1–25.
[475] Weierstraß, K.: *Briefe.* Acta math. *39* (1923), 199–258.
[476] Weyl, H.: *Philosophie der Mathematik und Naturwissenschaften.* In: *Handbuch der Philosophie,* München 1927. Erw. und rev. engl. Ausgabe, Princeton 1949.
[477] Weyl, H.: *Die Stufen des Unendlichen.* Jena 1931.
[478] Wiener, N.: *The average of an analytic functional and the Brownian movement.* Proc. Nat. Acad. Sci. USA *7* (1921), 294–298.

[479] Wiener, N.: *Differential space*. J. Math. and Physics *2* (1923), 131–174.
[480] Wilder, R.: *Evolution of mathematical concepts*. New York 1975.
[481] Williams, R. F.: *Classification of one-dimensional attractors. Global Analysis*. Proc. Symp. Pure Math. *14* (1970), 341–361.
[482] Wülker, R. P.: *Die Shakespeare-Bacon-Theorie*. Ber. über die Verh. der Königl. Sächsischen Ges. d. Wiss. zu Leipzig, Phil.-hist. Classe, IV (1889), 217–300.
[483] Wußing, H.: *Vorlesungen zur Geschichte der Mathematik*. Berlin 1979.
[484] Wyman, W. H.: *Bibliography of the Bacon-Shakespeare controversy* ... Cincinatti 1884. Mit Nachträgen in Shakespeariana (Philadelphia) 1886, 1887, 1888 und in Poet-Lore (Philadelphia) 1889.
[485] Wyss, G. V.: *Die Hochschule Zürich in den Jahren 1833–1883. Festschrift zur fünfzigsten Jahresfeier ihrer Stiftung*. Zürich 1883.
[486] Young, G. Ch.; Young, W. H.: *The theory of sets of points*. Cambridge 1906. Neuauflage mit Vorwort und Anhängen von R. C. H. Tanner und I. Grattan-Guinness, New York 1972.
[487] Zehna, P. W.; Johnson, R. L.: *Elements of set theory*. Boston 1972[2].
[488] Zermelo, E.: *Beweis, daß jede Menge wohlgeordnet werden kann*. Math. Ann. *59* (1904), 514–516.
[489] Zermelo, E.: *Untersuchungen über die Grundlagen der Mengenlehre*. Math. Ann. *65* (1908), 261–281.
[490] Zlot, W. L.: *Some comments on the role of the axiom of choice in the development of abstract set theory*. Math. Mag. *32* (1959), 115–122.
[491] Zlot, W. L.: *The principle of choice in pre-axiomatic set theory*. Scripta math. *25* (1960), 105–123.
[492] Zollinger, M.: *Bilder zur Geschichte der Universität Zürich. Auf die 125. Stiftungsfeier der Universität Zürich*. Zürich 1958.
[493] Zulauf, A.: *The logical and set-theoretical foundations of mathematics. Part one of a modern introduction to pure mathematics*. Edinburgh 1969.

Namensindex

Dieses Register bezieht sich nur auf den Text und den Dokumenten-Anhang, nicht auf das Vorwort und das Quellenverzeichnis.

Abel, Niels Henrik (1802–1829)
Ackermann, Wilhelm (1896–1962)
Aleksandrov, Pavel Sergeevič (1896–1982)
Althoff, Friedrich Theodor (1839–1908)
Ampère, André Marie (1775–1836)
Appell, Paul Emile (1855–1930)
Archimedes (287?–212 v. u. Z.)
Aristoteles (384–322 v. u. Z.)
Arndt, Friedrich (1817–1866)
Arriaga, Roderigo de (1592–1667)
Ascoli, Giulio (1843–1896)
Augustinus, Aurelius (354–430)
Avenarius, Richard Heinrich Ludwig (1843–1896)

Bacon, Anthony (1558–1601)
Bacon, Delia (1811–1859)
Bacon, Francis (1561–1626)
Bahrdt, Karl Friedrich (1741–1792)
Baire, René-Louis (1874–1932)
Balde, Jacobus (Jakob) (1603/04–1668)
Banach, Stefan (1892–1945)
Bary (Bari), Nina Karlovna (1901–1961)
Baumgartner, Alexander (1841–1910)
Beethoven, Ludwig van (1770–1836)
Bell, Eric Temple (1883–1960)
Bendixson, Ivar (1861–1935)
Bergmann, Julius (1839–1904)
Bernays, Isaak Paul (1888–1977)
Bernoulli, Daniel (1700–1782)
Bernstein, Felix (1878–1956)
Bewer, Max (1861–1921)
Bismarck, Otto von (1815–1898)
Böhm, Franz Ludwig (Louis) (1798–1846)
Böhm, Josef (Joseph) (1795–1876)
Böhme, Jakob (1575–1624)
Bojanowski, Paul von (1834–1915)
Bollinger, Adolf (1854–1931)
Boltzmann, Ludwig (1844–1906)
Bolzano, Bernard (1781–1848)
Borchardt, Carl Wilhelm (1817–1880)
Borel, Felix Edouard Justin Emile (1871–1956)
Bormann, Edwin (1851–1912)
Boscovitch, Ruggiero Giuseppe (1711–1787)
Brentano, Franz (1838–1917)
Brouwer, Luitzen Egbertus Jan (1881–1966)
Brown, Robert (1773–1858)
Bruns, Heinrich (1848–1919)
Burali-Forti, Cesare (1861–1931)
Burmester, Ludwig (1840–1927)
Busse, Ludwig (1862–1907)

Cantor, Anne-Marie (1882–1920)
Cantor, Constantin Carl (1849–1899)
Cantor, Else (1875–1954)
Cantor, Erich (1879–1962)
Cantor, Georg Woldemar (1814 (1809?)–1863)
Cantor, Gertrud (1877–1956)
Cantor, Jacob (gest. nach 1842)
Cantor, Ludwig (Louis) (1846–1870)
Cantor, Margarethe (1885–1956)
Cantor, Marie (Maria Anna) (1819–1896)
Cantor, Moritz Benedikt (1829–1920)
Cantor, Rudolf (1887–1899)
Cantor, Sophie (1848–1931)
Cantor, Vally (1849–1923)
Cavaillès, Jean (1903–1944)
Cauchy, Augustin Louis (1789–1857)

Christoffel, Elwin Bruno (1829–1900)
Clausius, Rudolf (1822–1888)
Clebsch, Alfred (1833–1872)
Cohen, Hermann (1842–1918)
Cohen, Paul (geb. 1934)
Comte, Auguste (1798–1857)
Conrad, Johannes (1839–1915)
Crelle, August Leopold (1780–1855)
Culmann, Carl (1821–1881)

Darboux, Jean Gaston (1842–1917)
Darwin, Charles (1809–1882)
Dauben, Joseph W.
Dedekind, Richard (1831–1916)
Dee, John (1527–1607)
Deschwanden, Johann Wolfgang von (1819–1866)
Dilthey, Wilhelm (1833–1911)
Dini, Ulisse (1845–1918)
Dirichlet, Peter Gustav Lejeune (1805–1859)
Donelly, Ignatius (1831–1901)
Dove, Heinrich Wilhelm (1803–1879)
Droysen, Gustav (1838–1908)
Droysen, Johann Gustav (1808–1884)
Du Bois-Reymond, Paul (1831–1889)
Dühring, Eugen (1833–1921)
Dugac, Pierre
Durège, Jacob Heinrich Karl (1821–1893)
Dyck, Walter von (1856–1934)

Eberhard, Victor (1861–1927)
Eccarius, Wolfgang (geb. 1935)
Eckstädt, Karl Friedrich Graf Vitzthum von (1819–1895)
Ehrle, Franz (1845–1934)
Einstein, Albert (1879–1955)
Ellis, Robert Leslie (1817–1859)
Emery, Jacques André (1732–1811)
Eneström, Gustav (1852–1923)
Engel, Eduard (1843–1926)
Engels, Friedrich (1820–1895)
Enneper, Alfred (1830–1885)
Epikur (342/41–271/70 v. u. Z.)
Erdmann, Benno (1851–1921)
Erdmann, Eduard (1805–1892)
Esser, Thomas (1850–1926)
Essex (Graf von) (1566–1601)
Eucken, Rudolf (1846–1926)
Eudoxos (um 408–355 v. u. Z.)
Euklid (365?–300? v. u. Z.)
Eulenburg, Albert (1840–1917)
Euler, Leonhard (1707–1783)

Faraday, Michael (1791–1867)
Fermat, Pierre de (1601–1665)
Fischer, Josef (1871–1949)
Folger, Henry Clay (1857–1930)
Fontenelle, Bernard le Boyer (1657–1757)
Fourier, Jean-Baptiste-Joseph de (1768–1830)
Fraenkel, Abraham (Adolf) (1891–1965)
Franz, Robert (1815–1892)
Franzelin, Johannes Baptist (1816–1886)
Fréchet, René Maurice (1878–1956)
Frege, Gottlob (1848–1925)
Freud, Sigmund (1856–1939)
Freudenthal, Jakob (1839–1907)
Friedrich I (Großherzog von Baden) (1826–1907)
Frobenius, Georg (1849–1917)
Fuchs, Lazarus (1833–1902)

Galilei, Galileo (1564–1642)
Galois, Evariste (1811–1832)
Gauß, Carl Friedrich (1777–1855)
Gelfand, Israil Moiseevič (geb. 1913)
Gerbaldi, Francesco (1858–1934)
Gförer, August Friedrich (1803–1861)
Giles, G.
Gödel Kurt (1906–1978)
Goethe, Johann Wolfgang von (1749–1832)
Goldbach, Christian (1690–1764)
Goldscheider, Franz (1852–1926)
Gordan, Paul (1837–1912)
Grabbe, Christian Dietrich (1801–1836)
Graeffe, Carl Heinrich (1799–1873)
Gramsch, Bernhard (geb. 1938)
Graßmann, Hermann (1809–1877)
Graßmann, Hermann d. J., (1857–1922)
Grattan-Guinness, Ivor

Groos, Karl (1861–1946)
Guttmann, Paul (1834–1893)
Gutzmer, August (1860–1924)

Hadamard, Jacques Salomon (1865–1963)
Haeckel, Ernst (1834–1919)
Hallett, Michael
Hankel, Hermann (1839–1873)
Harnack, Axel (1851–1888)
Hart, Joseph C. (gest. 1855)
Hartmann, Eduard von (1842–1906)
Hartogs, Friedrich (1874–1943)
Hausdorff, Felix (1868–1942)
Heath, Douglas Denon (1811–1897)
Hegel, Georg Wilhelm Friedrich (1770–1831)
Heine, Heinrich Eduard (1821–1881)
Heiner, Franz (1849–1919)
Helmholtz, Hermann von (1821–1894)
Heman, Karl Friedrich (1839–1919)
Henoch, Max (1841–1890)
Hensel, Kurt (1861–1914)
Herbart, Johann Friedrich (1776–1841)
Hermite, Charles (1822–1901)
Herrig, Ludwig (1816–1889)
Hessenberg, Gerhard (1874–1925)
Hettner, Georg (1854–1914)
Heyting, Arend (1898–1980)
Hilbert, David (1862–1943)
Hill, George William (1838–1914)
Hirschfeld, C. L.
Hölder, Otto (1859–1937)
Hölderlin, Johann Christian Friedrich (1770–1843)
Hoffmann, Heinrich (1809–1894)
Hofstadter, D. R.
Holmes, Nathanael (1815–1901)
Homeyer, Fritz (1880–?)
Hontheim, Joseph (1858–1929)
Hoppe, Reinhold (1816–1900)
Hug, Johann Caspar (1821–1884)
d'Hulst, Maurice Lesage d'Hautecoeur (1841–1896)
Hurwitz, Adolf (1859–1919)
Husserl, Edmund (1859–1938)

Illigens, Everhard

Jeiler, Ignatius (1823–1904)
Jordan, Camille (1838–1922)
Joseph von Arimathia
Jourdain, Philip (1879–1919)
Jürgens, Enno (1849–1907)

Kant, Immanuel (1724–1804)
Kern, Franz (1830–1894)
Kirchhoff, Gustav (1824–1887)
Klaua, Dieter (geb. 1930)
Klein, Felix (1849–1925)
Kneser, Adolf (1862–1930)
Kneser, Martin (geb. 1928)
Koch, Robert (1843–1910)
König, Julius (1849–1913)
Königsberger, Leo (1837–1921)
Kolmogorov, Andrej Nikolaevič (geb. 1903)
Kossak, Ernst (1839–1892)
Kovalevskaja, Sof'ja Vasil'evna (1850–1891)
Kowalewski, Gerhard (1876–1950)
Krause, Johann Martin (1851–1920)
Krohn, August Adolf
Kronecker, Leopold (1823–1891)
Külp, Edmund Jacob (1801–1862)
Kummer, Ernst Eduard (1810–1893)
Kym, Andreas Ludwig (1822–1900)

Lagarde, Paul de (1827–1891)
Lagrange, Joseph Louis (1736–1813)
Laisant, Charles Ange (1841–1920)
Lampe, Karl Otto Emil (1840–1918)
Landau, Edmund (1877–1938)
Langbehn, Julius (1851–1907)
Laplace, Pierre Simon (1749–1827)
Laßwitz, Kurd (1848–1910)
Lebesgue, Henri Leon (1875–1941)
Legendre, Adrien-Marie (1752–1833)
Leibniz, Gottfried Wilhelm (1646–1716)
Leitsmann, Ernst
Lemoine, Emile (1840–1912)
Leo XIII (Pecci, Gioacchino) (1810–1903)
Levin (Varnhagen von Ense, Rahel) (1771–1833)
Lindemann, Ferdinand von (1852–1939)
Liouville, Joseph (1809–1882)
Lipschitz, Rudolf (1832–1903)
Liszt, Franz von (1851–1919)
Lobach, Walther (1863–?)

Lobačevskij, Nikolaj Ivanovič (1793–1856)
Lorey, Wilhelm (1873–1955)
Lotze, Rudolph Hermann (1817–1881)
Lüroth, Jacob (1844–1910)

Magnus, Heinrich Gustav (1802–1870)
Maignan, Emanuel (1601–1679)
Marx, Karl (1818–1883)
Mayer, Adolph (1839–1908)
Medvedev, Fedor Andreevič
Mekus
Méquet, Edouard Armand (1821–1897)
Méray, Charles (1835–1911)
Mertens, Franz (1840–1927)
Meschkowski, Herbert (geb. 1909)
Meyer, Franz (1856–1934)
Meyer, Friedrich (1842–1898)
Minkowski, Hermann (1864–1909)
Minnigerode, Ludwig Bernhard (1837–1896)
Mittag-Leffler, Gösta (1846–1927)
Moigno, Francois Napoléon Marie (1804–1884)
Moore, Gregory H.
Morgan, James Appleton (1845–1928)
Mozart, Wolfgang Amadeus (1756–1791)
Müller, Felix (1843–1928)
Müller, Konrad (1800–1880)

Natorp, Paul (1854–1924)
Nejmark (Neumark), Jurij Isaakovič (geb. 1920)
Netto, Eugen (1846–1919)
Neumann, Carl (1832–1925)
Neumann, John von (1903–1957)
Newton, Isaac (1643–1727)
Niemeyer, Max
Nietzsche, Friedrich (1844–1900)
Nikodym, Otton (1887–1974)
Noether, Emmy (1882–1935)
Noether, Max (1844–1921)
Novalis (Hardenberg, Friedrich von) (1772–1801)

Ohm, Martin (1792–1872)
Oken, Lorenz (1779–1851)
Orelli, Johannes (1822–1885)
Ozanam, Antoine Fréderic (1813–1853)

Paulsen, Friedrich (1846–1908)
Peano, Guiseppe (1858–1932)
Pesch, Tilmann (1836–1899)
Peters, M.
Petersdorff, Hermann von (1864–1929)
Phragmén, Lars Edvard (1863–1937)
Picard, Emile (1856–1941)
Pilatus (1. Jh.)
Platon (428–348 v. u. Z.)
Plotin (um 205–270)
Pönitz, Karl (1888–1973)
Poincaré, Jules Henri (1854–1912)
Posadowski-Wehner, Arthur von (1845–1932)
Pott, Constance Mary (1833–1915)
Pringsheim, Alfred (1850–1941)
Pythagoras (um 560–um 480 v. u. Z.)

Radon, Johann (1887–1956)
Raleigh, Walter (um 1552–1618)
Randolph, Thomas (1605–1634)
Rawley, William (1588?–1667)
Reimer, Georg Andreas (1776–1842)
Rembrandt (Rijn, Rembrandt Harmensz van) (1606–1669)
Renan, Ernest (1823–1892)
Reye, Carl Theodor (1838–1919)
Riehl, Alois (1844–1924)
Riemann, Bernhard (1826–1866)
Robert, Carl (1850–1922)
Rosenberger, Otto August (1800–1890)
Rousseau, Jean Jacques (1712–1778)
Rudio, Ferdinand (1856–1929)
Ruelle, David
Runge, Carl (1856–1927)
Russell, Bertrand (1872–1970)
Rutland (Manners, Roger) (geb. 1576)

Scharlau, W.
Scheeffer, Ludwig (1859–1885)
Schellbach, Karl (1804–1892)
Schering, Ernst (1833–1897)
Schipper, Jakob (1842–1915)
Schlegel, Victor (1843–1905)
Schmid, Aloys von (1825–1910)

Schmidt, Erhard (1876–1959)
Schoenflies, Arthur (1853–1938)
Schopenhauer, Arthur (1788–1860)
Schrader, Wilhelm (1817–1907)
Schubert, Franz (1797–1828)
Schumacher, Heinrich Christian (1780–1850)
Schumann, Robert (1810–1856)
Schur, Friedrich (1856–1932)
Schwarz, Hermann Amandus (1843–1921)
Seidlitz, Woldemar von (1850–1922)
Shakespeare, William (1564–1616)
Shaw, George Bernard (1856–1950)
Siebeck, Hermann (1842–1920)
Sierpiński, Wacław (1882–1969)
Simon, Max (1844–1918)
Skolem, Albert Thoralf (1887–1963)
Smith, William Henry (um 1870)
Southampton (Wriothesly, Henry) (1573–1624)
Spedding, James (1808–1881)
Spinoza, Benedikt (1632–1677)
Spitzer, Hugo (1854–1937)
Stein, Ludwig (1859–1930)
Steinitz, Ernst (1871–1928)
Stern, F.
Stern, Moritz Abraham (1807–1894)
Stolz, Otto (1842–1905)
Struik, Dirk Jan (geb. 1894)
Stumpf, Carl Friedrich (1848–1936)
Suchier, Hermann (1848–1914)
Sylvester, James Joseph (1814–1897)

Takens, Floris
Tannery, Jules (1848–1910)
Thomae, Karl Johannes (1840–1921)
Thomas von Aquino (1225–1274)
Thomé, Wilhelm (1841–1910)
Tolstoj, Lev (1828–1910)
Tongiorgi, Salvator (gest. 1865)
Trendelenburg, Adolf (1802–1872)
Tukey, John Wilder (geb. 1915)
Twain, Mark (1835–1910)

Ulam, Stanislaw Marcin (geb. 1909)

Vaihinger, Hans (1852–1933)
Valson, Claude Alphons (1826–?)
Vasil'ev (Vassilief), Aleksandr Vasil'evič (1853–1929)
Venturini, Karl Heinrich (1768–1849)
Veronese, Giuseppe (1857–1917)
Vivanti, Giulio (1859–1949)
Volkmann, Richard von (1830–1889)
Voltaire (Arouet, Francois-Marie) (1696–1778)
Voss, Aurel (1845–1931)

Wangerin, Albert (1844–1933)
Weber, Ernst Heinrich (1795–1878)
Weber, Heinrich (1842–1913)
Weber, Wilhelm Eduard (1804–1891)
Weierstraß, Karl (1815–1897)
Whitehead, Alfred North (1861–1947)
Wiener, Norbert (1894–1964)
Wilhelm I (1797–1888)
Wiltheiß, Eduard (1855–1900)
Woker, Franz Wilhelm (1843–1921)
Wolf, Johann Rudolf (1816–1893)
Wolsey, Thomas (1475–1530)
Wülker, Richard Paul (1845–1928)
Wundt, Wilhelm (1832–1920)
Wyman, William Henry

Young, Grace Chisholm (1868–1944)
Young, William Henry (1863–1942)

Zeller, Eduard (1814–1908)
Zenon von Elea (um 490–430 v. u. Z.)
Zermelo, Ernst (1871–1953)
Zimmermann, Robert von (1824–1898)
Zola, Emile (1840–1902)
Zorn, Max August (geb. 1906)

CANTOR-EHRUNG.

Geschäftsstelle:
Kanzlei der Öffentlichen Handelslehranstalt,
Leipzig, Löhrstrasse 3/5.

Sehr geehrter Herr!

Am 3. März 1915 feiert **Georg Cantor** seinen 70. Geburtstag. Dem Begründer der Mengenlehre zu diesem Tage einen Beweis bewundernden Dankes für seine Schöpfungen zu geben, ist gewiß der Wunsch vieler Mathematiker und Philosophen.

Es ist in Aussicht genommen, durch eine Büste von Künstlers Hand Georg Cantors Züge für immer festzuhalten. Die Büste soll an der Stätte seines langjährigen Wirkens, in der Universität Halle, ihren Platz finden. Mit einem namhaften Künstler sind schon unverbindliche Verhandlungen eingeleitet worden.

Die unterzeichneten Freunde und Schüler Cantors bitten Sie, zu dieser Ehrung des Meisters einen Betrag zu spenden, der an die Deutsche Bank Filiale Leipzig in Leipzig, Rathausring 2, Konto Cantor-Ehrung, zu senden ist. Zu Ihrer Bequemlichkeit legen wir eine Zahlkarte bei. Auf einer Adresse, die Georg Cantor am 3. März 1915 überreicht wird, sollen die Namen aller Spender verzeichnet werden.

Sonstige Anfragen und Mitteilungen bitten wir unter dem Vermerk: Betrifft Cantor-Ehrung an unsere Geschäftsstelle zu richten, Kanzlei der Öffentlichen Handelslehranstalt Leipzig, Löhrstr. 3/5.

Im Juli 1914.

F. Bernstein, Göttingen,

A. Gutzmer, Halle,

D. Hilbert, Göttingen,

W. Lorey, Leipzig.

GEORG CANTOR

zu seinem 70. Geburtstage

am 3. März 1915.

Hochgeehrter Herr!

Wir, die Mitglieder der mathematischen Gesellschaft in Göttingen, die wir bei unserer Arbeit so oft die von Ihnen gefertigten Werkzeuge erprobt haben, wollen Ihnen den so lang geschuldeten Dank nun am heutigen festlichen Tage aussprechen. Und auch für die kommenden Geschlechter sprechen wir: denn durch Ihre Arbeit ist ein Grund bereitet worden, auf dem jeder bauen muß, der Sicheres und Dauerndes schaffen will.

Dennoch würden wir Ihren Werken nicht gerecht werden, wollten wir sie nur an der Größe ihrer Wirkung oder als Mittel zur Mehrung der Wissenschaft beurteilen. Nein! Wer in Ihre Lehre einzudringen getrachtet hat, der hat etwas an sich Erhabenes geschaut, das seinen unermeßlichen Wert in sich selbst trägt.

Empfangen Sie unserer Aller Huldigung.

Für die freundliche Übersendung Ihres Buches über | das Ikosaeder sagt Ihnen besten Dank, mit freund | lichem Gruß

Halle 2 Aug. 84 Ihr ergebenster | G. Cantor

Lieber Herr College. | Besten Dank für Ihre, mich lebhaftest | interessirende werthvolle Arbeit „Zur | Theorie der elliptischen Functionen n^{ter} Stufe.“ | Mit freundlichem Gruss | Ihr ergebener | Georg Cantor

Halle 20. Dec. 1884.

Verzeichnis der Abbildungen

Seite

MIX
Papier aus verantwortungsvollen Quellen
Paper from responsible sources
FSC® C105338

If you have any concerns about our products, you can contact us on
ProductSafety@springernature.com

In case Publisher is established outside the EU, the EU authorized representative is:
Springer Nature Customer Service Center GmbH
Europaplatz 3, 69115 Heidelberg, Germany

Printed by Libri Plureos GmbH
in Hamburg, Germany